（供医学、药学相关专业用）

化学基础实验

■ 主 编 赵先英 张欣荣

■ 副主编 王浩江 王朝杰 高 越

编者（按编写章节顺序排列）

王浩江（山西医科大学）

王朝杰（温州医科大学）

刘 文（山西医科大学） 李兰兰（陆军军医大学）

何 炜（空军军医大学） 何伟娜（上海交通大学）

杨 舒（四川大学） 张欣荣（海军军医大学）

林美玉（海军军医大学） 荀宝迪（北京大学）

周 勉（陆军军医大学） 赵先英（陆军军医大学）

赵培亮（南方医科大学） 秦向阳（空军军医大学）

高 越（海军军医大学） 谢夏丰（温州医科大学）

中国教育出版传媒集团

高等教育出版社·北京

内容提要

全书由七章和附录组成。第一章为化学基础实验规则及基本知识；第二章为化学基础实验常用仪器；第三章为化学基础实验基本操作；第四章为基础性实验，选编了23个实验，主要包括重要物理量测定、未知物定性分析和定量测定、简单化合物的制备、分离与纯化；第五章为综合性实验，选编了15个实验，主要包括复杂样品的分析检测、天然产物的分离提取与纯化、某些药物及中间体的合成、分离与纯化；第六章为设计性实验，选编了12个实验，包括复杂样品的分析检测、天然产物的分离提取与纯化、药物中间体的合成、分离与纯化；第七章为虚拟实验，选编了1个实验。最后为附录部分。

本书在传承传统教材“三基”和“五性”的基础上，在内容和形式上都有创新。旨在使医学化学基础实验课程，真正成为培养医学生动手能力、创新能力和综合素质的重要环节，激发学生的创新意识和探索精神。

本书既可作为高等学校医学（临床、预防、检验、口腔等）、药学、生物技术、护理等专业的课程教材，也可作为相关专业工作者的参考书。

图书在版编目（CIP）数据

化学基础实验/赵先英，张欣荣主编；王浩江，王朝杰，高越副主编. --北京：高等教育出版社，2023. 9

供医学、药学相关专业用

ISBN 978-7-04-060777-2

Ⅰ. ①化…　Ⅱ. ①赵… ②张… ③王… ④王… ⑤高…　Ⅲ. ①化学实验-高等学校-教材　Ⅳ. ①O6-3

中国国家版本馆 CIP 数据核字（2023）第 123875 号

HUAXUE JICHU SHIYAN

策划编辑　沈晚晴　　责任编辑　沈晚晴　　封面设计　李树龙　　版式设计　杨　树
责任绘图　杨伟露　　责任校对　胡美萍　　责任印制　存　怡

出版发行	高等教育出版社	网　　址	http://www.hep.edu.cn
社　　址	北京市西城区德外大街4号		http://www.hep.com.cn
邮政编码	100120	网上订购	http://www.hepmall.com.cn
印　　刷	三河市潮河印业有限公司		http://www.hepmall.com
开　　本	787mm×1092mm　1/16		http://www.hepmall.cn
印　　张	14.25		
字　　数	310千字	版　　次	2023年9月第1版
购书热线	010-58581118	印　　次	2023年9月第1次印刷
咨询电话	400-810-0598	定　　价	34.00元

物 料 号　60777-00

前言

化学基础实验是医学、药学等专业学生较早接触的一门重要实践课程，对培养学生动手能力、创新能力和综合素质具有重要意义。学生通过实验将知识与技能转化为解决问题的能力，进一步加深对理论的理解，从而实现知识创新。因此医学、药学等专业的人才培养必须以强化实践教学为着力点，以信息技术的应用作为提高教学质量的重要手段，提升实验教学学科综合性、技术先进性和方法探究性，实现实践教学效果的新突破。正是基于这样的教育理念，我们新编了《化学基础实验》一书。

本书打破了化学二级学科的界限，把药学专业的无机化学、分析化学、物理化学和有机化学及医学专业的基础化学、有机化学实验，护理等专业的医用化学实验进行优化整合。本书包括了化学实验的基本知识、基本原理、基本方法和基本技术；构建了一个能力与素质为一体的两段式三层级的实验技能学习模式，即以基础知识为主的基本技能训练和以能力培养为主的综合性和设计性技能训练。精心选编了与医学、药学联系密切的51个实验，包括重要物理量的测定、未知物质的定性分析和定量测定、天然产物的分离提取与纯化、药物及其中间体的合成、分离与纯化，以及增加课程难度、提高课程深度的虚拟实验。本书具有下列特点：

1. 实验内容上，减少了验证性实验。以实验综合技能训练和能力培养为主线，内容的呈现由浅入深、循序渐进，既符合学生的知识结构，又能培养学生的动手能力和良好的实验素养，并激发其对实验探究的学习兴趣。

2. 实验内容增加了数字化资源模块，包括动画、视频、微课以及虚拟实验，以嵌入二维码的形式实现与纸质教材的无缝对接。学生通过扫描二维码，可以实现线上线下、课内课外的便捷学习，这就赋予教材更加广泛的内涵和用途。此外本书还配有数字课程网站，提供实验内容的参考阅读资料及案例等内容。

3. “设计性实验”是“以学生为中心”教育理念的具体体现，学生可以根据自己的学习兴趣及个性发展的需要，查阅文献、设计方案，与教师交流讨论，完善方案独立完成。它给予了学生更多思考、开拓和创新的空间。

4. 体现时代性、先进性和应用性。引进科研成果，介绍纳米材料的制备与应用；增加了生理盐水和新洁尔灭消毒液的配制、氯化钠注射液的含量测定、高效液相色谱法测定盐酸小檗碱片含量、青蒿素提取与纯化等更加贴近临床应用的实验。

本书由陆军军医大学赵先英和海军军医大学的张欣荣担任主编，由山西医科大学王浩江、温州医科大学王朝杰、海军军医大学高越担任副主编。编委有苟宝迪、何伟娜、包慧敏、刘文、杨舒、林美玉、秦向阳、王海波、李兰兰、周勉、赵培亮、谢夏丰。

本书可作为高等学校医学、药学各专业开设的基础化学、医学化学、无机化学、分析化学、有机化学、物理化学等课程的选用型、合编式实验教材。各高校可以根据自己开设课程及学时选择合适的实验内容。

本书的编写，参阅了本校及部分兄弟院校已出版的优秀教材及相关著作，从中借鉴或汲取了有益的内容。在此一并表示衷心的感谢！

由于编者水平有限，书中难免有疏漏之处，诚请同行和广大读者批评指正。

2022 年 12 月

目录

第一章　化学实验规则及基本知识

第一节　化学实验规则

化学是在原子、分子及分子以上层次研究物质及其变化过程的基础科学，是一门理论与实验并重、富有创造性的中心科学。以化学理论为基础的相关实验方法和技术，已广泛渗透到基础医学、临床医学、医学检验及药学等学科领域，并随着新理论和新技术的不断出现而得以迅猛发展。因此，学习和掌握相关化学的基本方法和实验技术，并具备相应的科学素养，是对新时代医学、药学专业学生的基本要求。化学基础实验课程的教学目标主要是：通过本课程的学习，规范掌握化学实验的基本操作技术与方法；获取大量的实验事实，经过观察、思考、归纳，增加对化学理论、原理和定律的认知；通过反思和总结，培养学生科学的实证观和绿色化学观。

一、化学基础实验目的和基本要求

（一）实验目的

1. 巩固和加深对化学基本理论、基本原理和基本定律的认识和理解。

2. 规范掌握化学实验的基本操作、基本技能和基本方法。培养仔细观察和如实记录实验现象，科学测量和正确处理实验数据，准确表达和归纳总结实验结果的能力。

3. 学习科学研究的基本方法，具有一定的查阅文献、收集和处理相关信息、设计实验方案、分析和解决复杂问题的综合实践能力。

4. 利用教材丰富的数字化资源及参考文献，有效解决实验课程学习中遇到的问题，培养科学有效的自主学习能力。

5. 培养求真求实、认真严谨的科学态度，谦虚好学、乐于协作的科学品质。

6. 树立“安全化学”“绿色化学”的意识和可持续发展的理念，关注生态环境与社会的和谐发展。

（二）基本要求

本课程的实验教学是以学生为中心的教学理念，学生在教师指导下独立完成。为了达到课程教学目标,学生应在以下环节严格要求自己。

1. 课前充分预习,写好预习报告

(1) 认真阅读实验教材,学习、观看数字资源提供的视频、动画、课件和文献资料。

(2) 明确实验目的,理解实验原理,熟悉实验内容和操作流程,关注实验中的重要操作环节及安全注意事项。

(3) 了解有关仪器结构和使用方法,实验装置的安装顺序和要求,所用试剂的理化性质。

(4) 撰写预习报告。内容简明扼要,实验内容可用流程图表示,设计表格记录实验数据或实验现象。

2. 课上积极参与讨论,仔细观看教学演示

(1) 实验开始前,以问题为牵引,师生共同讨论实验原理、操作要点和注意事项。

(2) 仔细观看视频或教师的示范操作,使操作和仪器使用规范化。

3. 科学实验,规范操作

(1) 根据讨论的实验内容和操作步骤科学实验,规范操作,既要大胆,更要心细。

(2) 实验中观察到的现象和产生的实验数据,都要及时、客观地记录在预习报告本上。记录做到简明扼要、字迹清楚。实验的原始数据不能涂改,更不允许杜撰、编造。

(3) 实验中产生的现象应积极思考、认真分析,若对实验现象(结果)有疑问,可与教师、同学分析讨论,必要时在征得教师同意的情况下,可以再次实验,从中得到有意义的结论。

(4) 实验过程中要养成节约试剂、回收试剂、注意环保的"绿色化学"理念,同时要培养实验过程中的安全意识。

4. 实验结束的反思与总结

(1) 实验结束后,对完成的实验内容及获得的实验结果应有及时的反思与总结,并与同学分享讨论,听取同学、教师的意见建议。

(2) 及时完成实验报告。实验报告应该内容客观完整、条理层次清晰、逻辑严谨、表达准确。

实验报告的格式一般包括以下几个方面:

① 实验目的和原理　简单扼要地说明进行本实验的目的和原理。对实验中所采用的技术和方法作简单扼要的表述,并阐明运用该方法和技术与完成本实验项目之间的关系。

② 主要仪器与试剂　记录所用仪器的规格型号,所用试剂的等级、组成标度及其他重要参数。

③ 实验内容或实验步骤　在充分理解实验原理和操作步骤基础上,对实验操作过程进行概括性的描述,注意体现化学的专业特点,可以使用方程式或流程图进行恰当表达。应避免长篇累牍照抄教材。

④ 实验记录和数据处理　实验记录包括对实验过程中观察到实验现象的客观描述,以及产生的实验数据的客观记录。在对实验数据处理时,应该有相应的公式和处

理过程，不能直接给出实验结果。

⑤ 结果与讨论　结果与讨论是实验报告中最重要的一部分。首先应对实验结果的准确性进行分析确认，对实验中的误差或错误加以分析，然后综合所观察到的各种现象和数据，得出结论。在此基础上，运用相关的理论知识及参考文献，结合实验目的和要求进行讨论。对实验中出现的新问题可提出自己的看法，并对自己的实验质量做出评价。

二、实验室规则

为了确保化学实验安全、正确、顺利地进行，培养学生良好的实验习惯和严谨的科学态度，学生进入实验室前后必须遵守以下规则。

1. 实验课前认真预习实验内容，熟悉实验目的、原理、实验步骤及安全注意事项，写出预习报告。

2. 进入实验室应穿实验服，并根据需要佩戴工作帽、防护眼镜、口罩和手套。严禁穿短裤、裙子、拖鞋、凉鞋进入实验室。严禁把食物带入实验室，严禁把实验室试剂及器材带出实验室。

3. 进入实验室后，学生应遵守实验室规则，在教师指导下独立完成实验。

4. 实验前认真检查所需试剂药品是否齐全，仪器设备能否正常使用。如有缺少或损坏，应及时报告并补齐。

5. 实验时中仔细观察现象，积极思考问题，如实记录数据。

6. 养成良好的实验室素养。公用试剂、仪器和器材应在指定地点使用，用完后及时放还原处并保持其整洁。防止试剂的浪费和相互污染。实验过程中注意保持实验台面及实验室的整洁。纸屑、废液放入专门的回收桶。

7. 树立绿色化学的理念。取用药品时，应按实验教材的要求定量取用，如无明确用量，则可采取少量多次原则，以提高“原子利用率”，减少废物的产生，从源头防止污染。

8. 实验完成后，将实验记录交给指导教师审核签字，经教师同意后方可回收试剂药品、整理实验台面、清洗玻璃仪器。

9. 学生轮流值日。值日生应负责整理公用仪器、试剂和器材，打扫实验室卫生，做到仪器、台面、地面和水槽“四净”。关好水、电、燃气阀门(开关)，关好门窗，最后经指导教师检查后方可离开。

10. 实验完毕后，应在指定时间完成实验报告。

第二节　化学实验基本知识

一、化学实验安全知识

1. 熟悉实验室水、电、燃气的阀门(开关)、消防器材、洗眼器和紧急淋浴喷头的位置和使用方法。

2. 产生有毒、有刺激性气体的实验(如 H_2S、Cl_2、Br_2、NO_2、SO_2、CO 等),都应在通风橱内进行。

3. 对于性质不明的化学试剂,严禁任意混合;严谨品尝任何化学试剂的味道,以免发生中毒事故。

4. 使用易燃的有机溶剂(酒精、乙醚、丙酮、苯等)时,要远离火源,用毕应及时盖紧瓶塞;钾、钠和白磷等在空气中易燃的物质应隔绝空气存放(如钾、钠保存在煤油中,白磷保存在水中),取用时必须使用镊子。

5. 使用浓酸、浓碱、溴等具有强腐蚀性试剂时,取用应十分小心,切勿溅在皮肤和衣服上,必要时应佩戴防护眼镜。

6. 加热试管中的液体时,不要将试管口朝向他人或自己,也不要俯视正在加热的液体,以免溅出的液体把脸、眼灼伤;嗅闻物体气味时,不能用鼻直接对准瓶口或试管口,应用手把少量气体轻轻地扇向自己。

7. 使用电器设备,不能用湿润的手操作,以防触电;操作结束应拔下电源插头。

8. 为了避免实验室发生溢水事故,应保持下水道畅通;冷凝管的循环冷却水不宜开得过大,避免水压过大弹开橡胶管发生跑水。

9. 每次实验完毕,应整理好实验用品,把手洗净,才可离开实验室。值日生应关好水、电、气阀门,关好门窗。

二、化学实验安全事故的预防和处理

化学实验常见安全事故有火灾、爆炸、中毒、割伤等。

(一) 实验安全事故的预防

1. 防火

(1) 严禁电器在使用过程中出现过载、短路和违规操作等现象;电、气使用完毕后应立即关闭。

(2) 使用酒精灯时,应随用随点,不用时盖上灯罩;严禁用燃着的酒精灯倾倒点燃其他酒精灯。

(3) 使用易燃、易挥发溶剂时,应规范操作。远离火源,取用后立即盖紧,放在阴凉处;蒸馏易燃的有机物时,装置不能漏气;蒸馏装置接收瓶尾气出口应远离火源;严禁将易燃溶剂放在烧杯等广口容器中加热。

(4) 易燃、易挥发溶剂不得倒入废液缸内,应按要求倒入指定的回收瓶中,由有关人员专门处理。

(5) 严禁将燃着或带有火星的火柴梗、纸条等乱扔,也不能丢入废液缸中,以免发生危险。

2. 防爆炸

(1) 常压蒸馏时,蒸馏装置应保持与大气相通,严禁在封闭系统内进行反应,否则会系统压力增加而导致爆炸发生。

(2) 减压蒸馏时要使用圆底烧瓶或抽滤瓶作接收器,不得使用一般的锥形瓶、平底烧瓶等机械强度不大的仪器，否则可能由于受力不均而发生炸裂。

（3）规范存放易燃、易爆物品。存放氢气、乙炔等气体，或乙醚、汽油等易挥发性有机溶剂的实验室，应保持室内空气畅通，并防止因明火和电火花而引起的爆炸。

（4）小心使用易爆物质，如有机过氧化物、芳香族多硝基化合物和硝酸酯等。蒸馏含过氧化物的乙醚时要在通风橱内进行，同时样品必须先用硫酸亚铁处理以除去过氧化物，而且蒸馏过程中不能蒸干。

3. 防中毒

（1）取用化学试剂应根据试剂性质规范操作，根据需要佩戴手套和防护眼镜。实验过程中尽量避免化学试剂溅在皮肤上，尤其是强酸、强碱等强腐蚀性试剂。

（2）实验室应保持通风良好，尽量避免因吸入化学试剂的烟雾和蒸气而引起中毒。

（3）若不慎打破了水银温度计，应立即用硫黄粉覆盖，避免因吸入汞蒸气而引起中毒。

（4）剧毒化学试剂如 $BaCl_2$、As_2O_3、KCN 等应严格按照毒麻药品的使用规定，专人负责定量发放，定量回收。使用者必须严格遵守操作使用规程；有毒废液、残渣不能倒入下水道，应统一回收后由专业人士处理。

（二）安全事故的处理

1. 着火

物质燃烧要有空气并达到燃点，所以灭火一般采用降温和使燃烧物质与空气隔绝的方法。

（1）万一不慎起火，应立即切断电源、关闭燃气阀门，迅速移除周围可能易燃的物品。

（2）若是实验者衣服着火，应立即用湿毯子、湿麻袋等物品覆盖在着火者身上，切忌不要慌张跑动，否则会因气流流动而使燃烧加剧。

（3）若是化学试剂或仪器设备着火，应根据着火物品的性质，正确选择周围可用的灭火器材自救灭火。桌面或地面液体着火，若火势不大，可用淋湿的抹布、石棉布盖熄或用干沙灭火；仪器内溶剂着火时，可选择大块石棉布盖熄；有机溶剂着火时，在大多数情况下，严禁用水灭火，此时可选择专业灭火器。二氧化碳灭火器是化学实验室最常使用的灭火器，适用于油脂和电器设备的灭火，但不能用于金属的灭火；干粉灭火器的主要成分是碳酸氢钠等盐类物质，适用于油脂、可燃气体和电器设备的灭火。若判断火势自救无法控制，第一时间拨打 119 火警电话，同时远离火场。

（4）听到火警铃响起应立即离开实验室。

2. 中毒

（1）如果怀疑自己吸入有害气体，应立即离开实验区域，呼吸新鲜空气，情况严重的，要进行急救。

（2）如果有毒物质不慎入口，首先应用大量水漱口，用手指插入咽喉处催吐，然后送医院治疗。

3. 割伤

如果割伤,应立即挤出污血,用消毒镊子夹出碎玻璃,用生理盐水冲洗伤口,然后涂上碘酒,用创可贴包扎即可。若伤口较深出血过多时,先采用“橡胶带”等加压止血法止血后立即送医院进行救治。

4. 化学灼伤

(1) 酸液腐蚀致伤:首先用大量水冲洗,再以 0.03~0.05 $g \cdot mL^{-1}$碳酸氢钠溶液冲洗,最后用水洗,然后外敷 ZnO 软膏。

(2) 碱液腐蚀致伤:当碱液洒到皮肤上时,先用大量水冲洗,再用 2% HAc 溶液冲洗,最后用水冲洗干净,并涂敷硼酸软膏。若碱液溅入眼内,先用大量水冲洗,再用 0.03 $g \cdot mL^{-1}$ H_3BO_3溶液冲洗,最后用蒸馏水冲洗。

(3) 如果皮肤被溴烧伤,立即用大量水洗,再用酒精擦至无溴液存在为止,然后涂上甘油或烫伤药膏。

(4) 遇有烫伤事故,可用高锰酸钾溶液或苦味酸溶液揩洗灼伤处,再涂上凡士林或烫伤药膏。

(温州医科大学 王朝杰)

第二章　化学实验常用仪器

在进行化学实验操作时，需要根据不同的实验目的，设计相应的实验方法，选择合适的实验仪器。而实验仪器的性能和特点又决定了其特有的操作方法和不同的适用范围，直接影响到实验成功与否及准确性。“工欲善其事，必先利其器”，这就要求操作者应该对化学仪器的性能及相关操作有一个全面和正确的认识，这也是安全进行化学实验和获得准确实验结果的基本保证。

第一节　化学实验常用普通仪器

与医学、药学专业相关的化学实验通常涉及一般无机物和有机物的制备，以及药品、生化样品和临床标本（血液、体液等）的定性或定量分析。不同的化学实验室配备的实验仪器也有所不同。

一、常用玻璃仪器

普通玻璃由 Na_2SiO_3、$CaSiO_3$、SiO_2 等化学物质组成，是一种无规则结构的非晶态固体，具有良好的透明度、较高的化学稳定性及热稳定性，而且可以按实验要求制成不同形状的产品，因此化学实验中经常使用各种玻璃仪器。如果在玻璃制作过程中掺入 B_2O_3、Al_2O_3、Co_2O_3 等氧化物，还可以得到具有不同性质（如硬度）和用途的特种玻璃。

化学实验中常用玻璃仪器的材质可以简单分为软质玻璃和硬质玻璃。软质玻璃的透明度比较高，但是其热膨胀率、耐腐蚀性都比较差，一般用来制作不需要加热的仪器，如试剂瓶、称量瓶、滴瓶、锥形瓶、表面皿、短颈漏斗（长颈漏斗）、分液漏斗、量筒（量杯）、刻度吸量管、移液管、容量瓶、滴定管等。由于硬质玻璃具有良好的承受温差变化的性能，一般用于制作可以直接加热的玻璃仪器，如试管、烧杯、烧瓶、冷凝管、蒸馏接口等，这类玻璃仪器不但耐热性能好，而且耐腐蚀性强。

根据主要用途不同，常用玻璃仪器一般可分为用于量取液体体积的计量类仪器，主要有量筒、量杯、移液管、滴定管等；用于盛装固体、液体的容器类仪器，主要有试剂瓶、称量瓶、滴瓶等；用于进行化学反应的反应类仪器，主要包括试管、烧杯、锥形瓶、烧

瓶、冷凝管等。玻璃仪器也可分为普通玻璃仪器和磨口玻璃仪器。常用磨口玻璃仪器见图 2-1。进行有机合成化学实验时，通常使用标准接口玻璃仪器。仪器接口尺寸呈标准化、系统化，并经过磨砂处理，可以根据实验要求方便连接各部件，组装成不同配套仪器。常用反应装置见图 2-2。

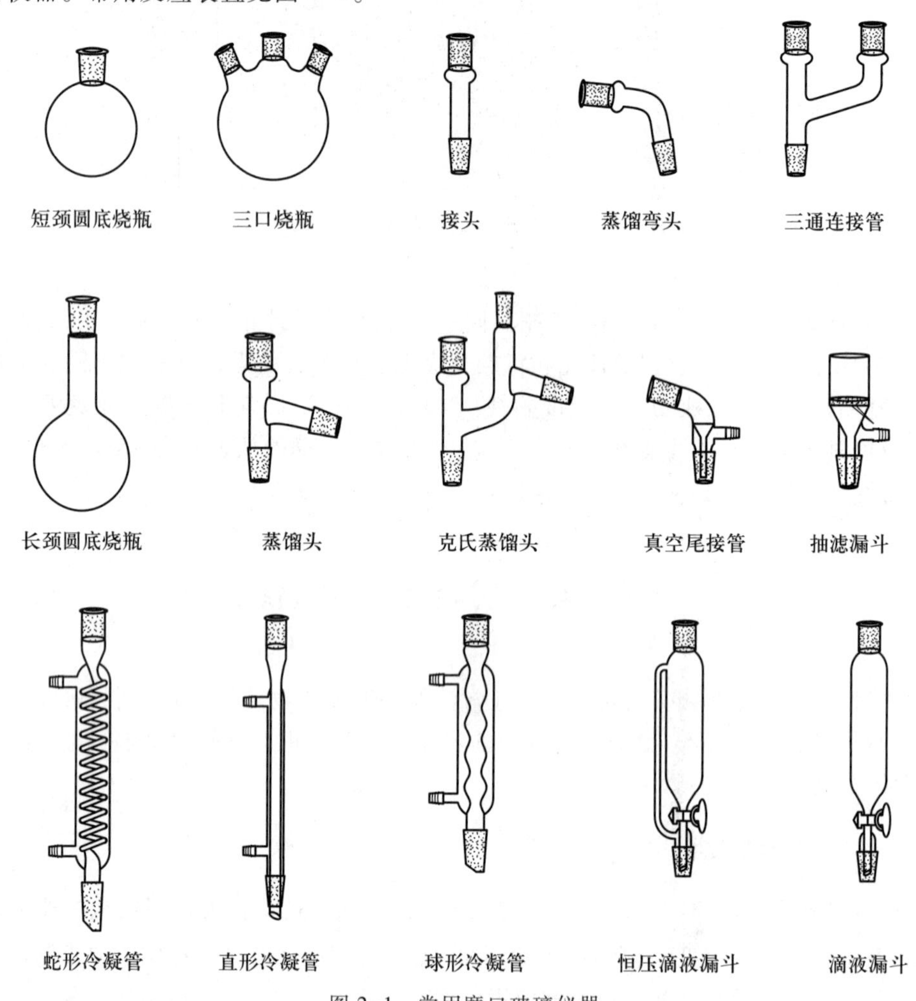

图 2-1　常用磨口玻璃仪器

二、常用电子仪器

（一）磁力搅拌器

为了加快固体的溶解速率或使液体样品混合均匀，可以使用玻璃棒搅拌，也就是所谓的人工搅拌器。而磁力搅拌器是医学实验常用的自动搅拌装置，其工作原理是利用磁性物体同性相斥特性。首先将磁性搅拌子置于玻璃仪器的液体中，通过不断变换基座磁场的极性带动搅拌子转动，使液体产生涡旋，达到搅拌液体的目的，从而使液体混合均匀。一般的磁力搅拌器具有搅拌和加热两个作用，通过底部温度控制板对液体样品加热，配合磁性搅拌子的旋转使样品受热均匀。磁力搅拌器外观如图 2-3 所示。

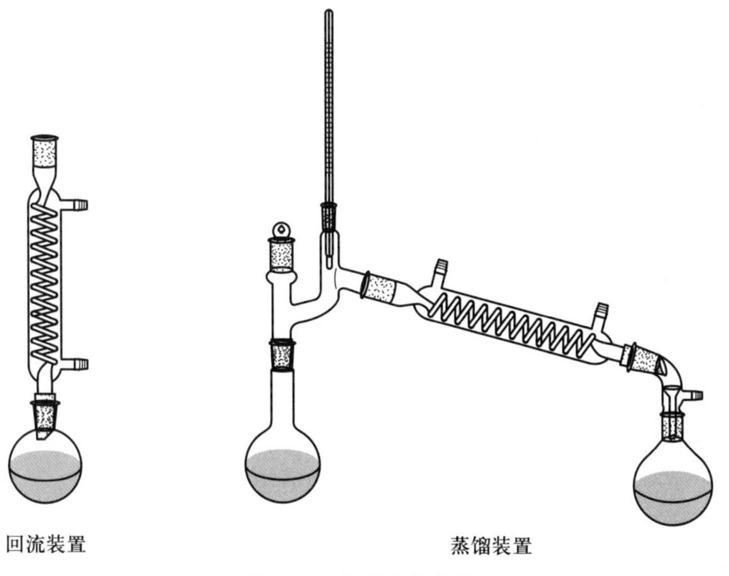

图 2-2　常用反应装置

可以选择磁力搅拌器进行连续搅拌，尤其当反应物量比较少或反应在密闭条件下进行，使用磁力搅拌器尤为方便。但是对于一些黏度大、有大量固体参加或生成的反应，需选用机械搅拌器作为搅拌动力。

（二）离心机

离心技术是利用离心机转子高速旋转产生的强大的离心力，以及物质的沉降系数或浮力密度的差异进行分离、浓缩或提纯生物样品的一种常规实验操作。离心机如图 2-4 所示。一般情况下，离心机主要用于将悬浮液中的固体颗粒与液体分开，离心力使得悬浮颗粒快速沉淀，从而分离密度不同的组分；或将乳浊液中两种密度不同，又互不相溶的液体分开。因此在医学检验中，离心机常作为分离血清、血浆、沉淀蛋白质或作尿沉渣检查的仪器设备。如果配合超滤离心管，可以实现离心过滤的效果。离心过滤是悬浮液在离心场下产生的离心压力，作用在过滤介质上，使液体通过过滤介质成为滤液，而固体颗粒被截留在过滤介质表面，从而实现固-液分离，常常用来浓缩生物蛋白样品。离心力的大小取决于离心转子的角速度和转子的平均半径，离心机高转速运行时的转子与空气摩擦产生热量，如果生物样品对温度敏感，可以选择冷冻离心机，事先设定离心温度以满足实验要求。

图 2-3　磁力搅拌器

图 2-4　离心机

由于离心机转动速度快，使用时要注意安全。首先应保证离心机处于水平位置，同时必须事先在托盘天平上准确平衡离心管和其内容物。离心机不同类型的转子有各自的允许差值，平衡时质量之差不得超过各个离心机说明书上所规定的范围。绝对不允许转子在不平衡的状态下运行，当转子只是部分装载时，离心管的位置必须互相对称，以便使负载均匀地分布在转子的周围。然后根据实验条件选择合适的转速或是离心力进行分离。离心结束后，必须在离心机完全停止转动后，方可打开离心机盖，取出样品，切不可用外力强制其停止运动。

（三）旋转蒸发仪

旋转蒸发仪是实验室广泛应用的一种分离装置，外观如图 2-5 所示，其基本原理就是减压蒸馏。在减压条件下，恒温加热，使旋转烧瓶恒速旋转，液体在蒸馏器壁上形成大面积液膜，连续蒸馏易挥发性溶剂。溶剂蒸气经高效玻璃冷凝器冷却，回收于收集瓶中，大大提高蒸发效率。特别适用于高温容易分解变性的生物制品的浓缩提纯，也适用于回流操作、大量溶剂的快速蒸发、微量组分的浓缩和需要搅拌的反应过程等。

图 2-5 旋转蒸发仪

使用旋转蒸发仪时，应先打开真空泵减压，检查各装置接口是否已密封好；然后使用调速旋钮由慢到快调节转速，使旋转烧瓶达到适当的旋转速度；分离过程结束时，用升降控制开关使旋转烧瓶离开热源，关闭转速旋钮，停止旋转，打开放气阀门以平衡内、外压强，防止溶剂倒吸，然后关闭减压装置，最后取下旋转烧瓶。

第二节 化学实验常用精密仪器

现在化学实验室大都配备用于精确称量物质质量的分析天平，测量溶液 pH、电导率的电化学仪器，以及定量分析液体样品浓度的紫外-可见分光光度计、荧光分光光度计等光化学仪器。不同实验室的仪器类型多种多样，为了保证仪器的精度，获得准确的测量结果，使用前应认真阅读使用手册，严格遵守操作规范。

一、电子分析天平

电子分析天平是近年发展起来的最新一代天平，配有电磁式称量传感器及数字化显示屏。可直接称量，全量程不需砝码，放上被称物后，几秒钟内即达到平衡，显示读数，能够方便地以较高的精确度称量样品的质量。有些电子分析天平具有标准的信号输出口，可直接连接打印机、计算机等设备来扩展天平的使用，使称量分析更加现代化。实验室常用的电子分析天平的读数精度一般为 0.1 mg，能满足实验室质量分析要求，需要注意的是所称物体的质量不能超过天平的量程。ALC 型电子分析天平外观如图 2-6 所示。

(一) 使用方法

图 2-6 ALC 型电子分析天平

电子分析天平具有称量快速、准确,操作方便等特点。电子分析天平的品牌及型号很多,不同品牌的在外形设计和功能等方面有所不同,但基本使用规程基本类似。直接称量法应遵守如下操作规程:

(1) 调整水平调节螺丝,使天平后部的水平仪内空气泡位于圆环中央。

(2) 接通电源,预热约 10 min,按 on/off 键开机,天平自检,显示回零时,即可开始称量。

(3) 开始称量操作之前,打开玻璃侧门,将称量容器置于小心秤盘上,关好侧门,屏幕自动显示容器质量,等待读数稳定。按 ZERO 键调零(去皮),直至显示 0.000 0 g。

(4) 往称量容器中加入样品,再次置于秤盘上称量,关好侧门,再次等待读数稳定,所示数值即为样品净重,记录结果。

(5) 称量结束,按 on/off 键至显示屏出现"OFF"字样,关闭天平,关好天平拉门,断开电源,盖上防尘罩,并做好使用登记。

(二) 注意事项

(1) 称量范围越小、精度越高的电子天平,对天平室的环境要求越高,天平室的基本要求是防尘、防震、防过大的温度波动和气流影响,精度高的天平最好在温度恒定的实验室中使用。

(2) 电子分析天平的计量性能经过一段时间的使用后可能发生变化,应定期使用配套的校准砝码进行校准。

(3) 电子分析天平自重较小,容易被碰移位,导致水平改变,影响称量的准确性。因此在使用时动作要轻缓,并时常检查天平是否水平。

(4) 不能在天平上直接称取化学试剂;取放称量器皿时要保持其洁净,防止沾污天平。

(5) 称量样品切忌超过天平量程。

二、pH 计

pH 计是医学实验室常见的电化学分析仪器,用来测定溶液酸碱度值,又称为酸度计。

(一) 基本原理

pH 计利用了原电池的工作原理。原电池的两个电极间的电池电动势符合能斯特定律,既与电极的自身属性有关,还与溶液里的氢离子浓度和温度有关。原电池的电动势和氢离子浓度成下列线性函数关系:

$$E=E^{\ominus}+\frac{2.303RT}{nF}\lg[\mathrm{H}^{+}] \qquad (2-1)$$

氢离子浓度的负对数即为 pH，在 pH 测定过程中应考虑离子强度的影响。

（二）仪器结构

pH 计通常由指示电极、参比电极和精密电位计三个核心部件组成，结构如图 2-7 所示。

两个电极插入待测溶液组成原电池，参比电极作为标准电极提供标准电极电势，指示电极的电极电势随待测溶液中 H^+ 的浓度而改变。因此，当溶液中 H^+ 的浓度变化时，电池电动势就会发生相应变化，从而指示溶液的 pH。

1. 参比电极

最常用的参比电极是饱和甘汞电极（SCE），它由金属汞、甘汞（Hg_2Cl_2）和饱和 KCl 溶液组成。其结构如图 2-8 所示，内玻璃管中封接一根铂丝插入纯汞中，下置一层甘汞和汞的糊状物，外玻璃管中装入饱和 KCl 溶液。电极下端与被测溶液接触部分用多孔玻璃砂芯隔开，但离子能自由传递。其电极反应是

$$Hg_2Cl_2+2e^- \rightleftharpoons 2Hg+2\ Cl^-$$

在 25 ℃时，电极电势为

$$\varphi_{SCE}=\varphi^{\ominus}_{甘汞}-0.059\ 16\ V\lg c_{Cl^-}=0.241\ 2\ V$$

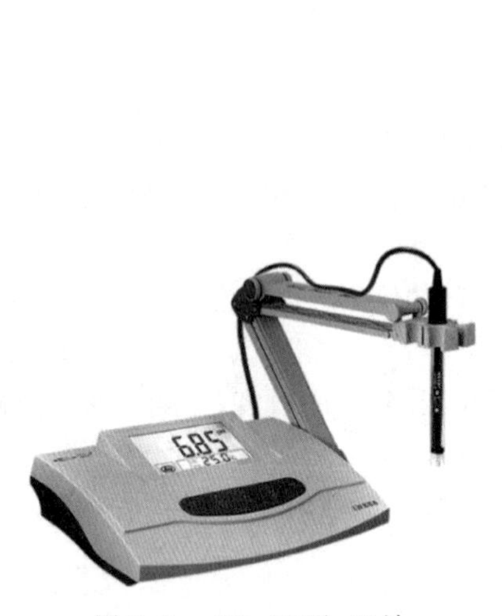

图 2-7 pHS-25 型 pH 计

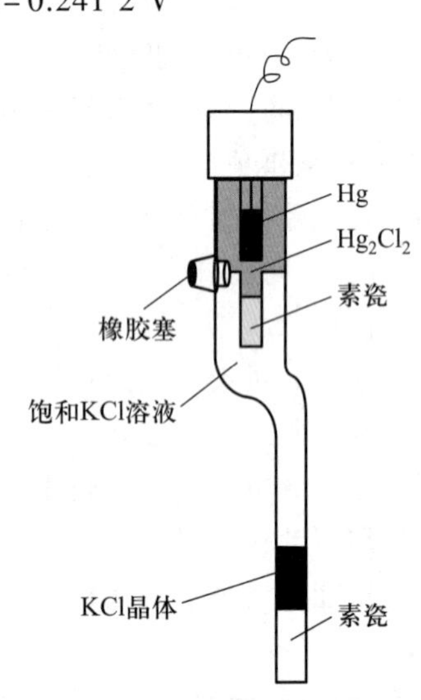

图 2-8 饱和甘汞电极结构示意图

2. 指示电极

pH 计中常用的指示电极是玻璃电极，其结构如图 2-9 所示，其核心部件是下端的玻璃球泡，它由厚度约为 0.1 mm 的特殊敏感玻璃膜构成，对 H^+ 有特殊响应。在玻璃球内装有 0.1 mol · L^{-1}HCl 溶液作为内参比溶液，溶液中插入一支 Ag-AgCl 电极作为内参比电极。将 AgCl 的银丝与导线相连即构成了玻璃电极。玻璃电极可表示为

Ag(s) | AgCl(s) | HCl(0.1 mol · L^{-1}) | 玻璃膜 | 待测溶液

玻璃膜把两个不同 H^+ 浓度溶液隔开，在玻璃-溶液的接触界面之间产生一定的电势差。由于玻璃电极中内参比电极的电势是恒定的，所以，在玻璃-溶液接触界面之间所形成的电势差只与待测溶液的 pH 有关，并且满足下列关系：

在 25 ℃时

$$\varphi_{玻璃}=\varphi^{\ominus}_{玻璃}-0.059\ 16\ \mathrm{VpH} \qquad (2-2)$$

需要注意的是玻璃膜只有浸泡在溶液中才能显示指示电极的作用,未吸湿的玻璃膜不能影响 pH 的变化。所以在使用玻璃电极前一定要在蒸馏水中浸泡 24 h 以上。每次测量完毕后仍需把它浸泡在蒸馏水中。若长期不用,玻璃电极可放回原盒内。

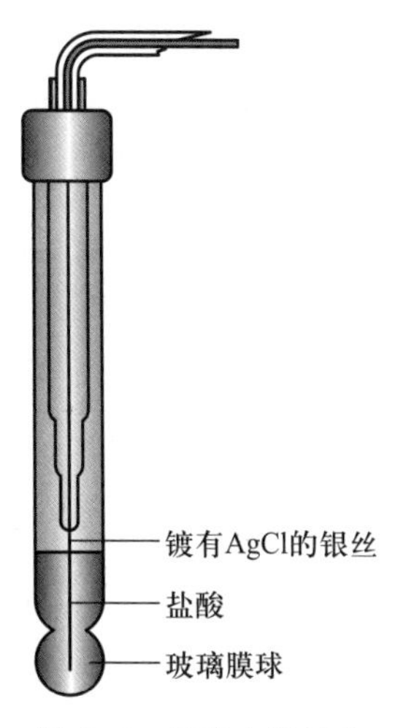

图 2-9 玻璃电极结构示意图

玻璃电极使用方便,可以测定有色、浑浊或胶态溶液的 pH。测定 pH 时,不受溶液中氧化剂或还原剂的影响,所用试液量较少,不会对试液造成破坏。但是,玻璃电极下端的玻璃球泡非常薄,容易破损,使用时要特别小心,切忌与硬物接触。同时要尽量避免在强碱溶液中使用玻璃电极,如欲使用,操作必须迅速,测后立即用蒸馏水冲洗干净,并浸泡于蒸馏水中。

3. 复合电极

由于玻璃电极的易破损性,目前实验室使用的玻璃电极都是复合 pH 电极,它是集指示电极和参比电极于一体的复合体,结构如图 2-10 所示。其最大优点就是使用方便,不受氧化性或还原性物质的影响,且平衡速度较快。复合电极通常由玻璃电极和 AgCl-Ag 参比电极,或玻璃电极-甘汞电极组合而成。电极外套将玻璃电极和参比电极包裹在一起并固定,敏感的玻璃膜泡位于外套的保护栅内,参比电极的补充液由外套上端小孔加入。如果复合电极长时间浸泡在蒸馏水中,会导致复合电极内的 KCl 溶液浓度降低,导致在测量时电极反应不灵敏,最终导致测量数据不准确。因此复合电极在使用之前,应充分浸泡在 3 $\mathrm{mol\cdot L^{-1}}$ KCl 溶液中,以保持电极球泡的湿润,使电极保持良好的测量状态。

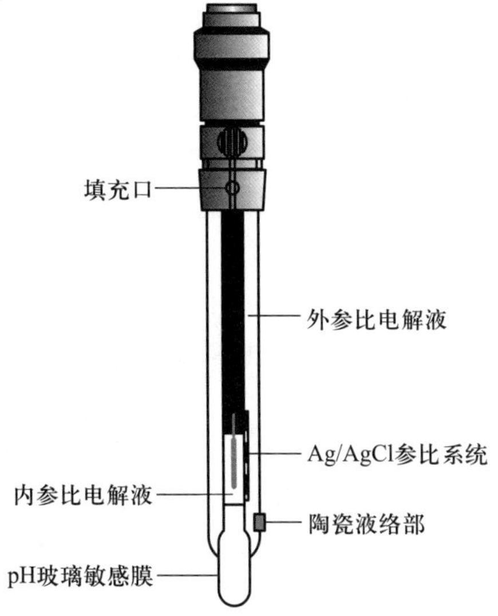

图 2-10 pH 复合电极结构示意图

（三）工作原理

实验室测定溶液的 pH 时，把 pH 复合电极浸入待测溶液中组成电池。电池电动势 E 为

$$E=\varphi_{\mathrm{SCE}}-\varphi_{\text{玻璃}}=\varphi_{\mathrm{SCE}}-\left(\varphi^{\ominus}_{\text{玻璃}}+\frac{2.303RT}{F}\mathrm{pH}\right) \tag{2-3}$$

25 ℃时，饱和甘汞电极的电极电势为一定值，设 $K_{\mathrm{E}}=\varphi_{\mathrm{SCE}}-\varphi^{\ominus}_{\text{玻璃}}$：

$$E=K_{\mathrm{E}}+\frac{2.303RT}{F}\mathrm{pH} \tag{2-4}$$

由于式(2-4)中有两个未知数 K_{E} 和 pH，因此在测定时需先将玻璃电极和饱和甘汞电极插入已知准确 pH 的标准缓冲溶液中进行测定，测得的电池电动势为 E_{s}：

$$E_{\mathrm{s}}=K_{\mathrm{E}}+\frac{2.303RT}{F}\mathrm{pH}_{\mathrm{s}} \tag{2-5}$$

将式(2-4)和式(2-5)合并，消去 K_{E}，即可得到待测溶液的 pH：

$$\mathrm{pH}=\mathrm{pH}_{\mathrm{s}}+\frac{(E-E_{\mathrm{s}})F}{2.303RT} \tag{2-6}$$

式中，pH_{s} 是标准缓冲溶液的 pH，E_{s} 是标准缓冲溶液与电极组成电池的电动势，E 是待测溶液与电极组成电池的电动势，T 测定时的温度。式(2-6)为 IUPAC 给 pH 的操作定义。pH 计就是利用上述原理来测定待测溶液 pH 的。然而在实际测量过程中，并不需要先分别测定 E 和 E_{s}，而是先将复合电极插入标准缓冲溶液中组成原电池，测定此电池的电动势并转换成 pH，通过调整仪器的电阻参数使仪器的测量值与标准缓冲溶液的 pH 一致，这一过程称为定位(也称 pH 校正)，然后再用待测溶液在 pH 计上直接测量，仪表显示的 pH 即为待测溶液的 pH。

（四）使用方法

仪器在连续使用时，测定前需要对 pH 计进行校准，具体操作参见仪器的使用说明书。尽管 pH 计的品牌和型号不同，但其校准时一般选择与待测液 pH 接近的标准缓冲液。25 ℃时常用标准缓冲溶液的 pH 分别为：邻苯二甲酸氢钾标准缓冲溶液，pH = 4.01；混合磷酸盐标准缓冲液，pH = 6.86；硼砂标准缓冲溶液，pH = 9.18。先将复合电极浸入 pH = 6.86 的标准缓冲溶液中进行零点校准，然后浸入 pH = 4.01 或 9.18 的标准缓冲溶液中进行斜率校准。一般采用两点校准就可以满足要求，如果实验精度要求高，可选择使用三点校准模式：

(1) 将 pH 复合电极插口插入测量电极插座及温度电极插座，然后固定在电极架上，用蒸馏水清洗电极，用滤纸轻轻吸干电极端部球泡。

(2) 接通 pH 计电源，预热 10 min。

(3) 在仪器的 pH 测量模式下，将复合电极插入标准缓冲溶液 1 中，待读数稳定后，仪器识别当前标准缓冲溶液并显示当前温度下的标准 pH。

(4) 再次清洗电极并插入标准缓冲溶液 2 中，待读数稳定后，仪器自动识别当前标准缓冲溶液并显示当前温度下的标准 pH。按“确认”键完成标定，仪器存储当前的标定结果，返回测量模式。

（5）用蒸馏水清洗复合电极后，插入待测样品中，读数稳定后，记录数据。检测结束后清洗电极，将电极放回原位，关闭电源。

离子计也是实验室常规的电化学分析仪器，测定方式类似于常见的 pH 计，使用离子选择性复合电极代替 pH 电极，用于测定溶液中相应的离子浓度。

（五）注意事项

（1）电极的引出端，必须保持清洁和干燥，绝对防止输出两端短路，否则将导致测量结果失准或失效。

（2）电极在测量前必须用标准缓冲溶液进行定位校准。

（3）电极应避免长期浸在蒸馏水、蛋白质溶液和酸性氟化物溶液中，并防止和有机硅油脂接触。

（4）电极经长期使用后，如发现梯度略有降低，可把电极下端浸泡在 4%HF 溶液（氢氟酸）中 3~5 s，用蒸馏水洗净，然后在氯化钾溶液中浸泡，使之复新。

三、电导率仪

电导率仪是实验室用来测量液体或溶液电导率的仪器，所使用的电导电极有光亮铂电极和铂黑电极。通过测量电导率，可以分析样品中所含离子的多少。

（一）基本原理

电解质溶液中，正、负离子在电场作用下产生移动而传递电荷，因而具有导电性，其导电能力的强弱可以用电导 G 来衡量，单位为西门子，以符号 S 表示。电导是电阻 R 的倒数，因此测量溶液电导的大小，只要把两个电极插入溶液中，测出两极间的电阻 R 即可。

根据欧姆定律，温度一定时，电阻 R 与电极的间距 l(m) 成正比，与电极的横截面积 A(m^2) 成反比，即

$$R=\rho\frac{l}{A} \tag{2-7}$$

对于一个给定的电极，电极面积 A 与间距 l 都是固定不变的，故 $\frac{l}{A}$ 是个常数，称为电池常数，以 K 表示，故式(2-7)写成

$$G=\frac{1}{R}=\frac{1}{\rho K} \tag{2-8}$$

式中，$\frac{1}{\rho}$ 称电导率，以 κ 表示，单位是 $S\cdot m^{-1}$。式(2-8)变为

$$\kappa=KG \tag{2-9}$$

由于电导的单位西门子太大，因此在实际应用电导率的单位常采用 $mS\cdot cm^{-1}$ 或 $\mu S\cdot cm^{-1}$。

对电解质溶液而言，它的电导不仅与温度有关，还与溶液的浓度有关。因此，通常用摩尔电导率来衡量电解质溶液的导电能力。溶液的摩尔电导率是指把含有 1 mol 的电解质溶液置于相距为 1 m 的两个电极之间的电导，用符号 Λ_m 表示，单位为

$S \cdot m^2 \cdot mol^{-1}$。

摩尔电导率 Λ_m 与电导率 κ 及溶液的浓度 c 之间符合下列关系式：

$$\Lambda_m = \kappa \times \frac{10^{-3}}{c} \tag{2-10}$$

只要测量出溶液的电导率 κ，即可计算得到溶液的摩尔电导率 Λ_m。

根据电解质溶液理论，弱电解质的解离度 α 随溶液的稀释而增大，当溶液无限稀释时，弱电解质全部电离，$\alpha \to 1$。在一定的浓度下，溶液的摩尔电导率与离子的真实浓度成正比，因而也与解离度 α 成正比，所以弱电解质的解离度 α 应等于溶液在浓度 c 时的摩尔电导率 Λ_m 和溶液在无限稀释时的摩尔电导率（称为极限摩尔电导率，常用 Λ_m^∞ 表示）之比，即

$$\alpha = \frac{\Lambda_m}{\Lambda_m^\infty} \times 100\% \tag{2-11}$$

由于弱电解质的解离平衡常数 $K_a^\ominus$ 与解离度 α 和溶液浓度 c 之间满足下列关系式：

$$K_a^\ominus = \frac{c\alpha^2}{1-\alpha} \tag{2-12}$$

将式（2-11）代入式（2-12），得

$$K_a^\ominus = \frac{c\Lambda_m^2}{\Lambda_m^\infty(\Lambda_m^\infty - \Lambda_m)} \tag{2-13}$$

对于强电解质溶液，可测定其在不同浓度下的摩尔电导率再外推而求得极限摩尔电导率，也可以通过查常数表获得。

（二）仪器结构

电导率仪通常由特殊的电子单元和电导电极组成。电导电极是由两片镀有铂黑铂片烧结在两个平行玻璃片上构成，调节铂片的面积和距离，就可以制成不同电极常数的电导电极。电极常数越小，电导电极的灵敏度越高，但电极常数太小会降低传感器的测量量程。DDS-307A 型电导率仪外观如图 2-11 所示。

图 2-11　DDS-307A 型电导率仪

（三）使用方法

1. 开机预热

选择合适的电导电极连接至电导率仪，将电极放入蒸馏水中，接通电源，并预热 30 min。

2. 温度设置

按温度键，此时温度单位 ℃ 出现闪烁，通过"△"或"▽"调节温度，按下确认键。

3. 仪器校准

可以通过电导电极常数的确认对仪器进行校准。目前电导电极的常数有 0.01、0.1、1.0 和 10 四种类型，可以通过"△"或"▽"按键使之为相应电极常数值。例如，如果电导电极标贴的电极常数为"1.010"，则选择"1"并按"确认"键；再按"△"或"▽"，使常数数值显示为"1.010"，并按"确认"键。此时就完成了仪器的校准。除了可以通过电导电极常数的确认对仪器进行校准，还可以利用 KCl 溶液的电导率进行校准。不同浓度、不同温度下 KCl 溶液的电导率可以通过查询教材附录得到。

4. 样品测量

按"电导率/TDS"键，使仪器进入电导率测量状态。在测量状态下，分别用蒸馏水冲洗和待测液润洗电极 2~3 次，将电极插入待测液中，读数稳定后，读取并记录数值。需要注意的是，仪器显示的电导率单位为 $\mu S \cdot cm^{-1}$，进行计算时需要换算成 $S \cdot m^{-1}$。

（四）注意事项

（1）电极的引线及插座应保持干燥，否则将影响测量结果。

（2）电极每次测量或校准后，必须使用蒸馏水彻底清洗。如果电极的铂片受到污染，可以将电极浸泡在稀释的洗涤剂或弱酸中 15 min，再用蒸馏水清洗。

四、分光光度计

分光光度法是根据物质对光的选择性吸收及光吸收定律，对物质进行定性鉴别或含量测定的分析方法，在化学、生物学及医学领域应用广泛。

（一）基本原理

Lambert 和 Beer 分别于 1760 年和 1852 年研究得出了物质对光的吸收程度与液层厚度和溶液浓度之间的关系，后来人们将吸光度与液层厚度和溶液浓度的定量关系式表达为

$$A = \varepsilon bc \tag{2-14}$$

式(2-14)即为 Lambert-Beer 定律的数学表达式。式中 A 为吸光度；b 为吸收层厚度，单位为 cm；c 为吸光物质的浓度，单位为 $mol \cdot L^{-1}$；ε 为摩尔吸光系数，单位为 $L \cdot mol^{-1} \cdot cm^{-1}$，它与溶液的本性、温度及入射光波长等因素有关。

Lambert-Beer 定律是分光光度法的定量基础。当液层厚度 b 和摩尔吸光系数 ε 固定时，吸光度 A 与溶液浓度 c 成正比。常用的分光光度法的定量方法有标准曲线法和标准对比法。

标准曲线法：取标准品配制成一系列不同浓度的标准溶液，置于相同的比色皿中，在最大波长下，分别测定它们的吸光度。以浓度为横坐标、吸光度为纵坐标作图，得到一条通过原点的直线（标准曲线）。在完全相同的操作条件下，测定未知样品溶液的吸光度，利用标准曲线的线性回归方程即可计算得到样品的浓度。

标准对照法：如果被测样品溶液的浓度与标准溶液浓度比较接近，可以选择标准对照法。配制一个与被测溶液浓度接近的标准溶液，在最大波长下测定吸光度 A_s，在

相同条件下测定未知溶液的吸光度 A_x，根据 Lambert-Beer 定律，有

$$A_s = kc_s \qquad A_x = kc_x$$

两式相除，得

$$\frac{A_s}{A_x} = \frac{c_s}{c_x}$$

则

$$c_x = c_s \times \frac{A_x}{A_s} \tag{2-15}$$

（二）分光光度计

按照测定波长范围的不同，分光光度计分为可见分光光度计和紫外分光光度计。下面分别以 721E 型可见分光光度计和 UV-1800 型紫外可见分光光度计为例进行介绍。

1. 721E 型可见分光光度计

(1) 仪器构造　721E 型可见分光光度计主要由光源、单色光器、样品室、检测器和信号显示系统五大部分组成，测定波长范围在 400~760 nm，其外观如图 2-12 所示。

数字资源 2-1 动画：分光光度计主要部件及原理（单光束）

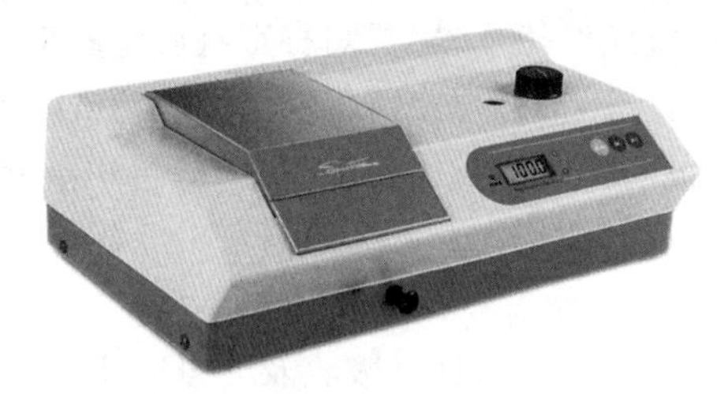

图 2-12　721E 型可见分光光度计

数字资源 2-2 动画：分光光度计主要部件及原理（双波长）

(2) 使用方法

① 打开电源开关，仪器预热 20 min。

② 用“波长设置”旋钮将波长设置在分析波长位置上。

③ 打开样品室盖，将挡光体插入比色皿架，并将其置于光路中。

④ 盖好样品室盖，按“0%*T*”键调透射比为零（在 *T* 方式下）。

⑤ 取出挡光体，盖好样品室盖，按“100%*T*”调 100%透射比。

⑥ 按“MODE”将测试方式设置为吸光度方式。

⑦ 将分别盛有参比溶液和样品溶液的比色皿插入比色皿槽中，将参比溶液推入光路中，按“100%*T*”键调整为零，再将样品溶液推入光路中，显示器所显示的即是样品的吸光度值。

数字资源 2-3 动画：分光光度计主要部件及原理（双光束）

2. UV-1800 型紫外可见分光光度计

紫外可见分光光度计是基于紫外可见吸收分光光度法而进行分析的一种常用的分析仪器。测量范围一般包括波长范围为 380~780 nm 的可见光区和波长范围为 200~380 nm 的紫外光区。紫外可见分光光度计灵敏度高、选择性好、准确度高、适用浓度范围广，最重要的是分析成本低，操作简便、快速，是实验室使用广泛的一种光谱仪器，长期在定量分析领域发挥重要作用。由于被测物质浓度在仪器上的响应信号值

在一定范围内成直线关系，紫外可见分光光度法一般采取标准曲线法进行含量测定。需要事先用标准溶液制作标准曲线，利用待测样品的吸光度值和标准曲线求出相应的浓度值。

（1）仪器结构　紫外可见分光光度计在电子、计算机等相关学科发展的基础上，其灵敏度和准确度不断提高，而且出现数字显示、自动记录、自动打印、计算机控制等各种类型的仪器。到目前为止，一般可归纳为三种类型：单光束分光光度计、双光束分光光度计和双波长分光光度计。一些比较先进的紫外可见分光光度计具有波长范围宽、波长分辨率高、可实现全自动控制等优点，因此广泛应用于不同的科研领域。

紫外可见分光光度计组成的基本单元与可见分光光度计类似，只是其光源一般为氢灯和氘灯，测定波长范围在 200～400 nm，UV-1800 型紫外可见分光光度计外观如图 2-13 所示。

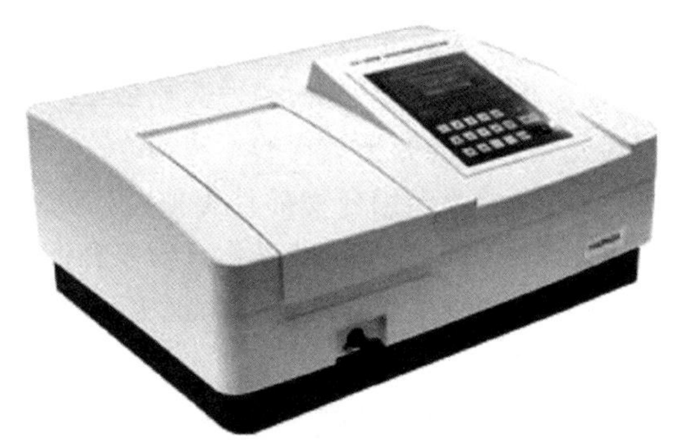

图 2-13　UV-1800 型紫外可见分光光度计

（2）使用方法

① 接通电源后，开机，仪器进行自动校正，自检结束，使用前需预热 20 min。

② 选择样品测量所需的单色光波长，再根据实验要求选择透射比、吸光度或浓度的输出模式，准备就绪就可以开始测试。

③ 将参比溶液和待测溶液加入匹配的吸收池中，打开仪器样品室的盖板，依次把吸收池置于样品室的托架上，关好样品室盖板。

④ 首先使参比溶液位于光路中，进行归零操作（透射比 100%）。依次拉动吸收池托架的拉杆，显示屏上就会显示出待测样品对应的吸光度，记录数值。

⑤ 吸光度测定实验完毕，关闭仪器电源，取出吸收池洗净备用，然后用软布或软纸清洁样品室。

（三）注意事项

1. 仪器应放在干燥平稳的工作台上。

2. 拿取比色皿只能双指捏住毛玻璃面；装入溶液后要用吸水纸吸干外壁水珠后方能放进比色皿架中。

3. 不得将溶液洒落在暗箱内，若洒落应立即擦拭干净，以免腐蚀仪器。

4. 改变波长，必须再次调透射比为零。

五、荧光分光光度计

利用分子发出的荧光光谱对物质进行定性和定量分析的方法称为荧光分析法。它具有灵敏度高、选择性强、样品用量少、方法简便、标准曲线线性范围宽等优点,可以广泛应用于生命科学、医学、药学和药理学、有机化学和无机化学等领域。

(一)基本原理

某些处于基态的物质分子受到一定波长的光(激发光)照射后变为激发态,这些处于激发态的分子不稳定,从激发态返回基态的过程中会发射出波长与激发光波长相同或较长的光,称为荧光。停止激发光照射,发射光也随即消失,因此荧光是一种光致发光现象。

如果固定荧光的发射波长而不断改变激发光的波长,并记录相应的荧光强度,测得荧光强度对激发波长的谱图,称为荧光的激发光谱。如果固定激发光的波长而不断改变荧光的发射波长,并记录相应的荧光强度,测得荧光强度对发射波长的谱图,称为荧光的发射光谱。不同荧光化合物的分子结构的不同,其激发态能级的分布具有各自不同的特征,这种指纹特征表现为荧光化合物都具有独特的激发光谱和发射光谱,因此荧光的激发光谱和发射光谱可以定性鉴定荧光化合物。在溶液中,当荧光物质的浓度较低时,其荧光强度与该物质的浓度通常有良好的正比关系,即 $I_F = Kc$,利用这种关系可以进行荧光物质的定量分析。

荧光定量分析多采用标准曲线法,即以已知浓度的标准物质,按样品相同方法处理后,配成一系列标准溶液,测定其相对荧光强度和空白溶液的相对荧光强度;扣除空白值后,以荧光强度为纵坐标,标准溶液浓度为横坐标,绘制标准曲线。

(二)仪器结构

荧光分光光度计是用于扫描液相荧光标记物所发出的荧光光谱的一种仪器,主要部件包括激发光源、激发单色器、样品池、发射单色器、检测系统。荧光分光光度计的激发波长扫描范围一般是 190~650 nm,发射波长扫描范围是 200~800 nm。由高压汞灯或氙灯发出的紫外光和蓝紫光经滤光片照射到样品池中,激发样品中的荧光物质发出荧光,荧光经过滤过和反射后,被光电倍增管所接受,然后以数字化的形式显示出来。F-2700 型荧光分光光度计外观如图 2-14 所示。

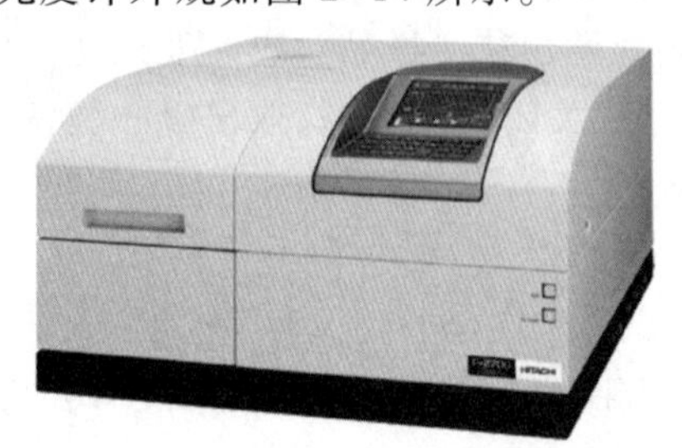

图 2-14 F-2700 型荧光分光光度计

1. 激发光源

激发光源一般为高压汞蒸气灯或氙弧灯,后者能发射出强度较大的连续光谱,且

在 300~400 nm 范围内强度几乎相等,故较常用。

2. 激发单色器

置于光源和样品池之间的装置为激发单色器或第一单色器,其作用是筛选出特定的激发光谱。

3. 发射单色器

置于样品池和检测器之间的装置为发射单色器或第二单色器,常采用光栅,筛选出特定的发射光谱。

4. 样品池

样品池通常由石英池(液体样品用)或固体样品架(粉末或片状样品)组成。测量液体时,光源与检测器设置成直角;测量固体时,光源与检测器设置成锐角。

5. 检测系统

一般用光电管或光电倍增管作检测器,可将光信号放大并转为电信号。

(三)使用方法

1. 打开氙灯电源,再开主机电源,仪器开始初始化工作,进行自检和自校正工作。预热 30 min 后进行测量操作。

2. 将系列标准溶液(含空白溶液)注入石英样品池,小心插入样品池托架位置。

3. 进入仪器“波长模式”,调整发射单色器的检测波长。

4. 进入仪器“荧光值模式”,调整浓度最大标准溶液的荧光值在 200~400 之间,空白溶液的荧光值为 0。

5. 依次将系列标准溶液由浓到稀置于光路中,待荧光值读数稳定后,记录其数值,用于拟合标准曲线方程。

6. 将待测溶液置于光路中,待仪器读数稳定后,记录其荧光值,由标准曲线方程求得样品的浓度。

7. 先关闭主机电源,再关闭氙灯电源。

(四)注意事项

1. 若光源熄灭后重新启动,应等待 30 min,等灯管冷却后方可,以延长灯的寿命。

2. 实验中采用石英比色皿作为样品池,拿取的时候用手指捏住池体的上角部,避免接触到四个面;样品池使用后应立即清洗,然后用擦镜纸轻轻擦拭。

3. 为了保证光源的稳定性,仪器需要配备稳压器。氙灯点亮瞬间需要上千伏高压,开机时应远离氙灯,同时注意通风。

(北京大学　苟宝迪)

第三章　化学实验基本操作

第一节　玻璃仪器洗涤与干燥

一、玻璃仪器的洗涤

化学实验中使用的各种玻璃仪器是否洁净，常常影响到实验结果的准确性。洁净的玻璃器皿应透明且无肉眼可见污物，器壁上只留有一层薄而均匀的水膜而不挂水珠。洗涤玻璃仪器的方法很多，应根据实验的要求、污物的特点进行选择。

（一）自来水刷洗

用水和专用毛刷刷洗，可洗去附着在仪器上的尘土和水溶物。用自来水洗净的仪器，需再用少量蒸馏水润洗 2~3 次，以洗去自来水含有的 Ca^{2+}、Mg^{2+}、Cl^- 等离子。洗涤后的器皿应置于洁净处备用。

（二）洗涤剂刷洗

洗涤剂包括洗衣粉、洗洁精等，可洗去附着的油污和有机物，若仍洗不干净，可用热的碱液清洗。洗涤时，在器皿中加入少量洗涤剂，然后用毛刷刷洗，再用自来水冲洗、蒸馏水润洗。

（三）铬酸洗液

进行精密的定量分析实验时，对仪器的洁净程度要求较高，若所用仪器形状特殊，或仪器内壁不能有丝毫的毛刷划痕，需用铬酸洗液洗涤。

铬酸洗液的配制方法：将 25 g 研细的 $K_2Cr_2O_7$ 固体，缓慢加入 500 mL 温热的浓 H_2SO_4 中，边加边搅拌。待冷却后装入棕色细口瓶中备用。铬酸洗液具有很强的氧化性，对油污和有机物质的去除能力很强。

铬酸洗液的使用方法：使用时向容器中加入少量洗液，倾斜并慢慢转动仪器，使洗液湿润容器内壁。使用后的洗液应倒回原瓶中，可反复使用。润洗过的仪器，第一次用少量自来水冲洗，并将冲洗液倒入废液缸中，然后再用自来水洗净仪器。

使用铬酸洗液时，若不慎溅到皮肤上，应立即用大量清水冲洗。

（四）盐酸-乙醇溶液

将浓盐酸和无水乙醇按 1∶2 的体积比进行混合，此洗涤剂可洗涤比色皿、比色管及吸量管等。洗涤时一般将器皿在此洗涤剂中浸泡一定时间，然后再用自来水冲洗、蒸馏水润洗。

（五）氢氧化钠-乙醇溶液

将 120 g 氢氧化钠溶于 150 mL 纯净水中，再用 95%乙醇溶液稀释到 1 L。此洗涤剂用于去油污及某些有机化合物。但不可用此洗涤剂长时间浸泡精密的玻璃量器，以免影响量器精度。

（六）硝酸-氢氟酸溶液

把 50 mL 氢氟酸、100 mL 硝酸和 350 mL 蒸馏水混合，储存于塑料瓶中备用。此洗涤剂可有效去除器皿表面的金属离子，但同时会对器皿表面产生一定腐蚀。因此，精密量器等不宜使用。由于其强烈的腐蚀性，使用时需要戴上橡胶手套。

所有洗涤剂使用后都不能直接排入下水道，以免造成环境污染。以上洗涤剂一般都可循环使用多次，无效后需经专人专项回收处理。

二、玻璃仪器的干燥

一般不急用的玻璃仪器可倒置在仪器架上自然晾干；也可沥去残水后，仪器口向下放入电烘箱或电流烘干器中烘干，需要注意的是用挥发性易燃物或用酒精、丙酮淋洗过的玻璃仪器切勿放入烘箱中干燥，以免引起爆炸；表面皿等仪器还可以放在石棉网上用小火烤干；试管则可以用试管夹夹住直接在灯焰上烤干。

带刻度的量器不可用加热的方法干燥，以免影响仪器的准确性。可在仪器内加入少量易挥发且能与水混合溶解的有机溶剂（如酒精与丙酮等体积混合物等），转动仪器使其与器壁上的水相混合，倾出混合液晾干或用电吹风加速干燥，急用的体积小的仪器也可用此法干燥。

三、干燥器的使用

干燥器是用来保持物品干燥的仪器，它是由厚质玻璃制成。规格以外径（毫米）大小表示。可分为普通干燥器和真空干燥器。

使用时，根据干燥物质的不同，在干燥底部放入适当的干燥剂（如硅胶、碱石灰等），被干燥物品放入干燥器内圆孔瓷板上面。打开干燥器时，不应把盖子向上提，而应手扶干燥器，将盖子小心地向水平方向滑动，取放物品后应立即将盖子用此方法盖好。

数字资源 3-1 视频：干燥器的使用

使用干燥器应注意的事项：

（1）磨口边缘应涂凡士林，干燥器应保持清洁，不得放入水分较多的样品。温度过高的样品须冷却至室温后，再放入干燥器中，否则会冲开盖子或使得盖子难以打开。

（2）干燥器只在使用时才打开盖子，打开后，盖子的磨口面向上放置。样品取出后或放入后，应立即盖好盖子，以免内部干燥剂受潮。

（3）放入的干燥剂不能超过干燥器底部的一半，以免沾污放入的样品。

(4) 时常观察干燥剂是否发生变化,发现失效应及时更换新的干燥剂。长期不使用,使得盖子难以打开,可用热毛巾或电吹风机热风作用于其边缘,使凡士林熔化后再打开。

第二节　化学试剂的取用

我国根据杂质含量多少,把化学试剂分为四个基本等级,见表 3-1。

表 3-1　我国化学试剂(通用试剂表)的等级

等级	一级试剂(优级纯)	二级试剂(分析纯)	三级试剂(化学纯)	四级试剂(实验试剂)
英文符号	G.R.(guarantee reagent)	A.R.(analytical reagent)	C.P.(chemical pure)	L.R.(laboratory reagent)
标签的颜色	绿色	红色	蓝色	黄色
应用的范围	精密分析及科学研究	一般分析及科学研究	一般定性及化学试剂	一般的化学制备

除了以上四个等级外,还有一些特殊的纯度规格,如光谱分析使用的光谱纯试剂,核试验及其分析使用的核纯度等。试剂规格的选用必须以实验要求为准,并要有相应的纯水及量器与之配合,才能发挥试剂纯度的作用。

一、固体试剂的取用

取用固体试剂前要检查试剂名称及组成量度是否符合要求。取用固体试剂一般使用药匙,所用药匙必须洁净、干燥,且不与药品反应。药匙一般材质为牛角或不锈钢,使用的药匙必须专药专用。试剂取用后要立即盖好瓶塞并放回原处。多取的试剂不能倒回原试剂瓶内,以免污染试剂,应放入回收瓶。固体颗粒较大时,应先在洁净、干燥的研钵中磨细后进行称量。

二、液体试剂的取用

数字资源 3-2 视频:液体试剂的取用

从试剂瓶中取用液体试剂时,取下的瓶塞必须仰放于桌面上,左手拿住量器(量筒或试管),右手持试剂瓶(瓶签向手心),瓶口应紧靠量器注入液体,如图 3-1 所示。倒完后把试剂瓶的瓶口在量器上靠一下,再使试剂瓶竖起来,以免试剂沿外壁流下。

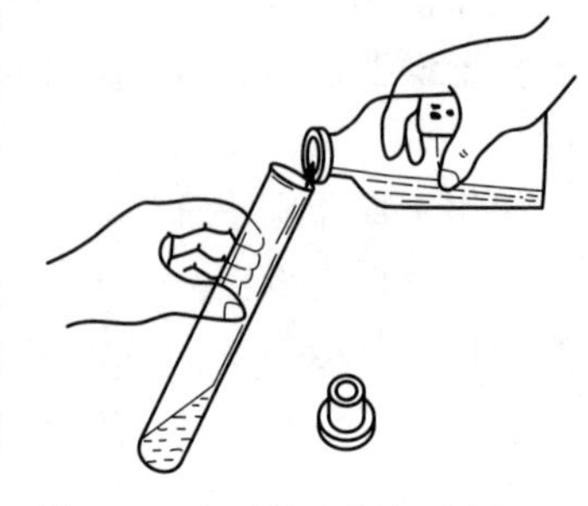

图 3-1　向试管中倾倒液体试剂

将液体试剂从试剂瓶倒入烧杯中,也可用右手拿试剂瓶,左手拿玻璃棒,使玻璃棒的下端斜靠在烧杯的内壁,将试剂瓶口紧靠在玻璃棒上,使液体沿玻璃棒引流到烧杯中,如图 3-2 所示。

从滴瓶中取用少量试剂到试管中,用滴管将液体

滴入试管时，试管应垂直，滴管口不可伸进试管中，也不可将滴管横置或倒立，如图3-3所示。若不慎取出了过多的试剂，多余的试剂应放入另一指定容器供他人使用，不能倒回原瓶，以免造成污染。一个滴瓶上的滴管不能用来移取其他试剂瓶中的试剂，应专管专用。

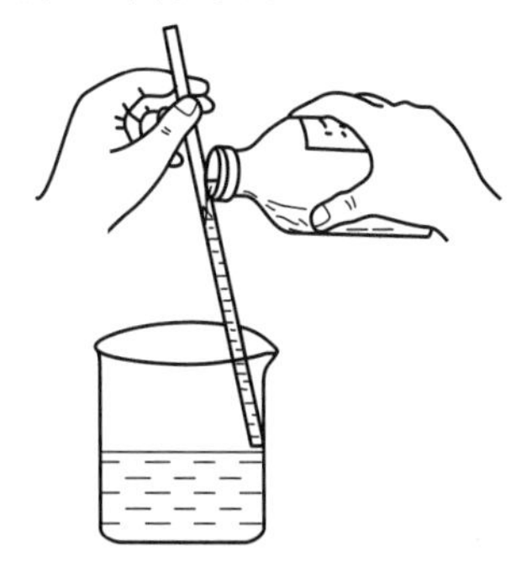

图 3-2　用玻璃棒向烧杯中引流液体试剂

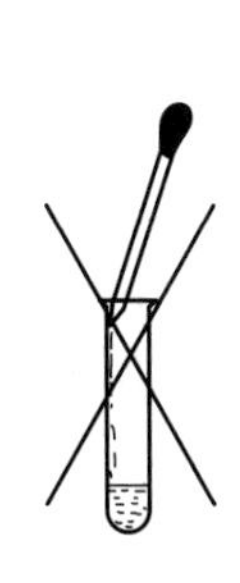

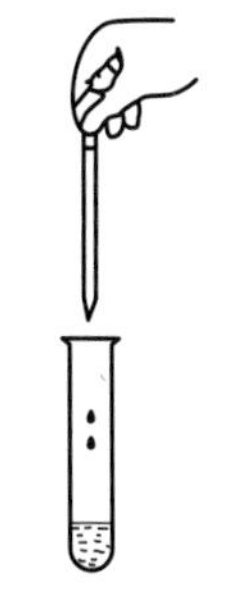

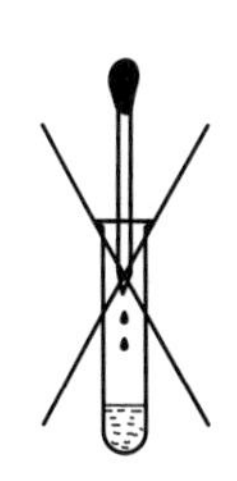

图 3-3　向试管中滴加液体试剂

定量取用液体试剂时，根据所需量取液体的多少及精度要求，选择量筒、吸量管、移液管或移液枪。

三、特种试剂的取用

剧毒、强腐蚀性、易燃、易爆试剂取用需要格外小心，需由专人取用或在教师指导下按照相关操作规程进行。腐蚀性试剂应防止溅到皮肤或衣服上。

（山西医科大学　王浩江）

第三节　称量及称量仪器的使用

一、称量方法

常见的称量方法一般有以下三种。

（一）直接称量法

数字资源3-3 视频：常见的称量方法

直接称量法用于在空气中性质稳定、不吸潮的样品的称量。天平零点调整后，将被称量物体直接放在秤盘上，显示读数即为被称量物质的质量。称量时注意不能用手直接取放试剂，应戴手套、垫纸条或用镊子取放。

（二）固定质量称量法

此法又称增量法，用于称量某一固定质量的试剂。这种称量方法适于称量不吸潮、在空气中性质稳定的粉末状或小颗粒状样品。

在称量过程中，若不慎加入试剂超过指定质量，应用药匙取出多余试剂，直至试剂质量符合要求为止。取出的多余试剂应放入回收瓶中，不能放回原试剂瓶中。称好的试剂必须定量直接转入接收器。

（三）差减称量法

差减称量法用于称取易吸潮或挥发的样品。此法称出样品的质量不要求是固定的数值，只要求在一定范围内即可。首先准确称量盛有样品的称量器皿（称量瓶或滴瓶），然后转移出适量的样品后再次称取质量，两次称量结果之差即为样品的质量。按照上述方法可连续称取几份样品。

二、常用称量器皿

（一）称量瓶

称量瓶是用差减称量法称量固体样品常用的容器。使用前必须洗净并烘干，称量时不允许直接用手取放，须用干净纸条套住称量瓶（图 3-4），并用手捏紧纸条进行操作。移动称量瓶至烧杯上方，用干净的小纸片捏住瓶盖并打开，用瓶盖轻轻敲击瓶口，使样品落入烧杯中，如图 3-5。当倒出的样品接近所需的质量时缓慢竖起称量瓶，再轻敲其瓶口，使得瓶口的样品落回瓶内，并盖好瓶盖。如果一次倒出的样品量达不到所需量，可再次倾倒样品，直到达到所需质量。切勿将样品洒落到容器以外的地方。

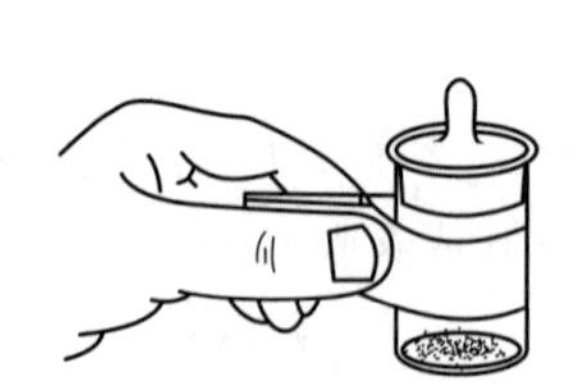

图 3-4　称量瓶取用示意图

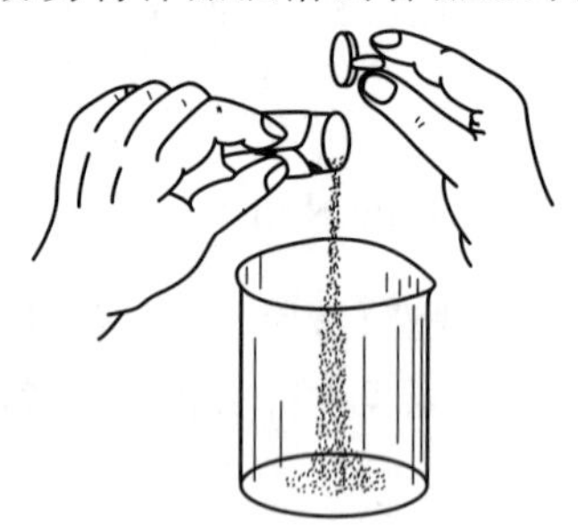

图 3-5　用称量瓶倾倒样品示意图

（二）小滴瓶

小滴瓶是使用差减称量法称量性质稳定且不易挥发的液体试剂时最常用的容器，在转移液体试剂时，直接用胶头滴管滴到盛装样品的容器中即可。称量步骤和固体称量类似。

第四节　玻璃量器及其使用

一、容量瓶及定容操作

容量瓶是用于准确配制一定组成标度的溶液，或对溶液进行准确稀释时常用的容量仪器。容量瓶通常是细长颈的梨形平底瓶，带有磨口玻璃塞，瓶颈上标有标线。瓶上标有容积和标定时的温度。常用容量瓶有 25 mL、50 mL、100 mL、250 mL 和 1 000 mL等多种规格，有棕色（用于配制见光易分解的液体）和无色两种。

容量瓶使用前应检查是否漏液。可在瓶内装入自来水至标线附近,旋紧瓶塞,左手食指压住瓶塞,右手五指头托住瓶底边缘,倒立容量瓶,观察瓶口是否有水渗出。把瓶直立后,瓶塞转动 180°,再倒立一次,如不漏水,说明容量瓶不漏液。此时再用前面介绍的方法进行洗涤备用。

如果要由固体配制准确组成标度的溶液,通常将固体准确称量后放入小烧杯中,加少量蒸馏水溶解完全,定量地转移到容量瓶中,转移时,玻璃棒下端要靠住瓶颈内壁,使溶液沿瓶壁流下[图 3-6 (a)],溶液流尽后,将烧杯轻轻顺玻璃棒稍向上提,同时直立,使附在玻璃棒、烧杯嘴内的液滴回到烧杯中,用少量蒸馏水洗 3~4 次烧杯,洗涤液按上法完全转移到容量瓶中,然后用蒸馏水稀释。当加至容积的 2/3 处,旋摇容量瓶,使溶液混匀,然后继续加水,当接近标线时,用滴管逐滴加水至弯月面最低点恰好与标线相切,盖紧瓶塞,左手食指压住瓶塞,右手各指头托住瓶底边缘,倒转容量瓶,使瓶内气泡上升到顶部,再倒过来,如此反复倒转数次,使瓶内溶液充分混合均匀[图 3-6(b)(c)]。

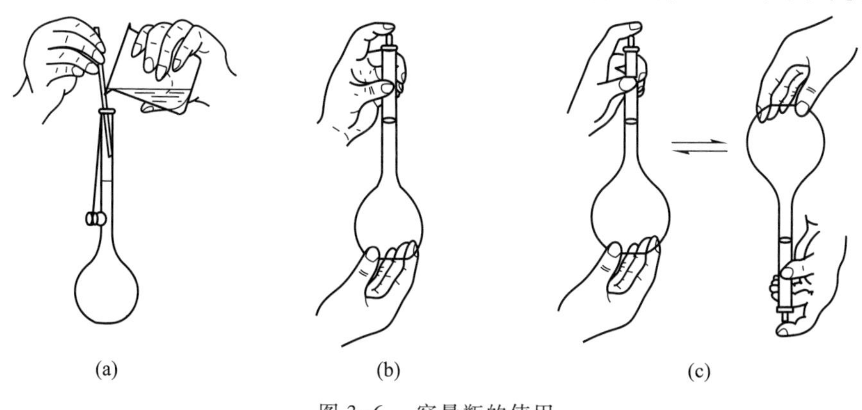

图 3-6　容量瓶的使用

如果要对浓溶液准确定量稀释,可用移液管吸取一定体积的浓溶液于容量瓶中,按上述方法稀释至刻度,摇匀即可。

二、滴定管及滴定操作

(一) 滴定管

滴定管是滴定分析时用于精确度量流出液体积的容器。滴定管中最常用的容积为 50 mL 和 25 mL,其刻度精确至 0.1 mL,可估计至 0.01 mL,因此可读至小数点后第二位,一般读数误差为±0.02 mL。滴定管分为两种:一种是下端带有玻璃旋塞的酸式滴定管[图 3-7(a)],用来盛装酸性溶液、氧化性溶液及 EDTA 等溶液。另一种是碱式滴定管[3-7(b)],用于盛装碱性溶液,玻璃管下端连接乳胶管,乳胶管内部附有一玻璃珠(用来控制溶液的流出),乳胶管下方又接一个尖嘴玻璃管。酸式滴定管不能盛装碱性物质,因为碱性物质会腐蚀磨口玻璃旋塞,使旋塞被卡死;碱式滴定管不能盛装与乳胶发生反应的物质,如 $KMnO_4$、I_2、$AgNO_3$ 等溶液。现在更为常见的是聚四氟乙烯旋塞的通用滴定管。由于聚四氟乙烯具有抗酸、抗碱和抗氧化的特点,所以已经在滴定分析中广泛使用。

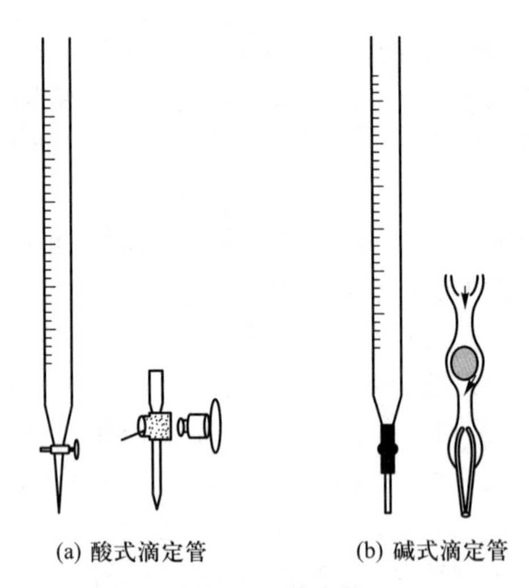

(a) 酸式滴定管　(b) 碱式滴定管

图 3-7　滴定管

滴定管的准备一般包括以下几个步骤:

1. 洗涤

滴定管在使用前必须洗净。无明显油污的滴定管,可直接用自来水冲洗;若有油污,可用肥皂水或洗衣粉浸泡。若油污不易洗净时,则用铬酸洗液洗涤;若油污严重,可倒入事先温热的洗液浸泡一段时间,然后打开旋塞,将洗液放回原瓶。洗涤滴定管时应注意,不可用去污粉刷洗,以免划伤内壁,影响体积的准确度。洗干净的滴定管,其内壁可完全被水湿润且不挂水珠。

2. 查漏

洗涤后要检查是否漏液,玻璃塞是否旋转自如,液滴的流出是否能够灵活控制。将已洗净的滴定管装满水,固定在滴定管架上直立静置 2 min,观察有无水滴漏下,然后将旋塞旋转 180°,再静置 2 min,观察有无水滴漏下,如均不漏水,滴定管即可使用。若查漏时发现旋塞处有水渗出或漏水,则要在旋塞处涂上凡士林油。涂油的方法是将旋塞取下,用干净的纸或布把旋塞和内套壁擦干,用手指蘸取少许凡士林,在旋塞的大头涂一圈,再用玻璃棒蘸取少许凡士林在塞套内小头的一端涂一圈。然后将旋塞插入塞套内,向同一方向旋转旋塞,使凡士林分布均匀呈透明状态,且旋塞旋转灵活(图 3-8),涂油后再检查是否漏水,若不漏则可用,否则要重新涂油。

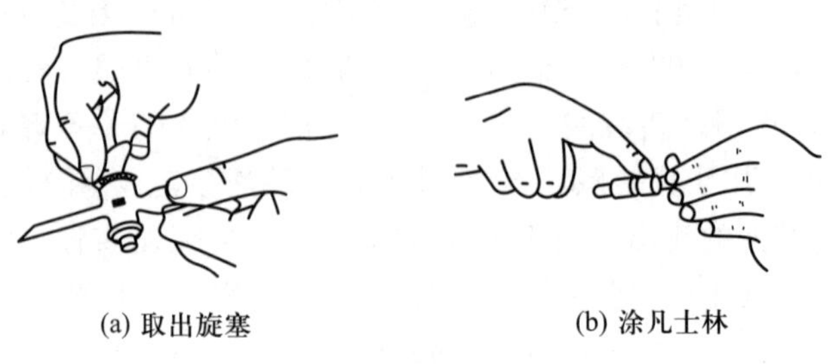

(a) 取出旋塞　(b) 涂凡士林

图 3-8　旋塞涂凡士林

对碱式滴定管，若乳胶管老化变硬或乳胶管内玻璃珠太小，容易引起漏水，须更换新的乳胶管或玻璃珠，达到不漏液为止。

3. 润洗

经检查不漏液的滴定管，用蒸馏水润洗 2~3 次，再用待加入溶液润洗滴定管 2~3 次，以避免滴定液浓度发生改变。当加入一定体积（约 10 mL）的滴定液于滴定管中，将滴定管平放且慢慢转动，润洗液润遍全管后放出。

4. 排气

润洗后可装入标准溶液至零刻度以上，检查旋塞附近或橡胶管内有无气泡，对于酸式滴定管如有气泡轻轻转动旋塞使溶液迅速冲下，排出下端气泡［图 3-9(a)］；对碱式滴定管，可将乳胶管向上弯曲，用力捏挤玻璃珠的右上侧，使溶液从尖嘴喷出，以排除气泡［图 3-9(b)］。排除空气后，再调液面至零刻度附近，并准确读数，此数为初读数。

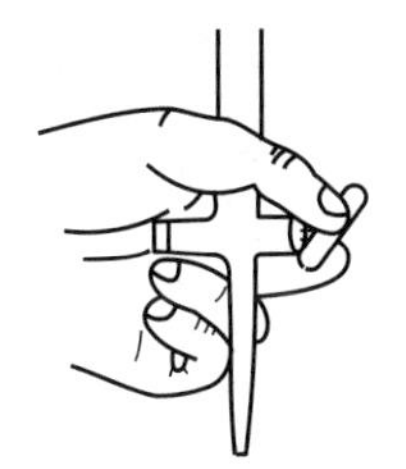

(a) 酸式滴定管逐气泡法

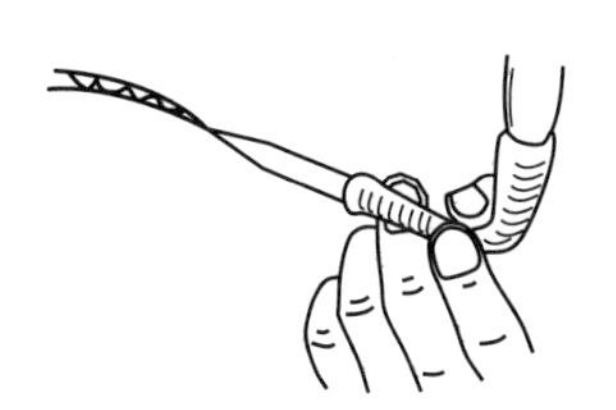

(b) 碱式滴定管逐气泡法

图 3-9 滴定管逐气泡法

5. 装液

气泡排尽后，液面应在零刻度处或略低于零刻度。

6. 读数

读数时用两个指头拿着滴定管，使其自然垂直下落，对于无色或浅色溶液，视线应与弯月面下缘最低点保持在同一水平，视线与刻度在同一水平面上［图 3-10(a)］。对有色溶液，视线应与液面两侧的最高点相切。为了使读数更清晰，读数时也可用涂有黑色长方形（约 1 cm×1.5 cm）的白纸制成的读数卡，放在滴定管的背后，使黑色的部分在弯月面下约 1 mm 处，即可看到弯月面的反射层呈黑色，弯月面界线十分清晰［图 3-10(b)］。

（二）滴定操作

滴定一般在锥形瓶中进行，滴定操作一般用左手控制开关，使用酸式滴定管的操作如图 3-11(a)所示，左手的拇指在管前，食指和中指在管后，手指略弯曲，轻轻向内扣住旋塞，手心空握，防止顶出旋塞造成漏液。滴定时转动旋塞，控制溶液流出速度，逐滴放出，以每秒 2~4 滴为宜。

数字资源 3-4 视频：滴定操作

使用碱式滴定管的操作如图 3-11(b)所示，左手的拇指在前，食指在后，捏挤玻璃珠所在部位稍上处的乳胶管，使乳胶管和玻璃珠之间形成一条缝隙，溶液即可滴出，但注意不能捏挤玻璃珠下方的乳胶管，否则会吸入空气形成气泡。

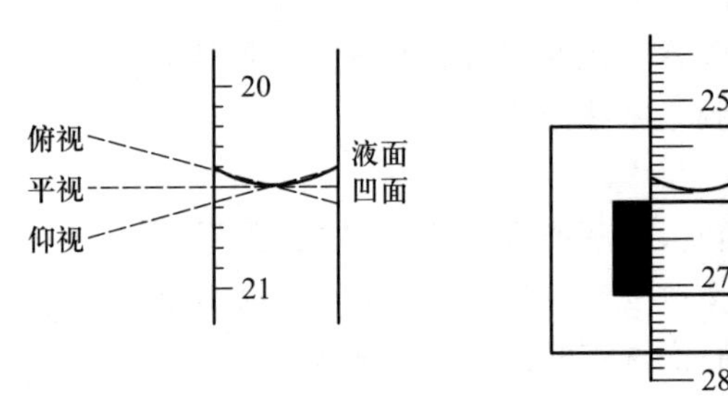

(a) 视线与刻度保持同一水平面　　(b) 用读数卡读数

图 3-10 滴定管读数

(a) 酸式滴定管滴定操作　　(b) 碱式滴定管滴定操作

图 3-11 滴定操作

滴定操作中,开始时可以滴加稍快些,但要求逐滴滴入,充分摇匀,注意观察,当接近终点时,颜色变化较快,应控制液体在滴定管下端保持悬而不落,此时用锥形瓶的内壁轻靠滴定管下端把液滴带下来,然后再用洗瓶冲洗锥形瓶的内壁停靠位置,充分摇匀,直到颜色 30 s 后不变化为止,这时即为滴定终点,读取滴定管数值。滴定管用完后倒去管内剩余溶液,自来水冲洗后再用蒸馏水润洗 2~3 遍,倒立夹在滴定管架上。

聚四氟乙烯通用滴定管的滴定操作与酸式滴定管类似。

三、移液管与吸量管

数字资源 3-5 视频:吸量管、移液管的使用

移液管和吸量管是用于准确移取一定体积液体的容量器皿,移液管中间为一膨大部分(称为球部),上下部均为较细窄的管颈,管颈上部有一环形标线,球部刻有数字标明它的容积和规定该容积的温度[图 3-12(a)]。常用移液管有 10 mL、20 mL、25 mL等规格。另一种带有分刻度的移液管,一般称为吸量管。常用的有 1 mL、2 mL、5 mL、10 mL 等规格[图 3-12(b)]。

移液管和吸量管的洗涤常使用洗涤液浸泡。当第一次用洗净的移液管吸取溶液时,应先用滤纸将管外壁水分擦干,再吸取少量溶液润洗移液管 2~3 次。吸取溶液时,一般用右手的大拇指和中指拿住管颈标线上方,将移液管深深插入溶液中,左手握住洗耳球,将溶液吸至稍高于刻度处(图 3-13),移去洗耳球,立即用右手的食指按紧管口,将移液管提升并离开液面,稍微松动食指并转动移液管,使液面缓慢下降,直到

溶液的凹面切线与所需体积的刻度线相切，食指继续压紧管口。取出移液管，插入接收器中，管的末端靠在接收器内壁，接收器稍稍倾斜，松开食指，让管内溶液自然地沿器壁流下，至溶液不能再流出后再停留 10～15 s（图 3-14）。使用非吹出式移液管时，残留在移液管末端的溶液不可吹入接收器内，因校准移液管时已考虑了末端残留溶液的体积。一些标有“吹”字的移液管，最后需用洗耳球把剩余溶液吹入接收器中。吸量管的使用方法与移液管相同。

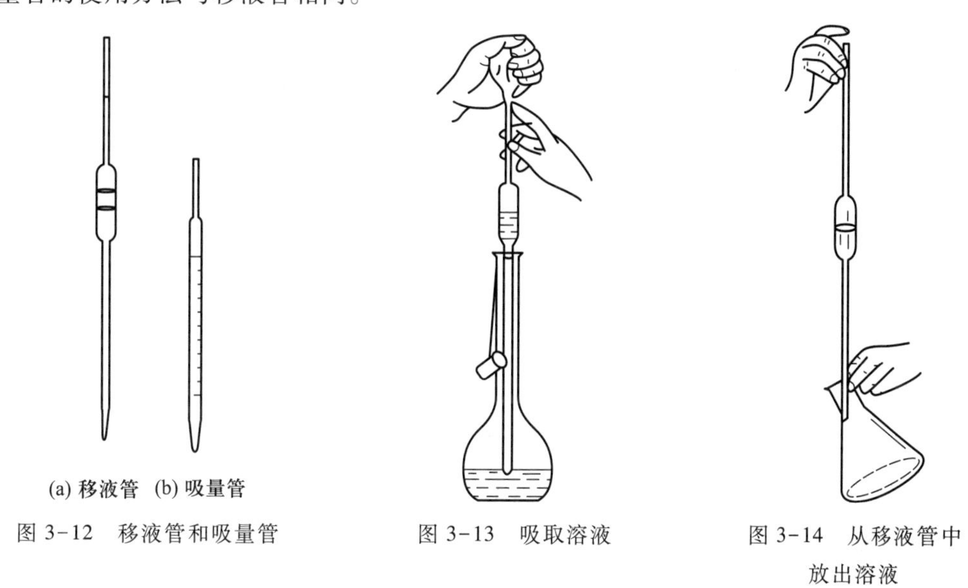

(a) 移液管 (b) 吸量管

图 3-12 移液管和吸量管　　图 3-13 吸取溶液　　图 3-14 从移液管中放出溶液

四、移液枪

移液枪（图 3-15）是移液器的一种，常用于实验室少量或微量液体的移取。移液枪属精密仪器，使用及存放时均要小心谨慎，防止损坏，避免影响其量程。移液枪的一般规格有 1 000～5 000 μL、100～1 000 μL、100～200 μL、2～20 μL 和 0.5～10 μL 等，不同规格的移液枪配套使用不同大小的枪头。除此之外，还有多通道移液枪，通常为 8 通道或 12 通道，与 8×12 = 96 孔微孔板一致，多通道移液枪的使用不仅可减少实验操作人员的加样操作次数，还可提高加样的精密度。

使用方法包括量程的调节、枪头的装配、移液操作和移液枪放置。在调节量程时，通过顺时针或逆时针旋转刻度旋钮使得移液枪达到所需移取体积的量程范围。在装配枪头时，将移液枪垂直插入枪头中，用力左右微微转动即可使其紧密结合。吸取液体时，移液器保持竖直状态，将枪头插入液面下 2～3 mm。用大拇指将按钮按下至第一停点，然后慢慢松开按钮回原点，接着将按钮按至第一停点排出液体，稍停片刻继续将按钮按至第二停点，吹出残余的液体，最后松开按钮。使用完毕，把移液枪调至其最大量程，使其内部弹簧处于自然拉伸状态，将其竖直挂在移液枪架上即可。移液枪的正确握持方式如图 3-16 所示。

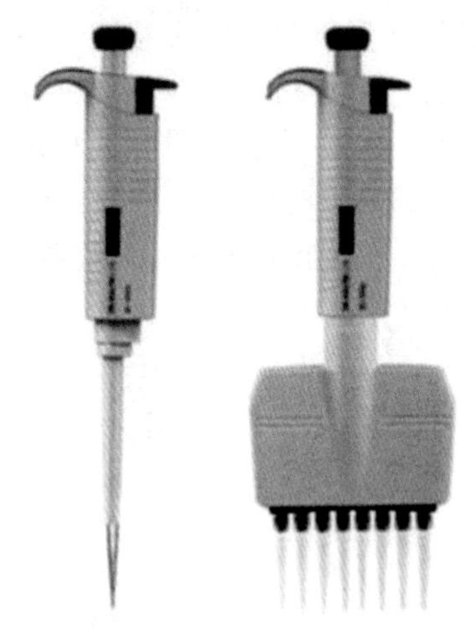

图 3-15 移液枪

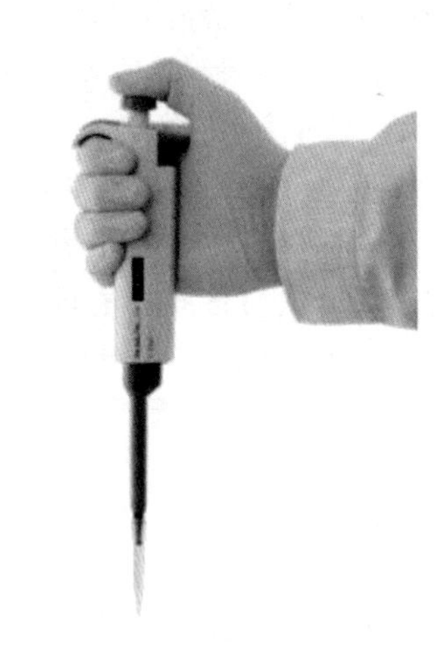

图 3-16 移液枪的正确握持方式

（山西医科大学 刘文）

第五节 加热与制冷技术

许多化学反应需要在加热下才能进行；有些实验操作同样需要加热，如溶解、灼烧、蒸发、回流、蒸馏等。相反，部分放热反应或者常温下不稳定的反应则需要降低温度才能顺利进行；此外，结晶等实验操作也需要降低温度使物质溶解度降低而析出。因此，加热和制冷，是化学实验中常见的基本实验操作。根据装置和对象的要求不同，加热和制冷的操作也呈现多种形式。

一、加热装置

化学实验中常见的加热装置有酒精灯、电炉、电热套及恒温水浴装置等。

（一）酒精灯

酒精灯由灯罩、灯芯和盛装酒精的灯壶三部分组成，如图 3-17 所示。酒精灯加热温度通常为 400～500 ℃。使用酒精灯时，需要用火柴点燃，绝不能拿燃着的酒精灯去引燃另一盏酒精灯，如图 3-18 所示。因为这样做将使灯内的酒精从灯头流出，引起燃烧。加热时，用酒精灯的外焰进行加热。熄灭酒精灯时，直接用灯帽把酒精灯盖灭（切勿用嘴吹），片刻后再重新盖一次，以确保火焰熄灭以及放走酒精蒸汽。灯壶内酒精量不足时，应在熄灭的情况下，牵出灯芯，借助漏斗添加酒精，酒精量通常为灯壶体积的 1/4～2/3。

（二）电加热装置

电炉、电热套、恒温水浴装置、管式炉及马弗炉等是实验室常用的电加热装置。

电炉（图 3-19）是实验室较为普遍，用途最为广泛的一种，操作简单方便。普通的电炉使用时一般需要在电炉上放一块石棉网，保证加热时仪器受热均匀。电炉可以通

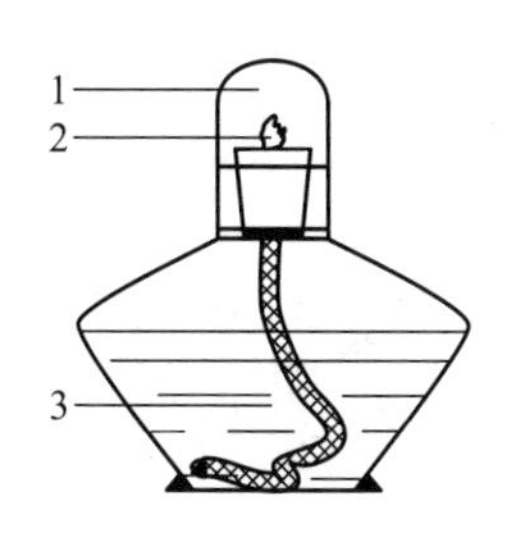

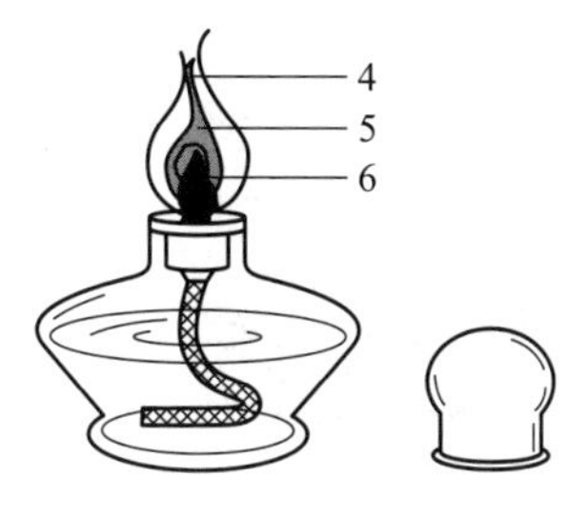

1—灯帽；2—灯芯；3—灯壶；4—外焰；5—内焰；6—焰心

图 3-17　酒精灯

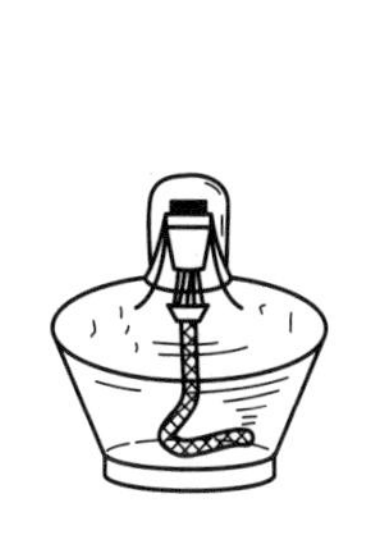

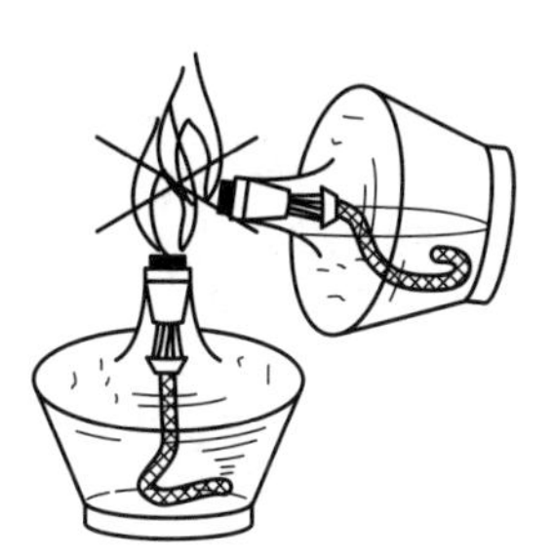

图 3-18　酒精灯的使用

图 3-19　电炉

过调节电阻控制温度的高低。使用时应注意不要溅落药品，以免腐蚀或损坏电炉。

电热套（图 3-20）是实验室常见的一种加热装置，普通的电热套最高温度可达 400 ℃左右。它具有升温快、温度高、调温范围宽广、操作简便、经久耐用等特点。电热套由无碱玻璃纤维和金属加热丝编制的半球形加热内套和控制电路组成，多用于玻璃容器的精确控温加热。由于不是明火加热，电热套不易引起火灾等安全问题，而且热效率较高，在有机化学实验中通常用作蒸馏、回流等操作的热源。使用时，应避免加热仪器与电热套直接接触，并防止药物溅落到电热套里，腐蚀或损坏电热套。使用结束后，调节旋钮至零刻度并断开电源，防止电热套干烧造成安全事故。

恒温水浴锅（图 3-21）是实验室常用的恒温加热设备，水为其加热介质。恒温水浴锅具有精确、自动温控、操作简便、使用安全等优点，而且具有良好的抗腐蚀性能。使用前应向水箱中注入适量洁净的自来水，然后调节温度进行加热，禁止在无水的状

图 3-20　电热套

态下使用加热器。结束使用后，应将温控旋钮置于最小值并切断电源。长时间不使用时，应将水箱中的水排出。

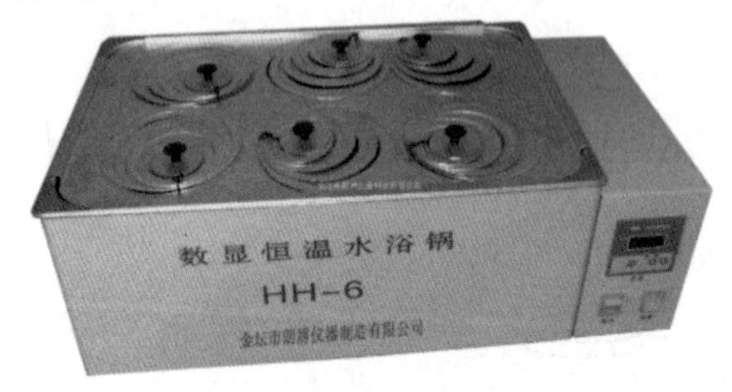

图 3-21　恒温水浴锅

管式炉和马弗炉（图 3-22）都属于高温电炉，二者外形不同但组成均由炉体和控温器两部分组成，最高温度能达到 950 ℃左右，而硅碳棒则能达到 1 300 ℃左右。主要适用于高温灼烧和一些特殊的高温化学反应。升温、定温分别以温度指示仪的红绿灯指示，绿灯表示升温，红灯表示定温。使用管式炉时，先将反应物放入瓷舟或石英舟，再将其放进管式炉膛中耐高温的瓷管或者石英管内进行加热。而马弗炉炉膛一般为正方形，打开炉门就可放入要加热的坩埚或者其他耐高温的容器。马弗炉内禁止加热液体或者易挥发的物质，避免腐蚀。

图 3-22　管式炉（左）和马弗炉（右）

二、加热操作

加热操作可分为直接加热和间接加热两种方式。

（一）直接加热

直接加热是指受热仪器与热源直接接触加热，如在马弗炉内加热坩埚或在酒精灯上加热试管等。

（二）间接加热

间接加热是指受热仪器不直接接触热源，而是通过介质将热传递给受热仪器的方式。常见的间接加热方式有水浴、油浴及沙浴等。间接加热的优点是受热相对均匀，升温平稳，并且能够使受热仪器保持一定的温度。

1. 水浴加热

水浴加热是指以水作为传热介质的一种加热方法。由于通常水的沸点为 100 ℃，该法适用于 100 ℃以下的加热温度。具体操作是将受热仪器放入水中，对水进行加热。水浴锅（图 3-23）是比较常见的水浴加热方式。水浴锅的盖子由一组不同大小的同心金属圆环组成，根据被加热器皿的大小可以通过去除部分圆环，尽可能增大器皿的受热面积而又不掉进水浴锅。使用水浴锅时需往锅内注水，但不得超过其容积的 2/3。调节水浴锅温度对水进行加热，通过热水使器皿升温。当加热的液体量较少时，可通过烧杯代替水浴锅进行水浴加热（图 3-24），但烧杯底下必须垫石棉网。通常是把装有液体的器皿放在装有水的烧杯中（器皿不能碰触烧杯），在烧杯中插一根温度计，可以监控反应温度。水浴加热时要注意随时补充水，切勿蒸干。

图 3-23　水浴锅

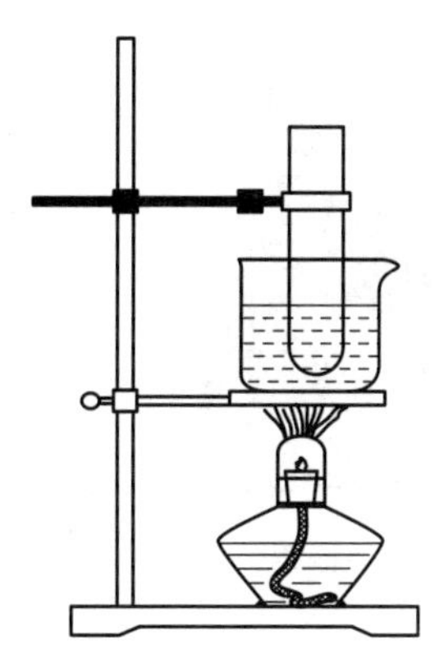
图 3-24　水浴加热

若加热温度需要高于 100 ℃，可以选用无机盐类的饱和水溶液代替水溶液。常用的无机盐类饱和水溶液及其沸点见表 3-2。

表 3-2　常用的无机盐类饱和水溶液及其沸点

无机盐类	饱和水溶液的沸点/℃
NaCl	109
$MgSO_4$	108
KNO_3	116
$CaCl_2$	180

2. 油浴加热

油浴加热是有机化学实验中常用的加热方法,用油代替水浴中的水即成油浴,一般温度可以达到 100~250 ℃。根据所用油的种类不同,油浴所能达到的温度也不同。常用的有:

(1) 液体石蜡最高温度能达到 200 ℃,温度升高不会引起其分解,但会燃烧。

(2) 硅油是实验室中最常见的油之一,在 250 ℃时仍然比较稳定,而且透明度较好,安全。

使用油浴时,应在油浴锅内放入温度计以观测温度(图 3-25),及时调整加热温度,以防油温过高,发生安全事故。加热完毕后,调整铁夹的位置使受热器离开油浴液面并且悬置片刻,待附着的油滴完,温度下降后,再擦干反应器取下。油浴锅内油不宜加得过多,而且应尽量避免油里面混入水及其他物质。

3. 沙浴加热

沙浴加热是指在沙浴锅(图 3-26)内放入细沙,将受热容器半埋入沙中进行加热。沙浴加热最高可达到 350 ℃,而且绿色环保,但是沙子导热慢,散热较快,受热不均匀。因此,一般容器四周的沙宜厚,而底部沙宜薄,使其不易散热。

图 3-25 油浴锅

图 3-26 沙浴锅

除以上介绍的加热方式之外,根据实验的需要,还可以选用金属浴、电热法等加热方式。无论选用何种方法,都应保证受热均匀且稳定,尽可能减少热量的损失。

三、制冷技术

(一) 自然冷却

热的溶液或固体在空气中静置一段时间后,通过热传递形式由物体向环境介质排出热量,降低物体的温度,自然冷却到环境温度(室温)。

(二) 水冷却

实验需要快速冷却而温度不需要太低时,可选择水冷却。水冷却是一种操作简单、成本低的制冷方法。操作时,只需将待冷却的容器放在冷水浴或冷水流中,使其温度较快地降到接近室温。

（三）冷却剂冷却

需要将待冷却物降至较低的温度时，冷却剂是一个较好的选择。最常见的冷却剂有冰或冰-水混合冷却剂，可降至 0 ℃左右的温度。

使用冰与无机盐的混合物作为冷却剂时，可达到-40～0 ℃的温度。实验室常用的冰-盐冷却剂为碎冰和食盐的混合物，可以冷却到-5～18 ℃。

而干冰（固态的二氧化碳）-有机溶剂冷却剂能够达到-70 ℃以下的低温。使用时通常将干冰与凝固点较低的有机溶剂（作为热的传导体）一起使用，如丙酮、乙醇、乙醚等。采用此方法制冷时，由于丙酮、乙醇、乙醚等都是易燃液体，除了预防冻伤之外，还得特别注意防火。

使用某些低沸点的液态气体，能够获得更低的温度，如液氮可达到-196 ℃，液氦可达到-268 ℃的低温。

常见的冷却剂及其最低制冷温度见表 3-3。

表 3-3　常见的冷却剂及其最低制冷温度

冷却剂	最低制冷温度/ ℃	冷却剂	最低制冷温度/ ℃
冰-水	0	$CaCl_2 \cdot 6H_2O$-冰 1.25∶1	-40.3
NaCl-冰 1∶3	-20	$NaNO_3$-冰 1∶2	-18
NaCl-冰 1∶1	-22	干冰	-78.5
NH_4Cl-冰 1∶4	-15	液氨	-33
NH_4Cl-冰 1∶2	-17	液氮	-196
$CaCl_2 \cdot 6H_2O$-冰 1∶1	-29	液氦	-268

需要特别注意的是，由于液态气体的温度通常比较低，为了防止低温冻伤事故的发生，使用液态气体时，必须戴皮或棉手套及防护眼镜。此外，因为冷却剂比较容易挥发而且散热较快，使用冷却剂时，为了保证冷却效果，通常将其放在保温瓶或者其他具有较好绝热能力的容器中，并用铝箔覆盖容器的上口。使用保温瓶时也应注意轻拿轻放，防止碰碎保温瓶溅出液态气体。

数字资源 3-6 扩展：制冷与加热两功能实验仪

第六节　分离与提纯技术

一、重结晶与过滤

（一）重结晶

重结晶是分离及提纯固体化合物的一种常用的分离方法。适用于产物与杂质溶解性质差别较大、混合物中杂质含量小于 5%的体系。

固体化合物在溶剂中的溶解度通常随温度变化而变化。一般而言，温度升高，溶解度增大,反之则溶解度减小。如果把固体化合物溶解在热的溶剂中并制成饱和溶液,然后降低温度至室温或室温以下,此时原饱和溶液变为过饱和溶液而有晶体析出。利用被提纯物质及杂质在溶剂中溶解度的不同,使杂质在热过滤时被滤除或冷却后留在母液中与结晶分离,从而达到提纯的目的。

在进行重结晶时,选择合适的溶剂非常关键。溶剂的选择主要是根据化合物的组成和结构,即"相似相溶"原理:极性物质易溶于极性溶剂中,而难溶于非极性溶剂中,反之亦然。除此之外,理想的溶剂还必须符合以下几点:

(1) 不与被提纯物质发生化学反应。

(2) 当温度改变时,被提纯物质的溶解度应有显著变化。

(3) 对杂质的溶解度非常小。

(4) 溶剂沸点低,易挥发。

(5) 被提纯物能获得较好的晶形。

(6) 绿色环保,廉价易得。

除了根据相似相溶原理寻找合适的溶剂外,还可以通过实验方法进行溶剂选择:取 0.1 g 被提纯物质置于一试管中,加入约 1 mL 溶剂,加热使之沸腾。若沸腾时物质能完全溶解,冷却后又能析出大部分结晶,这便是合适的溶剂。若目标物质在低温或高温下均能溶解,该溶剂不适合用于重结晶。目标物质在 1 mL 溶剂沸腾时不能溶解,溶剂加至 3 mL 沸腾时仍不能溶解,这种溶剂便不适合。若被提纯物质在 3 mL 以内沸腾溶剂中能溶解,冷却后却无晶体析出,这种溶剂也不可使用。

此外,在单一溶剂均不适合的情况下,可以考虑混合溶剂。混合溶剂一般由两种能相互溶解的溶剂组成(如水和乙醇)。而被提纯物质在一种溶剂中易溶解,在另外一种溶剂中难以溶解。使用混合溶剂进行重结晶时,先将被提纯物加入易溶的溶剂中,加热至沸腾使被提纯物溶解。保持微沸的状态下,逐渐加入难溶的溶剂至溶液浑浊,再加入少量易溶溶剂,使其恰好澄清。静置,冷却,析出结晶。

选择溶剂时还需要注意的是,如果都有结晶析出,则还要比较结晶析出的量和纯度。最后综合几种溶剂的实验数据,选择一种比较适宜的溶剂。

重结晶的具体操作如下:选择合适的溶剂将被纯化物质溶解并加热浓缩成饱和溶液,趁热过滤除去不溶性杂质后,保留溶液。静置,待溶液冷却后,析出结晶。而可溶性杂质因为含量较少,远未达到饱和状态,仍留在母液中。最后将晶体与母液一并过滤,便可将晶体与母液分开,达到提纯和分离的目的。重结晶过程中,最重要的一步便是制备热饱和溶液。因为溶剂加得过多或过少均会导致收率的降低,所以需要严格控制溶剂的加入量。

(二) 过滤

过滤是最常用的分离溶液与固体的操作方法。它是指在外力的作用下,悬浮液中的液体透过过滤介质(如滤纸),固体颗粒及其他物质留在滤纸上(称为滤饼),而液体透过滤纸(称为滤液),以达到固体及其他不溶物质与液体分离的操作。实验室常用的过滤方法主要分为常压过滤、减压过滤及热过滤。

1. 常压过滤

常压过滤最为简单和常用，适用于沉淀物为胶体或细小晶体的情况。玻璃漏斗是过滤中常用的仪器，在过滤前需要先放滤纸。滤纸应根据沉淀性质选择，一般粗大晶形沉淀用中速滤纸，细晶或无定性沉淀选用慢速滤纸，沉淀为胶体状时应用快速滤纸。所谓快慢之分是按滤纸孔隙大小而定，快则孔隙大。滤纸的折叠方法如图 3-27 所示。先取一张圆形滤纸，将其对折两次后，将折叠成四层的滤纸展开成圆锥形（一边为一层、一边为三层），将其放在漏斗中，并用水稍微润湿滤纸，用手指轻压滤纸，赶走气泡，使得滤纸与漏斗较好贴合，减少气泡对过滤速度的影响。

常压过滤（图 3-28）时应注意以下几点：过滤前，调节漏斗架的高度及漏斗的位置，使漏斗末端紧贴于接收器的内壁，防止过滤时液体飞溅。过滤时，使用玻璃棒进行引流，以防液体溅出。将液体沿玻璃棒在三层滤纸一侧缓慢加入，并注意液面不得高于滤纸高度的 2/3。若固体需要洗涤，应待溶液转移完毕，将少量洗涤溶剂倒入沉淀，然后用搅拌棒充分搅拌，静置，待沉淀沉降后，将上方清液倒入漏斗。可遵循“少量多次”原则，分多次用少量溶剂洗涤沉淀。

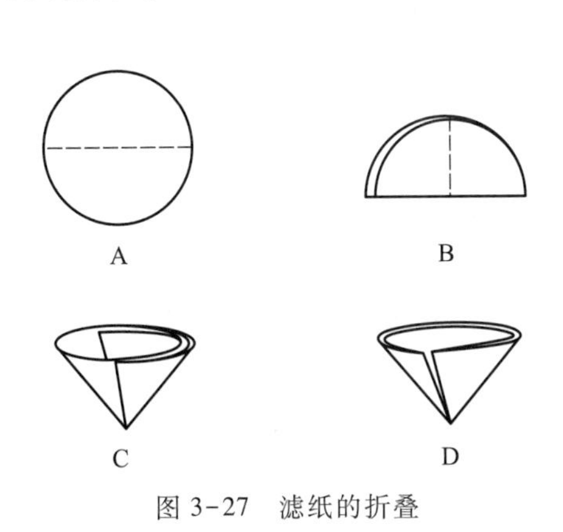

图 3-27　滤纸的折叠

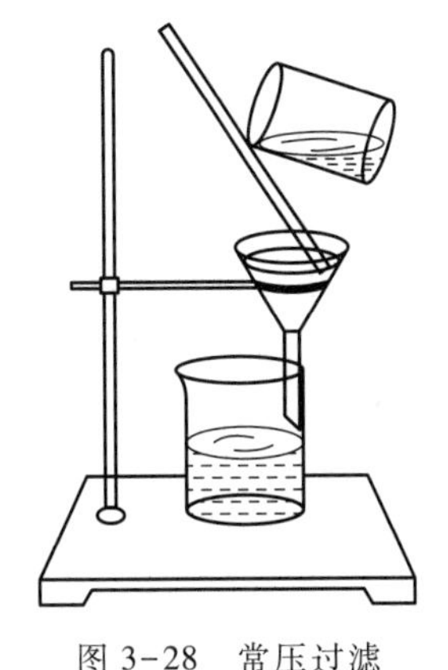

图 3-28　常压过滤

2. 减压过滤

减压过滤又称为抽滤，主要是利用抽气泵（如循环水泵）使抽滤瓶中压强降低，利用压强差加速过滤，达到固液分离的目的。减压过滤可加速过滤，并使沉淀抽吸得较干燥，但此方法不适合于过滤固体颗粒太小或胶体沉淀。小颗粒容易在滤纸上形成一层紧密的沉淀，降低抽滤速度；而胶体则容易透过滤纸，达不到分离的目的。减压装置如图 3-29 所示。减压抽滤常用到布氏漏斗。安装装置时，应使布氏漏斗的尖端远离抽气口，而且通常要在抽滤瓶与循环水泵之间再加一个缓冲装置（如安全瓶）。抽滤前，根据布氏漏斗的大小裁剪一张圆形滤纸，滤纸大小以能盖住漏斗小孔又比漏斗内径略小为佳。

数字资源 3-7 视频：减压过滤操作方法

减压过滤操作具体可分为如下几步：

（1）固定滤纸。先用少量溶剂将布氏漏斗中的滤纸润湿后，再打开循环水泵（抽气泵开始工作）使滤纸在气流作用下能紧贴在漏斗底部。

（2）加入待过滤液。在抽气泵处于工作的情况下（不得关闭抽气泵），将待过滤液体沿玻璃棒缓慢倒入漏斗中（靠近滤纸中央），如所加入被过滤液超过了达斗容积

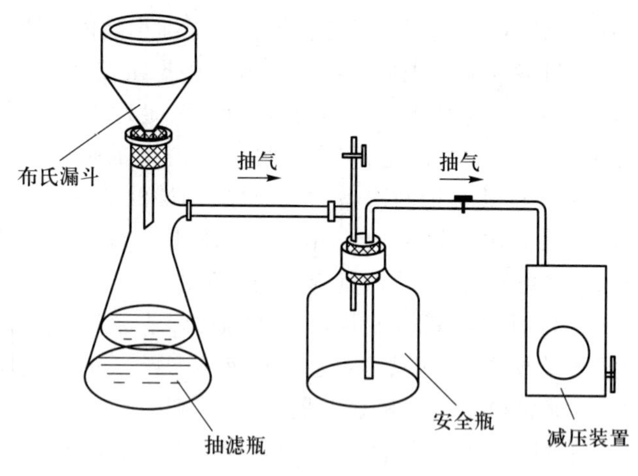

图 3-29 减压抽滤装置

的 2/3,则要待抽滤至液面下降到漏斗圆柱体 1/2 以下后,再添加待过滤液体。每次中途倒入的待过滤液都不要被吸干,以免沉淀被吸紧,而影响过滤的速度。

(3) 洗涤沉淀。待分液漏斗中滤饼表面液膜即将消失时,用少量滤液洗涤沉淀。一般情况下 2~3 次即可。

(4) 抽干。抽滤至布氏漏斗尖嘴处再无液滴下落时,一般就认为抽滤操作结束了。如果有“抽干”的实验要求,那就应该再继续抽滤几分钟。

(5) 结束抽滤。抽滤结束后,应先打开安全瓶活塞与大气相通,再关闭抽气泵,防止倒吸。

若溶液具有强酸性或强氧化性时,此时溶液会与滤纸作用,所以可以采用砂芯漏斗(图 3-30)。

3. 热过滤

由于某些溶液在常温下便能析出溶质,如果不希望溶液中的溶质在过滤时留在滤纸上,就需要采用热过滤操作。热过滤通常采用热漏斗(图 3-31)过滤,热漏斗主要是由普通玻璃漏斗和金属薄板制成,玻璃漏斗和金属薄板之间装有热水,以及可以从外部加热,从而维持过滤液的温度。如果没有热漏斗,可用普通漏斗在水浴上加热,然后立即使用。此时应注意选择颈部较短的漏斗。

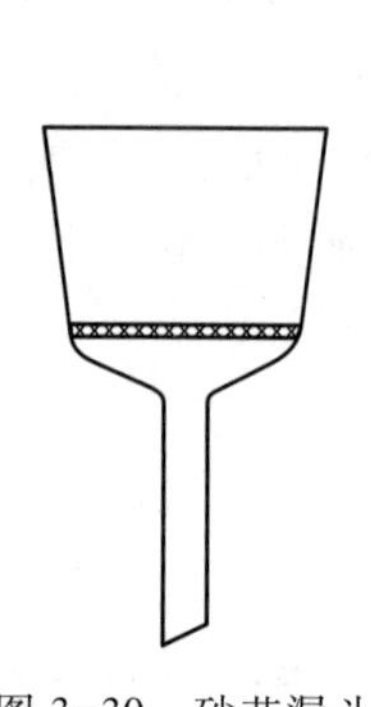
图 3-30 砂芯漏斗

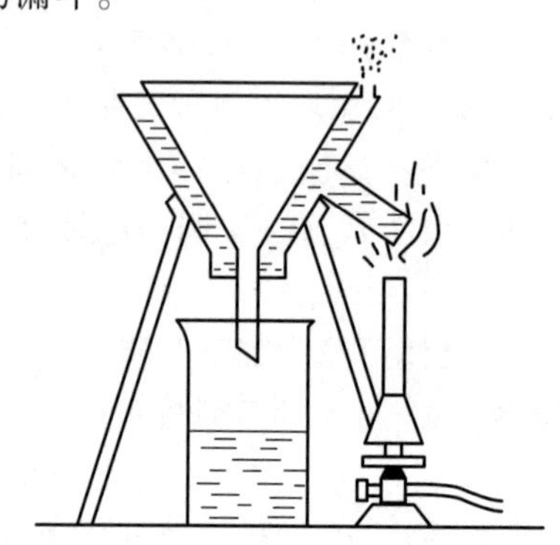
图 3-31 热过滤漏斗

热过滤常采用折叠(扇形)滤纸。滤纸的折叠方法如下:如图3-32,将圆滤纸折成半圆形,再对折成圆形的四分之一。然后将1-2的边沿折至4-2;2-3的边沿折至2-4,分别在2-5和2-6处产生新的折纹。继续将1-2折向2-6;2-3折向2-5,分别得到2-7和2-8的折纹。同样以2-3对2-6;1-2对2-5分别折出2-9和2-10的折纹。最后在8个等分的每一个小格中间以相反方向折成16等份,得到折扇一样的排列。再在1-2和2-3处各向内折一小折面,展开后即得到折叠(扇形)滤纸。使用前,将折好的滤纸翻转并整理好后再放入漏斗中,以避免手指接触的一面污染滤液。

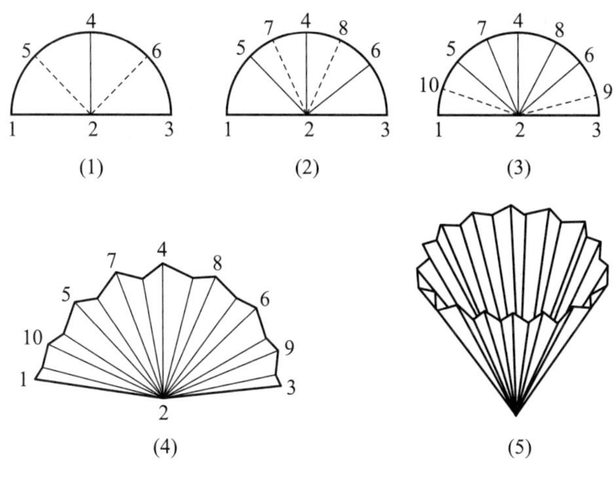

图3-32　折叠滤纸的折叠方法

需要特别指出的是,热过滤与趁热过滤有一定的区别。趁热过滤是指将温度较高的固液混合物直接使用常规过滤操作进行过滤,而热过滤指使用区别于常规过滤的仪器、保持固液混合物温度在一定范围内的过滤过程。

二、蒸馏

(一)基本原理

蒸馏是分离和纯化液体的重要方法。液体的蒸气压随着温度的升高而增大,当蒸气压增大到与外界压力相等时,液体便沸腾。此时的温度称为沸点。显然,沸点和外界压力有关。将液体加热至沸腾,使液体变为蒸气,然后再把蒸气冷凝变为液体,这个操作过程就称为蒸馏。

(二)实验操作

根据条件和分离对象的不同,蒸馏分为简单蒸馏、水蒸气蒸馏和分馏三种类型。其中简单蒸馏还可以分为常压蒸馏和减压蒸馏。

1. 装置安装

常压蒸馏装置(图3-33)主要由蒸馏瓶、蒸馏头、温度计、冷凝管、接引管(尾接管)和接收瓶等部件组成。为了保证系统的气密性,上述仪器均为磨口仪器(普通温度计借助温度计导管)。温度计水银球的上端应与蒸馏头侧管的下壁处于同一水平面。为了保证冷凝效果,冷凝水进水口在下而出水口在上。为了防止成为封闭的系统,尾接管应带有支管。仪器安装一般从热源开始,按照由下而上从左到右依次安装。整个装置应横平竖直、稳妥端正,无论从正面或侧面观察,全套仪器装置的中轴线都要在同一平面内。

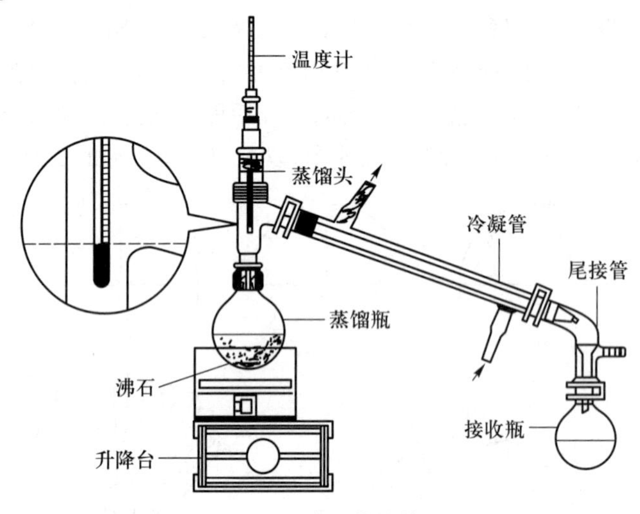

图 3-33　常压蒸馏装置

2. 加样

待蒸馏样品借助玻璃漏斗小心加入蒸馏瓶中,蒸馏时,蒸馏瓶中的液体体积一般不得超过容量的 2/3,但也不要少于 1/3。如果液体量过多,容易导致沸腾时液体从支管冲出,而过少时,相对地会有较大比例的液体残留在瓶中不能蒸出。为了防止液体暴沸,加热前应在蒸馏液中加入少量助沸物(如沸石或一端封闭的毛细管等),以保证沸腾平稳。但严禁在蒸馏途中加入,否则会因突然产生大量蒸气而导致液体喷出,造成危险。

3. 加热蒸馏

打开循环水,然后开始加热。加热时可以看见蒸馏瓶中的液体逐渐沸腾,蒸气逐渐上升。当蒸气的顶端到达温度计水银球部位时,温度计读数就急剧上升。这时应适当控制加热温度,调节蒸馏速度,通常以每秒 1~2 滴为宜。加热和冷凝方式应根据液体的沸点和性质选择。一般情况下,液体沸点小于 80 ℃ 的通常采用水浴加热;小于 200 ℃ 的可以采用油浴加热;大于 200 ℃ 的可采用沙浴加热。液体沸点在 140 ℃ 以下时采用水冷凝,高于 140 ℃ 时,通常使用空气冷凝管,如使用水冷凝可能会因为温度骤降而使冷凝管破裂。

4. 收集馏分

蒸馏过程中,在达到目标物质的沸点之前,通常会有其他较低沸点的液体先蒸出,这部分馏出液称为前馏分或馏头。因此通常需要准备两个接收瓶。等前馏分蒸完且温度趋于稳定后,此时的目标物质较纯,便可更换另一个干净的接收瓶进行收集。

5. 装置拆除

蒸馏完毕,应先停止加热,然后停止通水,拆下仪器。仪器拆除的顺序和安装的顺

序相反，应先取下接收器，然后依次拆下尾接管、冷凝管、蒸馏头和蒸馏瓶等。

三、减压蒸馏

（一）基本原理

减压蒸馏是提纯有机化合物的一种重要方法，特别适用于分离具有高沸点（200 ℃以上）或在常压蒸馏未达到沸点即发生氧化、分解或聚合的物质。

液体的沸点会随外界压力的变化而发生变化。通过降低外界压力能够使液体的沸点也相应地减小。通过在常压蒸馏装置的基础上增加一个减压装置，能够降低蒸馏体系内部的压力，使液体的沸点降低，从而在低于沸点的温度下蒸馏分离得到液体。这种通过降低压力进行蒸馏的操作，称为减压蒸馏。

（二）实验操作

1. 装置安装

减压蒸馏装置（图 3-34）主要由克氏蒸馏烧瓶（由圆底烧瓶和克氏蒸馏头组成）、冷凝管、接收器、吸收装置、安全瓶、压力计和减压泵组成。克氏蒸馏头分为两端，其中正管装毛细管，侧管装温度计及连接冷凝管。调节毛细管的高度，使其下端距离瓶底 1～2 mm。乳胶管上装好用于调节进气的螺旋夹（霍夫曼夹）并与毛细管上端相连，减压时通过调节霍夫曼夹，少量空气经毛细管进入圆底烧瓶，产生小气泡并形成气化中心，从而防止暴沸。接收器应使用圆底烧瓶等比较耐压的容器，防止受力不均发生炸裂。接收器后应接上一个缓冲装置（安全瓶），防止发生倒吸。安全瓶上有一个旋塞，能够调节压力和放气。仪器安装一般与常压蒸馏类似，从热源开始，由下而上从左到右依次安装。

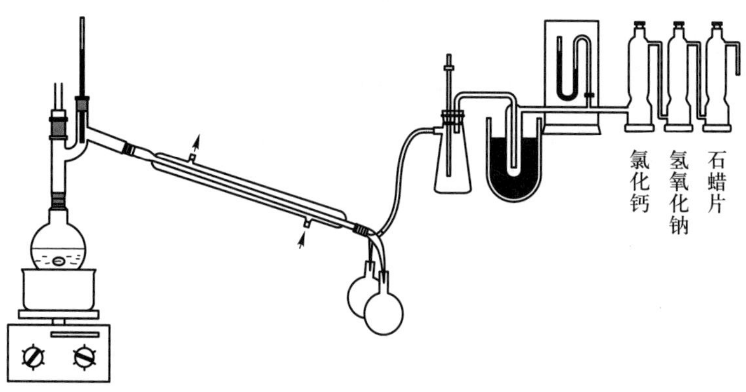

图 3-34　减压蒸馏装置

实验室常用水银压力计检测减压系统的压力。压力计有封闭式和开口式两种（图 3-35）。封闭式压力计，其 U 形管的一端是封闭的，处于真空状态，可直接读出体系内的压力。而开口式压力计，其 U 形管的一端与空气连通，U 形管两汞柱高度之差即为大气压和体系内压力之差，蒸馏体系内的实际压力应该用大气压减去两汞柱的差值。常用的减压泵主要是水泵和油泵两种。水泵结构简单，使用方便，压强可达 1.333～100 kPa（10～760 mmHg）。油泵的结构较为复杂，工作条件也相对要高。当需要更低的压力时，可选用油泵进行减压，好的油泵压强可达 0.133～133.3 Pa(0.001～1 mmHg)。减压泵与接收器之间应安装干燥塔、安全瓶等保护装置。干燥塔用于吸收水、有机溶剂及酸性或碱性气体等。

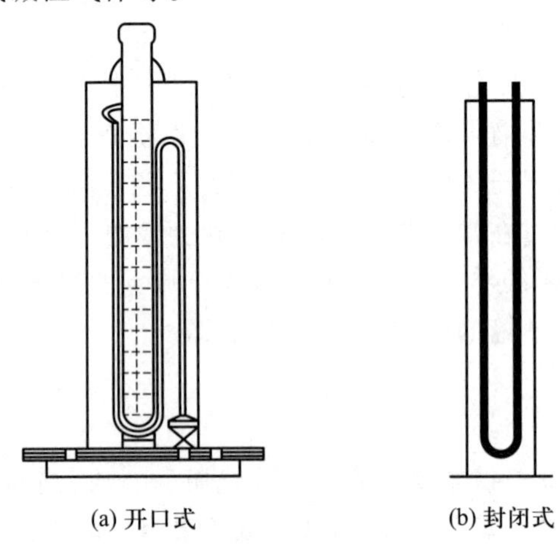

图 3-35　水银压力计

2. 检查装置的气密性

关闭安全瓶上的旋塞及旋紧毛细管上端乳胶管上的螺旋夹，然后用泵抽气。观察能否达到要求的压力，然后慢慢旋开安全瓶上的旋塞，通大气，直到内外压力相当为止。

3. 加样

加样操作与上述常压蒸馏加样方式相同。

4. 减压蒸馏

减压蒸馏前，将毛细管上端的螺旋夹关紧，打开安全瓶上的旋塞，然后打开真空泵抽气，缓慢关闭旋塞，调节至所需的真空度。调节毛细管上的螺旋夹，使液体中有连续平稳的小气泡产生，开启冷凝管，根据所需温度选择合适的溶液进行热浴加热。通常，热浴温度应该比待蒸馏物质在此压力下的沸点高 20～30 ℃。

5. 收集馏分

等前馏分蒸完且温度达到预期的减压沸点时，更换一个干净的接收瓶，收集目标物。

6. 装置拆除

蒸馏完毕后，撤去热源，稍冷后缓慢旋开乳胶管的螺旋夹，并缓慢打开安全瓶上的旋塞，使测压计水银柱恢复原状，平衡内外压力。最后关闭减压泵，拆除装置。值得注意的是，安全瓶上的旋塞不得打开过快，否则压力计的水银柱上升过快，可能会冲破压力计。

四、水蒸气蒸馏

（一）基本原理

蒸馏与分馏技术适用于分离完全互溶的液体混合物，而分离完全不互溶体系，水

蒸气蒸馏是一种简便且实用的方法。

当与水互不相溶的物质与水共存时，由于各组分的性质差别很大，各自的蒸气压与单独存在时差别不大，只与温度有关，不随其他组分的存在和数量而发生变化。根据道尔顿分压定律，此时体系的总蒸气压 p 等于它们各自蒸气分压的总和，即

$$p=p_A+p_B \tag{3-1}$$

式中，p_A 和 p_B 分别代表水和与之不互溶物质的蒸气压。当温度升高，总蒸气压会增大到与外界压力相同时，液体就会沸腾，这时的温度即为体系的沸点。因为总蒸气压均大于各组分的蒸气压，所以混合物的沸点也必定比各组分的沸点低。水蒸气蒸馏正是利用这个原理，将水蒸气通入不溶或难溶于水的蒸馏物中，使该化合物在 100 ℃以下随水蒸气一同蒸馏出来。由于两者互不相溶，所以冷凝后很容易分离。

由于混合蒸气中各个气体的分压之比等于它们的物质的量之比，即

$$\frac{p_B}{p_A}=\frac{n_B}{n_A}$$

而 $n_A = m_A/M_A$，$n_B = m_B/M_B$，因此有

$$\frac{m_B}{m_A}=\frac{M_B \cdot n_B}{M_A \cdot n_A}=\frac{M_B \cdot p_B}{M_A \cdot p_A} \tag{3-2}$$

式中，下标 A 表示水，B 表示提取物；m 为物质的质量，M 为物质的相对分子质量，n 为物质的量。

由式(3-2)可知，两种物质在馏出液中的质量之比与其蒸气压和相对分子量质量的乘积成正比。由于水具有较小的相对分子质量和较大的蒸气压，两者的乘积 $M_A \cdot p_A$ 较小，这样就有可能用它来分离具有较大相对分子质量和较低蒸气压的物质。以溴苯为例，溴苯沸点为 135 ℃，与水一起加入至 95.5 ℃时开始沸腾，此时水的蒸气压为 86.1 kPa，系统总压力为 0.1 MPa。水和溴苯的相对分子质量分别为 18 和 157，代入式(3-2)得

$$\frac{m_B}{m_A}=\frac{M_B \cdot n_B}{M_A \cdot n_A}=\frac{157\times15.2}{18\times86.1}=\frac{10}{6.5}$$

从理论上可以计算出，每蒸馏出 6.5 g 水就可以同时蒸馏出 10 g 溴苯。

要实现水蒸气蒸馏，被提纯物质需要满足以下几个条件：

（1）不溶（或几乎不溶）于水。

（2）物质在 100 ℃附近有一定的蒸气压。

（3）与水长时间沸腾而不发生化学反应。

（二）实验操作

1. 装置安装

实验室常用的水蒸气蒸馏装置（图 3-36）主要由水蒸气发生器、蒸馏装置、蒸气导管、冷凝管及接收器组成。水蒸气发生器一般由金属制成，也可以用圆底烧瓶代替，瓶口配有一个双孔软木塞，其中一孔插入一根长约 1 m、直径约 5 mm 的玻璃管作为安全管，另一孔插入蒸气导管。蒸气导管通过乳胶管与 T 形管相连，T 形管的支管套上短乳胶管，并用螺旋夹夹住，T 形管的另外一端与蒸馏装置的导管相连。最后将蒸馏装

置与冷凝管及接收装置连接。其中,安全管主要起调节系统压力的作用。当水蒸气发生器压力过大时,发生器中液面会沿着安全管上升。T 形管主要用来除去水蒸气中冷凝下来的水,当系统发生堵塞时,也可以打开 T 形管的螺旋夹,使发生器与大气相通。

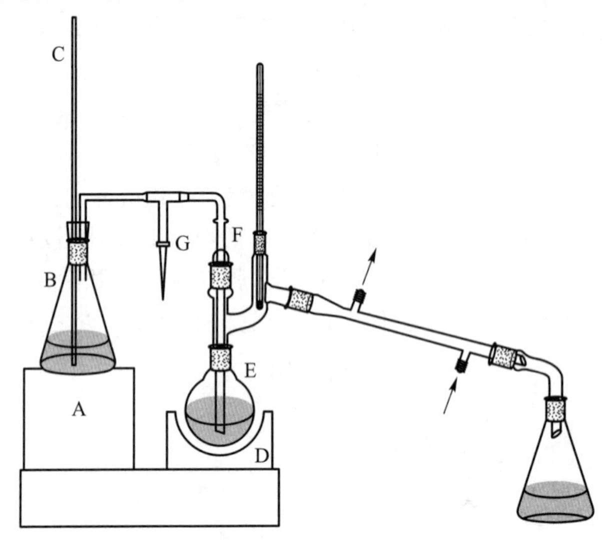

A—加热设备;B—水蒸气发生器;C—安全管;D—加热设备;
F—蒸气导管;G—螺旋夹

图 3-36 水蒸气蒸馏装置

2. 加样

蒸馏前,把待蒸馏物质加入到圆底烧瓶中,向水蒸气发生器中倒入 1/3～2/3 的水,接通冷凝水。

3. 蒸馏

打开螺旋夹,加热使水蒸气发生器里的水沸腾,然后关闭螺旋夹使水蒸气沿蒸气导管进入蒸馏装置中,开始蒸馏。为了尽可能多地蒸馏出待提取物,也可以在蒸馏瓶下另外放置一个加热装置(如酒精灯)加热待蒸馏物质,使其保持微沸状态,减少水蒸气冷凝。

4. 装置拆除

当馏出液澄清透明,不含有油珠状的有机物时,即可停止蒸馏。装置拆除顺序为首先打开 T 形管上的螺旋夹,关闭热源,然后再关冷凝水,稍冷后依次拆下尾接管、冷凝管、蒸馏瓶、T 形管和水蒸气发生器等。

五、简单分馏

(一) 基本原理

分馏是指利用分馏柱使混合物进行多次气化及冷凝的过程。简单地说,分馏即多次蒸馏。液体混合物的各组分,如果沸点相差很大,可用蒸馏分开。若沸点相差不大(如相差 1～2 ℃),则用蒸馏的方法难以分开,此时,宜采用分馏的方法进行分离提纯。

分馏的基本原理与蒸馏相似。当混合液体受热沸腾时,蒸气进入分馏柱。蒸气中

高沸点的组分经柱外空气冷凝能较快的冷凝成液体，流回至蒸馏瓶中，使上升的蒸气中低沸点的组分含量相对增加。当高沸点的冷凝液遇到新上升的蒸气时，二者会发生热交换，使高沸点组分冷凝，低沸点组分继续蒸发。液体在分馏柱中不断地重复蒸发和冷凝的过程，使蒸气中低沸点的成分不断增加。最终从分馏柱顶部流出的液体为纯度较高的低沸点组分，而高沸点的组分则几乎留在蒸馏瓶中，从而达到分离纯化的目的。

（二）实验操作

1. 装置安装

实验室常用简单分馏装置（图 3-37）与蒸馏装置大致相同，区别主要在于圆底烧瓶与蒸馏头之间加了一根分馏柱。常见的分馏柱有管式分馏柱（填充式分馏柱）和刺形分馏柱（维氏分馏柱）。管式分馏柱内可填充填料，增加表面积以增加柱效率。而刺形分馏柱则由多组倾斜的刺状管组成，不需要填充其他填料，结构简单，使用方便，但其分馏效率要低于管式分馏柱。常用的填充材料有短玻璃管、玻璃珠、瓷环及金属丝制成的网状和圈状填料等。为了保证分馏的效果，须注意以下几点：分馏一定要缓慢进行，并且控制好恒定的蒸馏速度；尽量减少分馏柱热量的损失，可外加保温套或石棉网保温；保持合适的回流比。

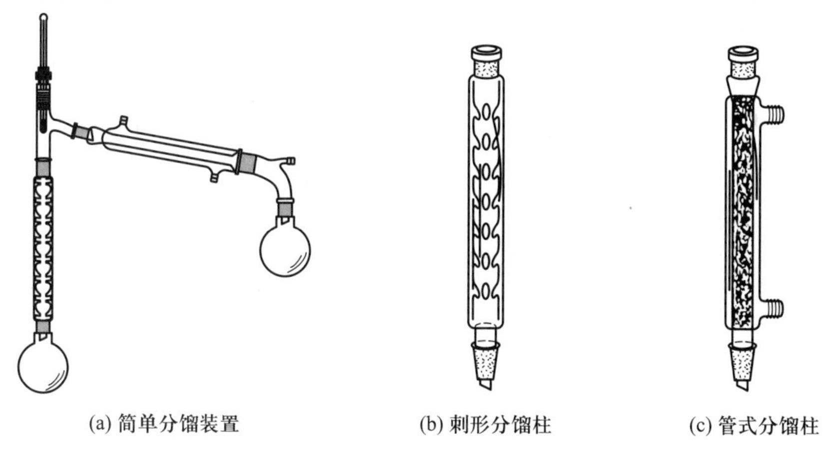

(a) 简单分馏装置　(b) 刺形分馏柱　(c) 管式分馏柱

图 3-37　简单分馏装置与分馏柱

2. 加样

分馏前将待分馏的混合物加入圆底烧瓶中，液体体积不宜超过烧瓶容量的 1/2，并加入沸石防止暴沸。

3. 加热分馏

安装好分馏装置并检查无误后开始加热。待液体开始沸腾后，要注意调节加热的温度，使蒸气缓慢进入分馏柱。当温度计水银球出现液滴时，调节到合适的温度，使蒸气仅能到达柱顶然后全部冷凝回流，而不能进入蒸馏头。维持约 5 min 后，再调节温度，控制馏出液的速度为 2～3 s 1 滴，并记录第一滴馏出液进入接收瓶时的温度。当低沸点组分蒸馏完后，温度计的温度会骤然下降，此时再逐渐升温，继续收集其他馏分，并记录各馏分的沸点范围和体积。

4. 装置拆除

结束分馏时,先停止加热使柱内液体流回烧瓶,关闭冷凝水。稍冷后拆卸仪器。仪器拆除的顺序和安装的顺序相反,应先取下接收器,然后依次拆下尾接管、冷凝管、蒸馏头、分馏柱和蒸馏瓶等。

六、旋转蒸发

(一) 基本原理

旋转蒸发是指在减压条件下连续蒸馏大量易挥发性溶剂、浓缩萃取液或色谱分离时的接收液的一种方法,属于减压分馏的一种。实验室常用旋转蒸发仪的基本原理是减压蒸馏,在减压情况下,当溶剂蒸馏时,蒸馏烧瓶在不断旋转,可免加沸石而不会暴沸。同时,由于不断旋转,液体附于蒸馏器的壁上,形成一层液膜,加大了蒸发的面积,使蒸发速率大大加快。蒸馏烧瓶是一个带有标准磨口接口的烧瓶,通过一回流蛇形冷凝管与减压泵相连,回流冷凝管另一开口与带有磨口的接收瓶相连,用于接收被蒸发的有机溶剂。在冷凝管与减压泵之间有一个三通活塞,可以分别与大气和减压系统相通。作为蒸馏的热源,常配有相应的恒温水槽。

(二) 实验操作

1. 装置安装

旋转蒸发仪(图 3-38)主要由热源、蒸馏烧瓶、变速器、接收瓶和冷凝管等组成。热源一般为水浴或油浴。蒸馏烧瓶通常是一个带有标准磨口接口的烧瓶,通过回流蛇形冷凝管与减压泵相连。冷凝管一端为密闭状态,一端与带有磨口的接收瓶相连,用来接收被蒸发的有机溶剂。冷凝管上装有两个外部接口,这两个外部接口用于接冷凝水。一个外部接口用于使水流入,另一个外部接口用于使水流出。需要注意的是,冷凝水温度越低,其冷凝效果越佳。同时,其上部接口也有真空连接设备,用于保持真空状态。

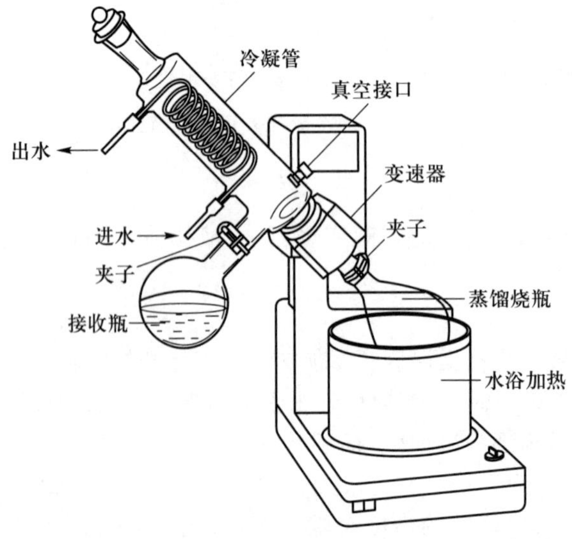

图 3-38 旋转蒸发仪

使用旋转蒸发仪时应注意：① 使用时，应先使体系处于减压状态，再开动电动机转动蒸馏烧瓶。停止蒸发时，应先使电动机停止转动，再通大气，以防蒸馏烧瓶在移动中脱落。② 当温度高、真空度低时，瓶内液体可能会暴沸。此时应降低真空度以便平稳地进行蒸馏。

2. 加样

按下仪器升降手柄，抬起装置，取下蒸馏烧瓶，加入适量样品，装上蒸馏烧瓶，扣上紧扣。再次按下仪器升降手柄，使蒸馏烧瓶在水浴的 1/2 处。

3. 加热旋转蒸发

打开水浴加热开关，根据样品沸点设定水浴温度，开启冷凝水，开始旋转蒸发前先将调速旋钮左旋到最小，打开循环水真空泵并关闭抽真空开关，调整到合适的压力，然后慢慢向右旋至所需要的转速，通常用中、低速，黏度大的溶液用较低转速。

数字资源 3-8 扩展：蒸馏技术在有机化工新产品研究开发中的应用

4. 装置拆除

当没有液体流出时停止操作。先关闭水浴加热开关。打开抽真空开关，与大气相通，关闭循环水真空泵，按下仪器升降手柄，抬起装置，停止旋转，关闭冷凝水。然后打开蒸馏烧瓶紧扣，取出蒸馏烧瓶。

七、萃取

萃取是化学实验中用来分离或纯化有机物的常用操作之一。将固体物质或溶解（或悬浮）于一相中的物质转入另一相，达到分离、纯化或富集的目的，这种过程称为萃取。根据被提取物质状态的不同，分为固体物质的萃取和溶液中物质的萃取。

（一）固体物质的萃取

固体物质的萃取可采用索氏提取器提取法或长期浸出法。实验室常用索氏提取器（图 3-39）萃取少量的固体物质。索氏提取的工作原理是通过溶剂加热回流及虹吸现象，使固体物质每次都为新鲜溶剂所萃取，属于连续萃取操作，因此萃取效率高。

数字资源 3-9 视频：索氏提取器的使用

具体的操作方法：① 加入待提取物：将滤纸卷成圆柱状，直径略小于萃取筒的直径，下端折起或用线扎紧，将固体放入筒内，松紧适度，均匀致密，装样高度低于虹吸管 1～2 cm，装入索氏提取器中。② 加入提取溶剂：向蒸馏烧瓶中加入提取剂，装上冷凝管，接通冷凝水，③ 回流虹吸：加热蒸馏烧瓶使溶剂沸腾（易燃溶剂不可用明火）。溶剂蒸气经冷凝管冷凝成液体进入提取筒中，当液面超过虹吸管顶端时，萃取液会从侧面的虹吸管自动流回到蒸馏烧瓶。然后又重新蒸发、冷凝，如此循环，直至样品中的被萃取物富集到蒸馏烧瓶中。最后再用其他方法将萃取物从溶液中分离出来。此过程一般需 2～5 h。

图 3-39　索氏提取器

（二）溶液中物质的萃取

溶液中物质的萃取主要是利用物质在两种互不相溶（或微溶）溶剂中溶解度或分配系数的不同，使溶质物质从一种溶

剂内转移到另一种溶剂中。实验室常见的是水溶液中溶质的萃取。一般萃取溶剂应具备以下几个条件:① 与水互不相溶,且能快速分层;② 萃取物质在该溶剂中的溶解度要远大于在水中的溶解度,而杂质的溶解度应尽可能小;③ 沸点低、易挥发,方便后续与萃取物的分离。实验室常用的萃取溶剂主要有乙酸乙酯、二氯甲烷、氯仿、苯、乙醚等。

萃取溶液中的物质时,实验室常用的萃取仪器为分液漏斗。萃取前,应检查分液漏斗密闭性是否良好,可用凡士林等润滑脂调试旋塞。萃取时,先将旋塞关闭,然后分别将溶液与萃取溶剂加入至分液漏斗中,盖上磨口玻璃塞。用右手抵住玻璃塞,左手握住漏斗旋塞部分,大拇指和食指按住旋塞柄,进行振摇(图 3-40)。振摇过程中应不时打开旋塞进行放气,避免漏斗内压力过大,冲开玻璃塞。振摇结束后,把分液漏斗放置在铁架台上,打开玻璃塞,静置,等待溶液分层。分层结束后,先打开旋塞,先将下层液体从下口放出,再将上层液体则从上口倒出。一般需要重复多次萃取,合并所有萃取液即完成萃取操作。

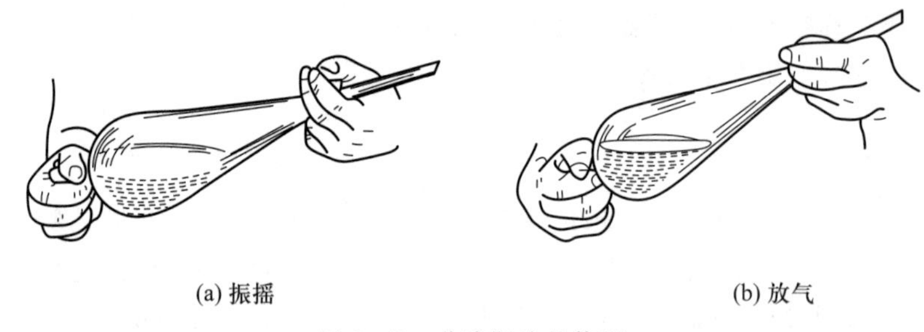

图 3-40 分液漏斗的使用

在萃取操作中,为了提高萃取效率,常利用盐析效应,即在水溶液中加入一定量的电解质(如氯化钠),以降低有机物在水中的溶解度。

萃取操作中,常常会因为产生乳化现象而使两相界面不清晰,此时分离很难进行。常用的破坏乳化的方法有:①长时间静止。②加入破乳剂,如乙醇、磺化蓖麻油。③利用盐析作用,若因两种溶剂能部分互溶而发生乳化,可以加入少量电解质,利用盐析作用加以破坏。若两相的相对密度相差很小时,也可以加入食盐,以增加水相的相对密度。

八、干燥

干燥是指除去附着在固体、混杂在液体或气体中少量的水分或溶剂。有机化学实验中几乎每一步反应都会遇到试剂、溶剂和目标物的干燥问题,所以,干燥是实验室一项普通但又非常重要的操作。干燥分为物理法和化学法。常见的物理干燥法包括分馏、分子筛脱水和真空干燥等。而化学干燥法主要是使用干燥剂干燥,利用干燥剂与水作用形成水合物或直接与水进行化学反应,从而除去水分。

(一) 气体的干燥

有气体参加反应时,常常将气体发生器或钢瓶中气体通过干燥剂干燥。一般在过滤器或干燥塔中放入固体干燥剂(图 3-41),使气体通过过滤器或干燥器进行干燥。

在干燥塔或过滤器中填充石棉纤维或玻璃毛,可以防止干燥剂发生结块。而液体干燥剂则装在各种形式的洗瓶内。通常根据被干燥气体的性质、用量、潮湿程度及反应条件,选择不同的干燥剂和仪器。氧化钙、氢氧化钠等碱性干燥剂常用来干燥甲胺、氨气等碱性气体,氯化钙常用来干燥 HCl、烃类、H_2、O_2、N_2、SO_2、CO_2等气体,浓硫酸常用来干燥 HCl、烃类、H_2、Cl_2、N_2、CO_2等气体。

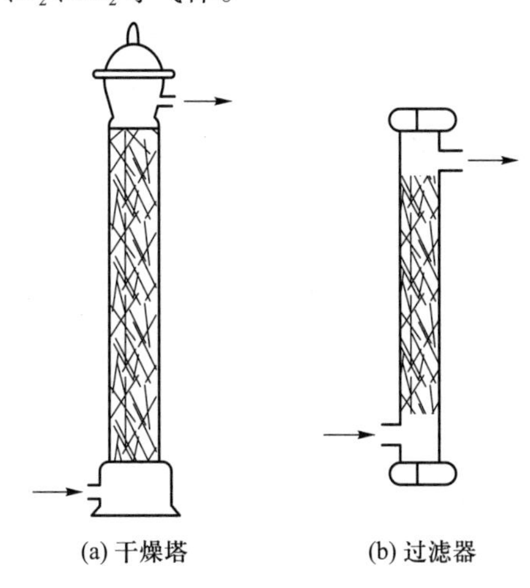

(a) 干燥塔　　(b) 过滤器

图 3-41　干燥塔和过滤器

(二)液体的干燥

液体的干燥主要是使用固体干燥剂进行干燥。最常用的干燥剂是无水盐类及活泼金属等。理想的干燥剂应具备以下几个条件:① 干燥剂不能与化合物发生反应,也不溶于该化合物中。② 综合考虑干燥剂的干燥效能和吸水容量。干燥效能是指达到平衡时物质被干燥的程度,而吸水容量是指单位质量干燥剂吸水量的多少。③ 干燥剂应廉价易得。

干燥液体时,根据需要选定适量的干燥剂投入液体中,塞紧后振荡,静置一段时间后进行抽滤、蒸馏、精制。当用活泼金属(如钠)干燥剂干燥时,塞子还需插入一根无水氯化钙管,排出氢气的同时不带入水汽。为了达到更好的干燥效果,可以先用吸水容量大的干燥剂除去水层,再用干燥效能强的干燥剂进行干燥。当干燥剂出现结块或黏附在器皿壁时,说明干燥剂用量不足,应补充干燥剂。通常情况下,干燥前的液体大多浑浊,而干燥后的液体多为澄清,因此可以将液体从浑浊变为澄清作为判断干燥的简单标志。

(三)固体的干燥

固体的干燥一般分为蒸发和吸附两种方法,蒸发可采用自然晾干、加热干燥和减压干燥。吸附的方法是使用装有各种类型干燥剂的干燥器(如恒温真空干燥箱)进行干燥。

1. 自然晾干

自然晾干是最经济便捷的方法,干燥时把固体放在表面皿或其他敞口容器中,在空气中缓慢晾干。自然干燥适用于常温下稳定、不分解、不吸潮的固体。

2. 加热干燥

加热干燥比自然干燥的速度更快，适用于熔点较高，高温下不分解、不反应的固体。常用烘箱或红外灯进行干燥。

3. 干燥器干燥

干燥器干燥适合易分解或易升华固体的干燥。常见的干燥器有普通干燥器、真空干燥器及真空恒温干燥器。普通干燥器常用变色硅胶或无水氯化钙作为干燥剂，但干燥时间较长，干燥效率低，一般适合于保存易吸潮的化合物。真空干燥器干燥效率比普通干燥器高，使用时真空度不宜过高，防止干燥器破裂。抽真空时一般使用循环水泵，而且需要设置防倒吸的安全装置。取样时，放气不宜过快，防止空气流入过快冲散样品。真空恒温干燥器适用于除去化合物中的结晶水或结晶醇。实验室常用的是真空恒温干燥箱。干燥时将化合物放入干燥箱内，调节好干燥温度，使用减压泵抽真空，然后关闭活塞，停止抽气。取样时，放气不宜过快，防止空气大量流入，冲散样品。

常用干燥剂及其应用范围见表 3-4。

表 3-4 常用干燥剂的性能与应用范围

干燥剂	吸水容量	干燥性能	干燥速度	应用范围
五氧化二磷	—	强	快	醚、烃、卤代烃、腈
金属钠	—	强	快	醚、烃、叔胺
分子筛	0.25	强	快	各类有机化合物
硫酸钙	0.06	强	快	与硫酸镁配合使用，做最后干燥
氯化钙	0.97	中等	较快	烃、烯、酮、醚、硝基化合物
氢氧化钾	—	中等	快	烃、醚、胺、氨
碳酸钾	0.2	较弱	慢	醇、酮、酯、胺
硫酸镁	1.05	较弱	较快	可代替氯化钙，酯、醇、酸、醛、酮、腈、酰胺、硝基化合物

九、升华与凝华

升华是指具有一定蒸气压的固体物质在熔点以下加热，不经熔融直接气化成蒸气的过程。与之相反，凝华是指气态物质经冷却，不经过液态直接转变为固态的过程。由于通过升华与凝华所得的固体物质一般都具有较高的纯度，因此也常用作提纯固体的一种手段。

通过研究物质的三相图（图 3-42）有助于深入了解升华与凝华的原理。从图中可以发现，固体和液体的蒸气压均随温度的升高而增大。*ST* 段为固-气平衡曲线；*TW* 段为液-气平衡曲线；*TV* 段是固-液平衡曲线。其中 *T* 为三相点，在此点，固、液、气三相可同时共存。物质的熔点是在大气压下，固-液两相平衡的温度，由于熔点与三相点相差不大，一般可以粗略地认为三相点即为该物质的熔点。从压力上看，在三相点以下的压力加热时，物质可以直接从固态变为气态，冷却时又可以直接从气态变为固态。

从温度上看，在低于三相点温度时，物质只存在固、气两相变化，所以一般升华过程都控制在熔点以下的温度进行。一般地，在熔点以下缓慢加热，使固体的蒸气压不超过三相点的蒸气压，固体就可以发生升华。因此，升华要求固体在其熔点温度下具有一定的蒸气压，一般高于 2.7 kPa(20 mmHg)。

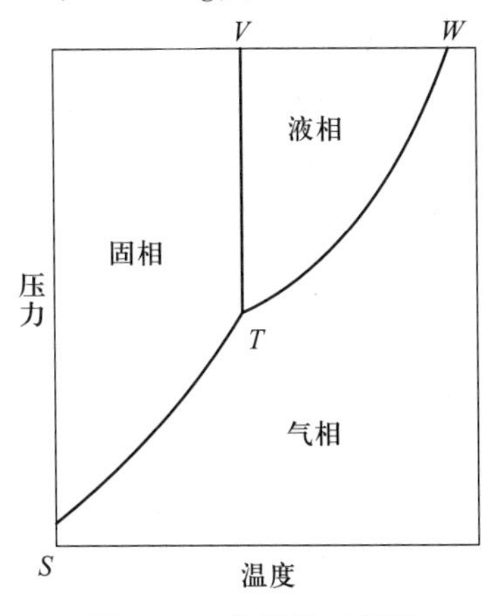

图 3-42 物质的三相图

简单升华-凝华装置由一个瓷蒸发皿和一个覆盖蒸发皿的漏斗组成，如图 3-43 所示。升华前，将粗品放置在蒸发皿中，并用一张有多个小孔的滤纸覆盖，用蓬松的棉花塞住漏斗下端，减少蒸气逸出。然后放在加热器上逐渐加热，控制好温度，缓慢升华。最终，蒸气通过滤纸的小孔上升，遇冷凝结在滤纸或漏斗壁上。穿有多个小孔的滤纸主要用于防止升华物质回落到蒸发皿中。热源最好选用温度比较稳定的热浴，如沙浴等。为了减少固体的损失，必要时可以将湿布包裹在漏斗外壁进行冷却。

而对于常压下不能升华或者升华较慢的一些物质，可以采用减压升华。减压升华装置如图 3-44 所示。固体物质放在外管的底部，而中间小管作为冷凝管，升华物质冷凝在小管外。无论是常压或减压升华，加热应尽可能保持在所需要的温度，热源一般选择水浴或油浴。

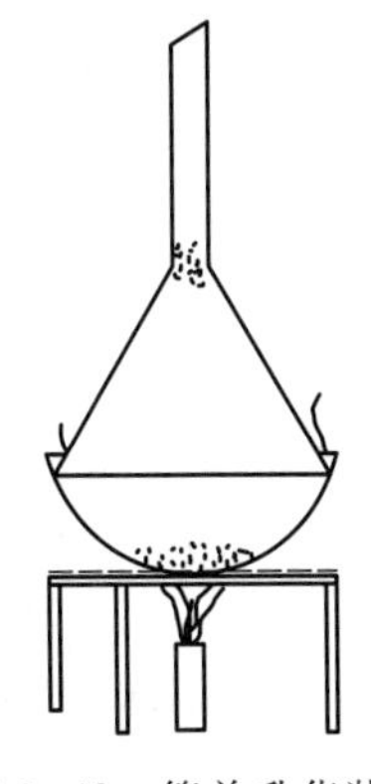
图 3-43 简单升华装置

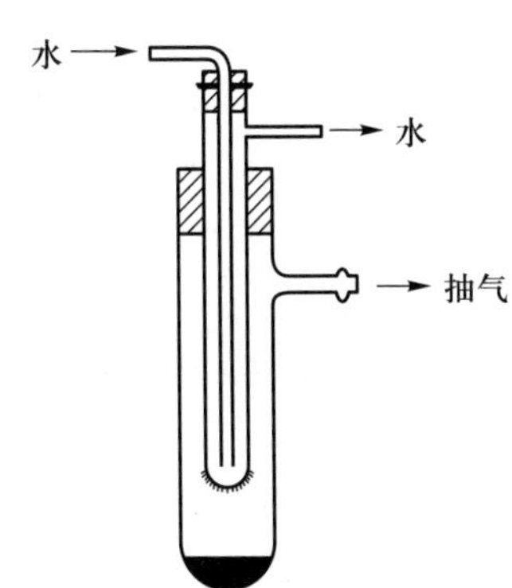

图 3-44 减压升华装置

（南方医科大学 赵培亮）

第七节 色谱法简介

色谱法是在1906年由俄国植物学家 Michael Tswett 发现并命名的。他将植物色素的石油醚提取液倒入一根装有碳酸钙的玻璃管顶端,然后用石油醚淋洗,结果使不同色素得到分离,并在管内显示出不同的色带,“色谱”一词也由此得名。但现在被分离的物质不管有色与否都能适用,因此,“色谱”一词早已超出原来的含义了。色谱法是分离、纯化和鉴定有机化合物的重要方法之一,具有极其广泛的用途。

色谱法的基本原理是利用混合物中各组分在某一物质中的吸附或溶解性能(即分配)的不同,或其他亲和作用性能的差异,使混合物的溶液流经该种物质,进行反复吸附或分配等作用,从而将各组分分开。流动的混合物溶液称为流动相;固定的物质称为固定相(可以是固体或液体)。如果化合物与固定相的作用较弱,那它将在流动相的冲洗下较快地从色谱体系中流出;反之,化合物和固定相的作用较强,它将较慢地从色谱体系中流出。

根据组分在固定相中的作用原理不同,色谱可分为吸附色谱、分配色谱、离子交换色谱、排阻色谱等;根据操作条件的不同,又可分为柱色谱、纸色谱、薄层色谱、气相色谱及高效液相色谱等类型。

一、柱色谱

柱色谱分离是利用洗脱剂把分离的各组分逐个洗脱下来的过程,故也称洗脱色谱。柱色谱分离技术按色谱原理可分为下列类型:吸附柱色谱,分配色谱,离子交换色谱,分子排阻色谱和亲和柱色谱等。

(一) 柱色谱分离原理

柱色谱分离原理是利用欲分离的混合物中各组分分配在吸附剂和洗脱剂之间,被吸附、分配、交换的性质不同,而相互得以分离。化合物被吸附、分配、交换的这种作用越强,该化合物溶解在洗脱剂中越少,沿洗脱剂移动的距离则越小,反之亦然。

实验室常用的柱色谱有:以硅胶和氧化铝为吸附剂的吸附柱色谱;以硅胶、纤维素和聚酰胺为载体(支持剂),以其吸收较大量的液体作为固定相的分配色谱(这里支持剂本身不起分离作用);以葡聚糖凝胶为固定相的分子排阻柱色谱;以离子交换树脂为固定相的离子交换柱色谱等。

这里重点介绍吸附柱色谱。吸附柱色谱通常在玻璃管中填入表面积很大、经过活化的多孔性或粉状固体吸附剂。当待分离的混合物溶液流过吸附柱时,各种成分同时被吸附在柱的上端。当洗脱剂流下时,由于不同化合物吸附能力不同,往下洗脱的速度也不同,于是形成了不同层次,即溶质在柱中自上而下按对吸附剂亲和力大小分别形成若干色带。再用溶剂洗脱时,已经分开的溶质可以从柱上分别洗出收集;或者将柱吸干,挤出后按色带分割开,再用溶剂将各色带中的溶质萃取出来。对于柱上不显色的化合物分离时,可用紫外光照射后所呈现的荧光来检查,或在用溶剂洗脱时,分别收集洗脱液,逐个加以检定。柱色谱装置见图 3-45。

(二)柱色谱分离技术

1. 吸附剂的选择

常用的吸附剂有氧化铝、硅胶、氧化镁、碳酸钙和活性炭等。吸附剂一般要经过纯化和活性处理,颗粒大小应当均匀。对吸附剂来说,粒子小,表面积大,吸附能力就高,但颗粒小时,溶剂的流速太慢,因此应根据实际分离需要而定。供柱色谱使用的氧化铝有酸性、中性和碱性三种。酸性氧化铝用 1% 盐酸浸泡后,用蒸馏水洗至氧化铝的悬浮液 pH 为 4.0,适用于分离酸性物质;中性氧化铝的 pH 约为 7.5,适用于分离中性物质;碱性氧化铝的 pH 约为 10.0,适用于胺或其他碱性化合物的分离。

大多数吸附剂都能强烈地吸水,因而使吸附剂的活性降低,通常用加热方法使吸附剂活化。

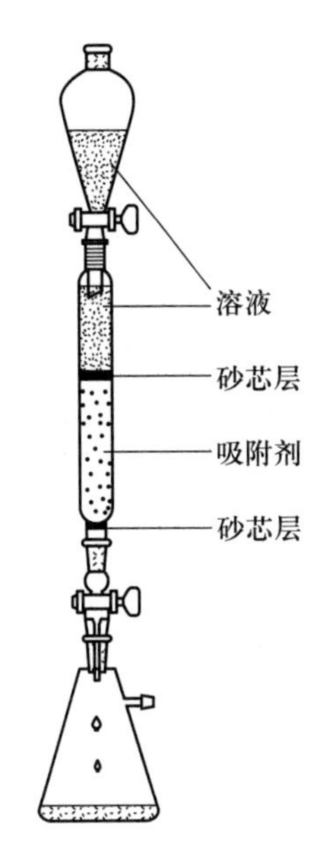

图 3-45　柱色谱装置

2. 溶剂和洗脱剂的选择

溶剂的选择是重要的一环,通常根据被分离物中各种成分的极性、溶解度和吸附剂的活性等来考虑。如有的样品在极性低的溶剂中溶解度很小,则可加入少量极性较大的溶剂,使溶液体积不致太大。色层的展开首先使用极性较小的溶剂,使最容易脱附的组分分离。然后加入不同比例的极性溶剂配成的洗脱剂,将极性较大的化合物自色谱柱中洗脱下来。常用洗脱剂的极性按如下次序递增:

己烷和石油醚<环己烷<四氯化碳<三氯乙烯<二硫化碳<甲苯<苯<二氯甲烷<氯仿<乙醚<乙酸乙酯<丙酮<丙醇<乙醇<甲醇<水<吡啶<乙酸

所用溶剂必须纯净和干燥,否则会影响吸附剂的活性和分离效果。

3. 色谱柱的填装

吸附柱色谱的分离效果不仅依赖于吸附剂和洗脱溶剂的选择,而且与制成的色谱柱有关。一般要求柱中的吸附剂用量为被分离样品量的 30~40 倍(若需要时可增至 100 倍),柱高和直径之比一般是 75∶1。柱子的填装可采用湿法和干法两种。干法装柱首先将干燥的吸附剂经漏斗,均匀地成一细流慢慢装入柱内,中间不应间断,时时轻轻敲打玻璃管,使柱装填得尽可能均匀、紧密。然后加入溶剂,使吸附剂全部润湿。湿法装柱则用洗脱剂和一定量的吸附剂调成浆状,慢慢倒入柱中,此时,应将柱的下端旋塞打开,使溶剂慢慢流出,吸附剂即渐渐沉于柱底。无论采用哪种方法装柱,都不要使吸附剂有裂缝或气泡,否则影响分离效果。一般说来湿法装柱较干法紧密和均匀。

4. 样品的制备与上样

(1) 被分离混合物为液体　将其中极性溶剂尽可能地用旋转蒸发仪去除后,加入少许流动相稀释。待将吸附剂上面的多余洗脱剂放出,直到柱内液体表面降至吸附剂表面时,停止放出洗脱剂。将样品溶液用滴管或漏斗沿柱子内壁直接加入柱中。样品稀释要尽可能用少的洗脱剂,然后用最少量洗脱剂洗涤器皿与色谱柱内壁,洗涤完毕,开放旋塞,使液体渐渐放出,液面降至吸附剂上端时,开始加入流动相洗脱。

（2）被分离混合物样品为极性较小的固体 尽可能使其溶于流动相溶剂中。但应注意，样品在流动相中的溶解度一般较小。如果样品体积太大，分辨能力就会降低。另一方面，如果样品浓度过浓，就可能在柱顶部形成沉淀。另外，可选择极性较小的溶剂溶解后上柱。溶剂极性不能比洗脱剂极性太大，否则将影响层析行为和分离效果，导致无法分离。

（3）被分离混合物样品为难溶性固体 首先可选择极性大的溶剂溶解，如氯仿，丙酮，乙醇，甲醇，四氢呋喃，吡啶，避免用二甲基亚砜，*N*,*N*-二甲基甲酰胺等沸点较高溶剂。然后，再加入适量的硅胶于溶剂中（一份样品 + 约 5 份柱填料），用旋转蒸发仪减压蒸发溶剂至干，让样品均匀地涂布在固定相表面上，然后通过漏斗装于柱子上端。这种方法通常称为干法上样。

5. 样品的洗脱与分离

洗脱剂的选择应以薄层层析检测为依据，被分离物质的最佳 R_f 值应在 0.2～0.5 之间。洗脱剂应不断加入，保持一定高度。或加一储液烧瓶，以免流干。洗脱液采用等分法收集，例如 5 mL，10 mL，20 mL，30 mL 或 50 mL 为一份。将每一个收集瓶按编号点样展开，将 R_f 值相同者合并，浓缩、蒸干，最后进一步纯化（蒸馏或重结晶等）。

（三）柱色谱的应用

柱色谱是比较经典的有机物分离技术，是一种分离复杂混合物中各个组分的有效方法。由于色谱柱填充的吸附剂的量远远大于薄层板，因而柱色谱可用于分离量比较大（克数量级）的物质，而薄层制备色谱分离量比较小，一般在毫克数量级。所以作为较大量制备分离，柱色谱优于薄层色谱。在柱色谱分离过程中，一般利用薄层色谱摸索柱色谱的分离条件，利用薄层色谱鉴定、分析和分段收集洗脱出的洗脱液中的成分。

二、薄层色谱

薄层色谱（thin layer chromatography）常用 TLC 表示，是近代发展起来的一种微量、快速而简单的色谱法。

（一）薄层色谱分离原理

薄层色谱法是一种吸附薄层色谱分离法，它利用各成分对同一吸附剂吸附能力不同，使在移动相（溶剂）流过固定相（吸附剂）的过程中，连续地产生吸附、解吸附、再吸附、再解吸附，从而达到各成分的互相分离的目的。

薄层色谱常用的有吸附色谱和分配色谱两类。一般能用硅胶或氧化铝柱色谱分开的物质也能用硅胶或氧化铝薄层色谱分开；凡能用硅藻土和纤维素作支持剂的分配柱色谱分开的物质，也可分别用硅藻土和纤维素薄层色谱展开，因此薄层色谱常用作柱色谱的先导。

薄层色谱是在洗涤干净的玻璃板（10 cm×3 cm）上均匀地涂一层吸附剂或支持剂，待干燥、活化后将样品溶液用管口平整的毛细管滴加于离薄层板一端约 1 cm 处的起点线上，晾干或吹干后置薄层板于盛有展开剂的展开槽内，浸入深度为 0.5 cm。待展开剂前沿离顶端约 1 cm 附近时，将色谱板取出，干燥后喷以显色剂，或在紫外灯下显色。

记录原点至主斑点中心及展开剂前沿的距离，计算比移值（R_f）：

$$R_f=\frac{\text{样品原点中心到斑点中心的距离}}{\text{样品原点中心到溶剂前沿的距离}} \tag{3-3}$$

（二）薄层色谱分离技术

1. 薄层色谱用的吸附剂和支持剂

薄层吸附色谱的吸附剂最常用的是氧化铝和硅胶，分配色谱的支持剂为硅藻土和纤维素。

硅胶是无定形多孔性物质，略具酸性，适用于酸性物质的分离和分析。薄层色谱用的硅胶分为："硅胶 H"——不含黏合剂；"硅胶 G"——含煅石膏黏合剂；"硅胶 HF_{254}"——含荧光物质，可于波长 254 mm 紫外光下观察荧光；"硅胶 GF_{254}"——既含煅石膏又含荧光剂等类型。与硅胶相似，氧化铝也因含黏合剂或荧光剂而分为氧化铝 G、氧化铝 GF_{254}及氧化铝 HF_{254}。

薄层吸附色谱和柱吸附色谱一样，化合物的吸附能力与它们的极性成正比，具有较大极性的化合物吸附较强，因而 R_f值较小。因此利用化合物极性的不同，用硅胶或氧化铝薄层色谱可将一些结构相近的或顺、反异构体分开。

2. 薄层板的制备

薄层板制备的好坏直接影响色谱结果。薄层应尽量均匀而且厚度（0.25～1 mm）要固定，否则，在展开时溶剂前沿不齐，色谱结果也不易重复。

薄层板分为干板和湿板。湿板的制法有以下两种：

（1）平铺法。用商品或自制的薄层涂布器（见图 3-46）进行制板，它适合于科研工作中数量较大要求较高的需要。如无涂布器，可将调好的吸附剂平铺在玻璃板上，也可得到厚度均匀的薄层板。

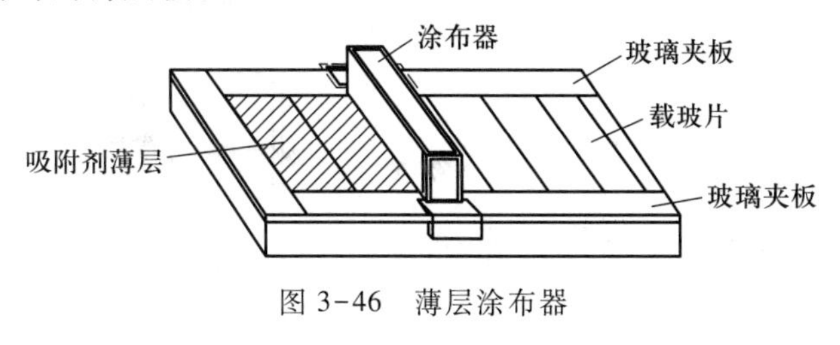

图 3-46　薄层涂布器

（2）浸渍法。把两块干净玻璃片背靠背贴紧，浸入调制好的吸附剂中，取出后分开、晾干。

适合于教学实验的是一种简易平铺法。取 3 g 硅胶 G 与 6～7 mL 0.5%～1%的羧甲基纤维素的水溶液在烧杯中调成糊状物，铺在清洁干燥的载玻片上，用手轻轻在玻璃板上来回摇振，使表面均匀平滑，室温晾干后进行活化。3 g 硅胶可铺 7.5 cm×2.5 cm载玻片 5～6 块。

3. 薄层板的活化

把涂好的薄层板置于室温晾干后，放在烘箱内加热活化，活化条件根据需要而定。硅胶板一般在烘箱中渐渐升温，维持 105～110 ℃活化 30 min。氧化铝板在 200 ℃烘 4 h可得活性Ⅱ的薄层，150～160 ℃烘 4 h 可得活性Ⅲ～Ⅳ的薄层。薄层板的活性与含水量有关，其活性随含水量的增加而下降。

4. 点样

通常将样品溶于低沸点溶剂（丙酮、甲醇、乙醇、氯仿、苯、乙醚和四氯化碳）配成1%溶液，用内径小于1 mm管口平整的毛细管点样。点样前，先用铅笔在薄层板上距一端1 cm处轻轻画一横线作起始线，然后用毛细管吸取样品，在起始线上小心点样，斑点直径一般不超过2 mm；因溶液太稀，一次点样往往不够，如需重复点样，则应待前次点样的溶剂挥发后方可重点，以防样点过大，造成拖尾、扩散等现象，影响分离效果。若在同一板上点几个样，样点间距应为1～1.5 cm。点样结束待样点干燥后，方可进行展开。点样要轻，不可刺破薄层。在薄层色谱中，样品的用量对物质的分离效果有很大影响，所需样品的量与显色剂的灵敏度、吸附剂的种类、薄层厚度均有关系。样品太少时，斑点不清楚，难以观察，但是样品量太多时往往出现斑点太大或拖尾现象，以致不容易分开。

5. 展开

薄层色谱展开剂的选择和柱色谱一样，主要根据样品的极性、溶解度和吸附剂的活性等因素来考虑。凡溶剂的极性越大，则对一化合物的洗脱力越大，也就是说 R_f 值越大。薄层色谱用的展开剂绝大多数是有机溶剂，各种溶剂极性参见柱色谱部分。薄层色谱的展开，需要在密闭容器中进行。为使溶剂蒸气迅速达到平衡，可在展开槽内衬一滤纸。

常用的展开槽有长方形盒式［图3-47(a)］和广口瓶式［图3-47(b)］。展开方式有下列几种：

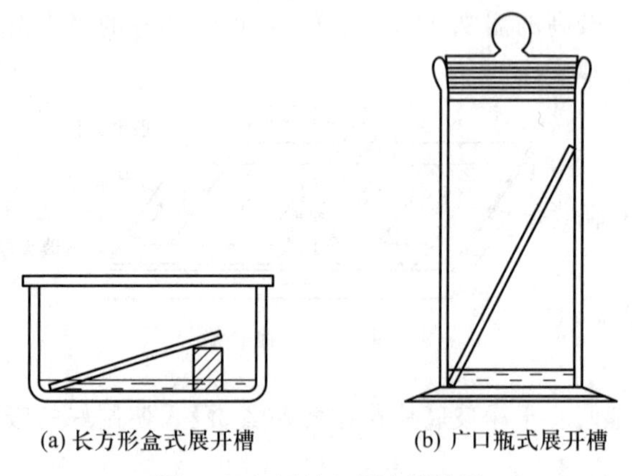

(a) 长方形盒式展开槽　(b) 广口瓶式展开槽

图3-47　倾斜上行法展开图

（1）上升法。用于含黏合剂的色谱板，将色谱板垂直于盛有展开剂的容器中。

（2）倾斜上行法。色谱板倾斜15°［图3-47(a)］，适用于无黏合剂的软板。含有黏合剂的色谱板可倾斜45°～60°。

（3）下降法。如图3-48所示，展开剂放在圆底烧瓶中，用滤纸或纱布等将展开剂吸到薄层板的上端，使展开剂沿板下行，这种连续展开的方法适用于 R_f 值小的化合物。

(4) 双向色谱法。使用方形玻璃板铺制薄层，样品点在角上，先向一个方向展开。然后转动 90°的位置，再换另一种展开剂展开，这样，成分复杂的混合物可以得到较好的分离效果。

层析展开后各组分的斑点如图 3-49 所示。

6. 显色

样品展开后，如果本身带有颜色，可直接看到斑点的位置。但是，大多数有机化合物是无色的，看不到斑点，只有通过显色才能使斑点显现。常用的显色方法有显色剂法和紫外线显色法。

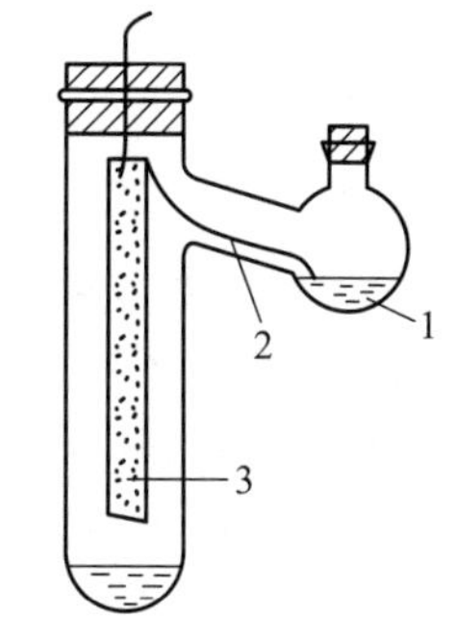

1—溶剂；2—滤纸条；3—薄层板

图 3-48　下降法展开图

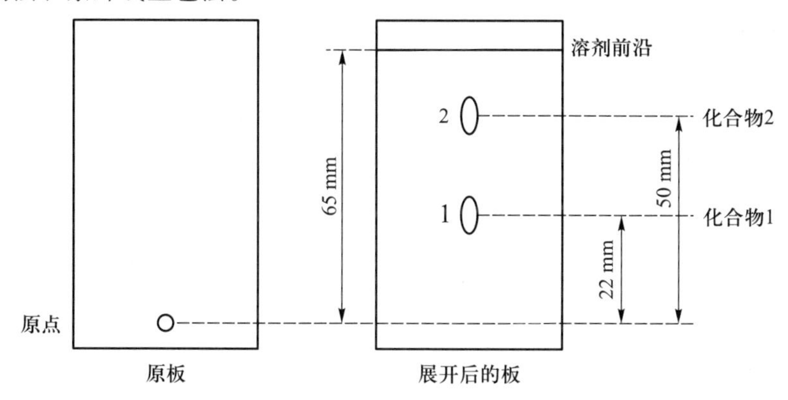

图 3-49　薄层色谱展开

(1) 显色剂法　不同类型的化合物需要选用不同的显色剂。常用的显色剂有碘和三氯化铁水溶液等。许多有机化合物能与碘生成棕色或黄色的络合物。利用这一性质，在密闭容器中(一般用展开缸即可)放几粒碘，将展开并干燥的薄层板放入其中，稍稍加热，让碘升华，当样品与碘蒸气反应后，薄层板上的样品点处即可显示出黄色或棕色斑点，取出薄层板用铅笔将点圈好即可。但是当薄层板上仍含有溶剂时，由于碘蒸气亦能与溶剂结合，致使薄层板显浅棕色，而展开后的有机化合物则呈现较暗的斑点。薄层板自容器内取出后，呈现的斑点一般在 2~3 s 内消失，因此必须立即用铅笔标出化合物的位置。除饱和烃和卤代烃外，均可采用此方法。三氯化铁溶液可用于带有酚羟基化合物的显色。

薄层色谱还可使用腐蚀性的显色剂如浓硫酸、浓盐酸和浓磷酸等。

(2) 紫外线显色法　用硅胶 GF_{254} 制成的薄层板，由于加入了荧光剂，在 254 nm 波长的紫外灯下，可观察到暗色斑点，此斑点就是样品点。

(三) 薄层色谱的应用

薄层色谱兼备了柱色谱和纸色谱的优点。一方面适用于小量样品(几到几十微克，甚至 0.01 μg)的分离；另一方面若在制作薄层板时，把吸附层加厚，将样品点成一条线，则可分离多达 500 mg 的样品，因此又可用来精制样品。此法特别适用于分析挥发性较小或在较高温度易发生变化而不能用气相色谱分析的物质。

三、纸色谱

纸色谱（纸上层析）属于分配色谱的一种。主要用于多功能团或高极性化合物如糖、氨基酸等的分析分离。通常用特制的滤纸作固定相的载体，固定相为水，流动相则是被水饱和的有机溶剂，通常称为展开剂。

纸色谱装置如图 3-50 所示，其操作是先将色谱滤纸在展开溶剂的蒸气中放置过夜，在滤纸一端 2~3 cm 处用铅笔画好起始线，然后将要分离的样品溶液用毛细管点在起始线上，待样品溶剂挥发后，将滤纸的另一端悬挂在展开槽的玻璃勾上，使滤纸下端与展开剂接触，展开剂由于毛细管作用沿纸条上升，当展开剂前沿接近滤纸上端时，将滤纸取出，记下溶剂的前沿位置，晾干。若被分离物中各组分是有色的，滤纸条上就有各种颜色的斑点显出，如图 3-51 所示。

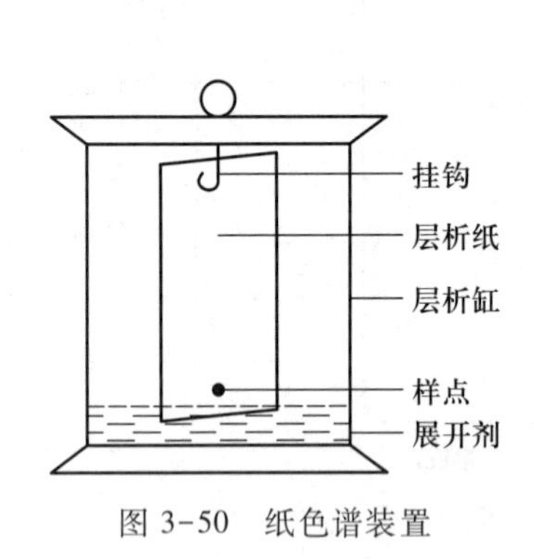

图 3-50　纸色谱装置

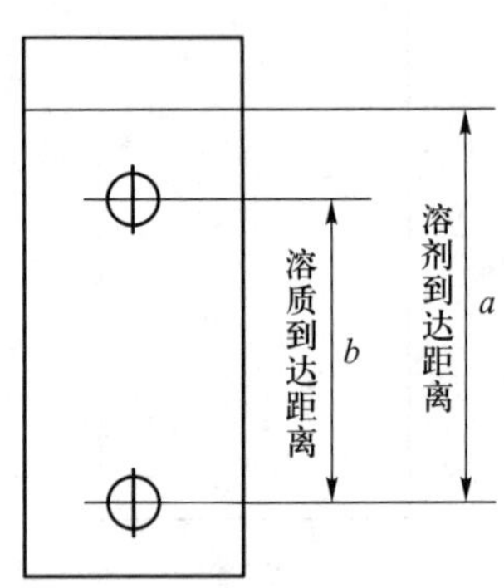

图 3-51　纸色谱展开图

按下式计算化合物的比移值（R_f）：

$$R_f=\frac{\text{溶质的最高浓度中心至原点中心距离}}{\text{溶剂前沿至原点中心距离}}$$

R_f值随被分离化合物的结构、固定相与流动相的性质、温度及纸的质量等因素而变化。当温度、滤纸等实验条件固定时，比移值就是一个特有的常数，因而可作定性分析的依据。由于影响 R_f值的因素很多，实验数据往往与文献记载不完全相同，因此在鉴定时常常采用标准样品做对照。此法一般适用于微量有机物质（5~500 mg）的定性分析，分离出来的色点也能用比色方法定量。

纸色谱展开的方法除上述介绍的上升法外，还有下降法，如圆形纸色谱法和双向纸色谱法等。

对于分离无色的混合物时，通常将展开后的滤纸风干后，置于紫外灯下观察是否有荧光，或者是根据化合物的性质，喷上显色剂，观察斑点位置，它与薄层色谱显色方法相似。

四、气相色谱

气相色谱（gas chromatography，简称 GC）是以气体为流动相的色谱分析方法，主要用于分离分析易挥发的物质。目前，气相色谱法已成为极为重要的分离分析方法之

一，在医药卫生、石油化工、环境监测、生物化学等领域得到广泛的应用。气相色谱仪具有高灵敏度、高效能、高选择性、分析速度快、所需样品量少、应用范围广等优点。

（一）气相色谱的分离原理

气相色谱的分离原理是利用涂在载体或者毛细管壁上的固定液，通过对不同物质的吸附和解吸能力来进行分离的。气体带着样品蒸气，在固定液中不停地吸附和解吸，吸附能力强的样品保留时间长，吸附能力弱的样品保留时间短。当两相做相对运动时样品各组分在两相中反复多次受到各种作用力的作用，从而使混合物中各组分达到分离的目的。

一般非极性或低极性的固定液是按照样品的沸点来进行分离的，沸点越高，保留时间越长。除沸点外，样品的极性对保留时间的影响也非常大。极性的样品在极性固定液中的溶解能力大大高于非极性样品，保留时间会大大延长。

气相色谱分析可以应用于分析气体样品，也可分析易挥发或可转化为易挥发的液体和固体，不仅可分析有机物，也可分析部分无机物。一般地说，只要沸点在 500 ℃以下，热稳定良好，相对分子质量在 400 以下的物质，原则上都可采用气相色谱法。目前气相色谱法所能分析的有机物，占全部有机物的 15%～20%，而这些有机物目前应用很广，因而气相色谱法的应用是十分广泛的。

（二）气相色谱仪的仪器结构

实现气相色谱过程的仪器型号繁多，但总的说来，其基本结构是相似的，主要由载气系统、进样系统、分离系统（色谱柱）、检测系统及数据处理系统构成。气相色谱仪结构示意图见图 3-52。

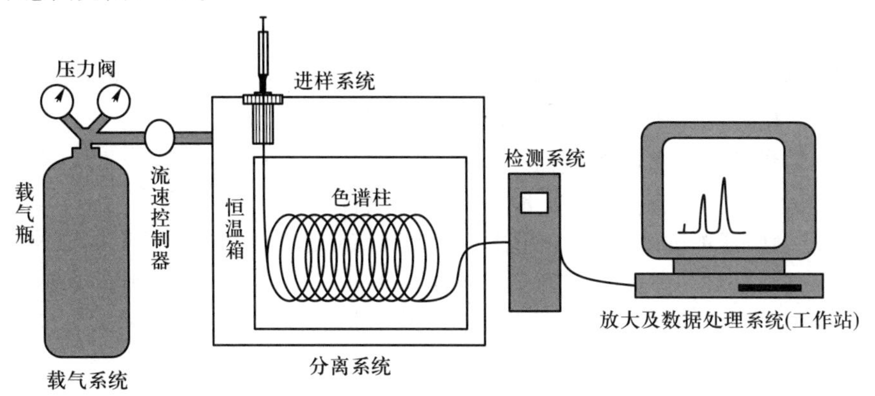

图 3-52　气相色谱仪结构示意图

1. 载气系统

载气系统包括气源、气体净化器、气路控制系统。载气是气相色谱过程的流动相，原则上说只要没有腐蚀性，且不干扰样品分析的气体都可以作载气。常用的有 H_2、He、N_2、Ar 等。在实际应用中载气的选择主要根据检测器的特性来决定，同时考虑色谱柱的分离效能和分析时间。载气的纯度、流速对色谱柱的分离效能、检测器的灵敏度均有很大影响，气路控制系统的作用就是将载气及辅助气进行稳压、稳流及净化，以满足气相色谱分析的要求。

2. 进样系统

进样系统包括进样器和气化室,它的功能是引入样品,并使样品瞬间气化。气体样品可以用六通阀进样,进样量由定量管控制,可以按需要更换。液体样品可用微量注射器进样,重复性比较差,在使用时,注意进样量与所选用的注射器相匹配,最好是在注射器最大容量下使用。工业流程色谱分析和大批量样品的常规分析上常用自动进样器,重复性很好。气化室的作用是把液体样品瞬间加热变成蒸气,然后由载气带入色谱柱。

3. 分离系统

分离系统主要由色谱柱组成,是气相色谱仪的心脏,它的功能是使样品在柱内运行的同时得到分离。色谱柱基本有两类:填充柱和毛细管柱。填充柱是将固定相填充在金属或玻璃管中(常用内径 4 mm)。毛细管柱是用熔融二氧化硅拉制的空心管,也叫弹性石英毛细管。柱内径通常为 0.1~0.5 mm,柱长 30~50 m,绕成直径 20 cm 左右的环状。用这样的毛细管作分离柱的气相色谱称为毛细管气相色谱或开管柱气相色谱,其分离效率比填充柱要高得多。

4. 检测系统

检测系统的功能是对柱后已被分离的组分的信息转变为便于记录的电信号,然后对各组分的组成和含量进行鉴定和测量。原则上,被测组分和载气在性质上的任何差异都可以作为设计检测系统的依据,但在实际中常用的检测系统只有几种,它们结构简单,使用方便,具有通用性或选择性。检测系统的选择要依据分析对象和目的来确定。

5. 数据处理系统

数据处理系统目前多采用配备操作软件包的工作站,用计算机控制,既可以对色谱数据进行自动处理,又可对色谱系统的参数进行自动控制。

(三) 气相色谱的分析方法

1. 定性分析

对于一个已知范围的混合物,可用气相色谱法通过保留值、相对保留值和保留指数来定性分析,但对一个范围未知的混合物,单纯用气相色谱法定性则很困难,常需配合化学分析及其他仪器分析方法才能达到定性分析的目的。

2. 定量分析

根据气相色谱图进行组分定量时,所用定量方法主要有归一化法,内标法和外标法三种。

(1) 归一化法。归一化法是将样品中所有组分质量之和定为 100%,计算其中某一组分质量百分浓度的定量方法。归一化法的优点是简便、定量结果与进样量无关(色谱柱不超载的范围内),操作条件变化时对结果影响较小。在分析同系物且碳原子数比较接近的化合物时,近似认为相对校正因子相等,可以简化计算。但最好事先查对,以免带来较大误差。缺点是所有组分必须在操作时间内都流出色谱柱,而且检测器对它们都产生信号,否则用归一化法误差较大。

(2) 内标法。当混合物所有组分不能全部流出色谱柱(如不气化、与固定液产生化学反应等);或检测器不能对每个组分都产生信号;或只需要测定混合物中某几个组分的含量时,可采用内标法。准确称量样品的质量为 m 克,取一纯物质(内标物)适量,加入其中,并准确称量内标物质量为 m_s 克,混匀,进样。测量色谱图上需定量的 i 组分的峰面积 A_i 及内标物的峰面积 A_s,则 i 组分在样品 m 中所含的质量 m_i,与内标物质的质量 m_s,有下述关系:

$$\frac{m_i}{m_s}=\frac{A_i f_{mi}}{A_s \cdot f_{ms}} \tag{3-4}$$

式中,f_{mi}、f_{ms} 为组分的质量校正因子。通常定量时,多是测定 i 组分在样品中的质量百分浓度 w_i,而

$$w_i=\frac{m_i}{m}\times 100\% \tag{3-5}$$

将式(3-4)(3-5)整理得

$$w_i=\frac{A_i \cdot f_{mi}}{A_s \cdot f_{ms}}\times\frac{m_s}{m}\times 100\% \tag{3-6}$$

对内标物的要求:① 内标物是原样品中所不含有的组分,否则会使峰重叠而无法准确测量内标物的峰面积 A_s;② 内标物的保留时间应与待测组分相近,但能完全分开;③ 内标物必须是纯度合乎要求的纯物质,否则将使所得的 w_i 不准确(若得不到纯品,用已知含量的内标物,杂质峰不干扰时,也可用,但 m_s 需校正)。内标法是具备归一化法的优点,只要被测组分与内标物产生信号即可定量,适合于药物的某些有效成分的含量测定,还特别适用于微量杂质检查。由于杂质与主要成分含量相差悬殊,无法用归一化法测定杂质含量,用内标法则很方便。加一个与杂质量相当的内标物,加大进样量突出杂质峰,测定杂质峰与内标物峰面积之比,则可求出杂质含量。缺点是样品配制比归一化法麻烦。

(3) 外标法。比较相同分析条件下纯样(标准样品)与样品中该组分色谱峰面积或峰高,进行定量的分析方法称为外标法。也被称为定量进样校正曲线法,或定量进样法。此方法是在进样量、色谱仪器及操作等分析条件严格固定不变的情况下,先将不同含量的组分纯样等量进样,进行色谱分析,求得含量与色谱峰面积或峰高的关系,将此关系绘成定量校正曲线,而后在同样条件下分析待测样品,测量待测样品的峰高或计算峰面积,并以此在校正曲线上求出样品含量,如果标准曲线通过坐标系原点,则可按式(3-7)计算样品含量。

$$m_i=\frac{A_i m_s}{A_s} \tag{3-7}$$

当待测样品中各组分浓度变化不大时,如工厂中控制分析的样品,其组成一般变化不大,可以不必作校正曲线,用单点校正法来分析。即配制一个和待测组分含量十分接近的标准样,在同一条件下定量进样分析标准样及待测样品,由两者的峰高比或峰面积比计算未知样品含量。

外标法简便易行,但标准样及待测样品的分析条件必须保持一致,进样量准确,仪器稳定,同时还需要经常考察定量校正曲线有无变化。

五、高效液相色谱

高效液相色谱是色谱法的一个重要分支。以液体为流动相,采用高压输液系统,将具有不同极性的单一溶剂或不同比例的混合溶剂、缓冲液等流动相泵入装有固定相的色谱柱,在柱内各成分被分离后,进入检测器进行检测,从而实现对样品的分析。该方法已成为化学、医药学、食品检验等学科领域中重要的分离分析技术。

(一)高效液相色谱的分离原理

高效液相色谱法按分离机制的不同分为液固吸附色谱法、液液分配色谱法(正相与反相)、离子交换色谱法、离子对色谱法及分子排阻色谱法。

1. 液固吸附色谱法

液固吸附色谱法使用固体吸附剂,被分离组分在色谱柱上根据固定相对组分吸附力大小不同而分离。分离过程是一个吸附-解吸附的平衡过程。常用的吸附剂为硅胶或氧化铝,粒度 5~10 μm。适用于分离相对分子质量 200~1 000 的组分,大多数用于非离子型化合物,离子型化合物易产生拖尾。液固吸附色谱法常用于分离同分异构体。

2. 液液分配色谱法

液液分配色谱法是将特定的液态物质涂于担体表面,或化学键合于担体表面而形成固定相,分离原理是根据被分离的组分在流动相和固定相中溶解度不同而分离。分离过程是一个分配平衡过程。

液液分配色谱法按固定相和流动相的极性不同可分为正相色谱法(NPC)和反相色谱法(RPC)。正相色谱法采用极性固定相(如聚乙二醇、氨基与腈基键合相),流动相为相对非极性的疏水性溶剂(烷烃类如正己烷、环己烷),常加入乙醇、异丙醇、四氢呋喃、三氯甲烷等以调节组分的保留时间。正相色谱常用于分离中等极性和极性较强的化合物(如酚类、胺类、羰基类及氨基酸类等)。反相色谱法一般用非极性固定相(如 C_{18}、C_8);流动相为水或缓冲液,常加入甲醇、乙腈、异丙醇、丙酮、四氢呋喃等与水互溶的有机溶剂以调节保留时间。适用于分离非极性和极性较弱的化合物。反相色谱在现代液相色谱中应用最为广泛,据统计,它占整个高效液相色谱应用的 80% 左右。

3. 离子交换色谱法

离子交换色谱的固定相是离子交换树脂,常用苯乙烯与二乙烯交联形成的聚合物骨架,在表面末端芳环上接上羧基、磺酸基(称阳离子交换树脂)或季铵基(阴离子交换树脂)。被分离组分在色谱柱上分离原理是树脂上可电离离子与流动相中具有相同电荷的离子及被测组分的离子进行可逆交换,根据各离子与离子交换基团具有不同的电荷吸引力而分离。缓冲液常用作离子交换色谱的流动相。

离子交换色谱法主要用于分析有机酸、氨基酸、多肽及核酸。

4. 离子对色谱法

离子对色谱法又称偶离子色谱法,是液液色谱法的分支。它根据被测组分离子与离子对试剂离子形成中性的离子对化合物后,在非极性固定相中溶解度增大,从而使

其分离效果改善。主要用于分析离子强度大的酸碱物质。

5. 分子排阻色谱法

分子排阻色谱的固定相是有一定孔径的多孔性填料，流动相是可以溶解样品的溶剂。相对分子质量小的化合物可以进入孔中，滞留时间长；相对分子质量大的化合物不能进入孔中，直接随流动相流出。它利用分子筛对相对分子质量大小不同的各组分排阻能力的差异而完成分离。常用于分离高分子化合物，如组织提取物、多肽、蛋白质、核酸等。

（二）高效液相色谱仪的仪器结构

高效液相色谱仪由高压输液系统、进样系统、分离系统、检测器、记录仪五大部分组成（图 3-53）。分析前，选择适当的色谱柱和流动相，开泵，冲洗柱子，待柱子达到平衡而且基线平直后，用微量注射器把样品注入进样口，流动相把样品带入色谱柱进行分离，分离后的组分依次流入检测器的流通池，最后和洗脱液一起排入流出物收集器。当有样品组分流过流通池时，检测器把组分浓度转变成电信号，经过放大，用记录仪记录下来就得到色谱图。色谱图是定性、定量和评价柱效高低的依据。

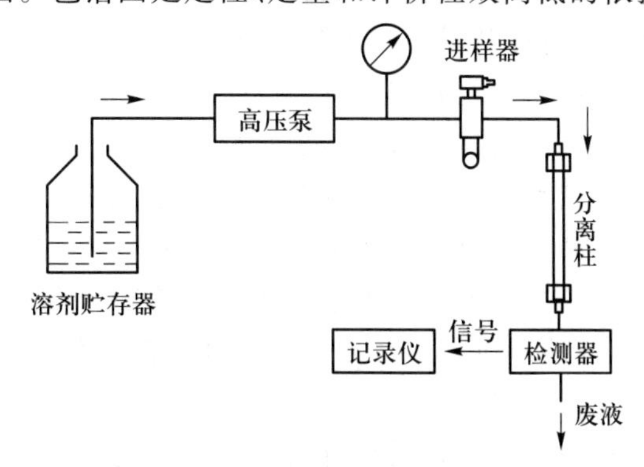

图 3-53 高效液相色谱仪的结构示意图

1. 高压输液系统

高压输液系统由溶剂贮存器、高压泵、梯度洗脱装置和压力表等组成。

（1）溶剂贮存器。溶剂贮存器一般由玻璃、不锈钢或氟塑料制成，容量为 1~2 L，用来贮存足够数量、符合要求的流动相。

（2）高压输液泵。高压输液泵是高效液相色谱仪中关键部件之一，其功能是将溶剂贮存器中的流动相以高压形式连续不断地送入液路系统，使样品在色谱柱中完成分离过程。

（3）梯度洗脱装置。梯度洗脱就是在分离过程中使两种或两种以上不同极性的溶剂按一定程序连续改变它们之间的比例，从而使流动相的强度、极性、pH 或离子强度相应地变化，达到提高分离效果，缩短分析时间的目的。

2. 进样系统

进样系统包括进样口、注射器和进样阀等，它的作用是把分析样品有效地送入色谱柱上进行分离。

3. 分离系统

分离系统包括色谱柱、恒温器和连接管等部件。色谱柱一般用内部抛光的不锈钢制成。柱形多为直形，内部充满微粒固定相，柱温一般为室温或接近室温。

4. 检测器

检测器是液相色谱仪的关键部件之一。对检测器的要求是：灵敏度高，重复性好、线性范围宽、死体积小，以及对温度和流量的变化不敏感等。在液相色谱中，有两种类型的检测器，一类是溶质性检测器，它仅对被分离组分的物理或物理化学特性有响应。属于此类检测器的有紫外、荧光、电化学检测器等；另一类是总体检测器，它对样品和洗脱液总的物理和化学性质响应。属于此类检测器有示差折光检测器等。最常用的检测器为紫外吸收检测器。

（三）高效液相色谱的分析方法

1. 定性分析

高效液相色谱中的利用保留值定性分析的方法是所有定性分析方法中最基本的方法。在高效液相色谱中，两个相同的物质在同一个色谱中应该具有相同的保留值，因此在高效液相色谱中的定性分析中就能够充分的应用这个原理，对未知物质采用相同的色谱进行简单的判定该物质的成分和性质，同时相同的物质成分下色谱上的形成的未知峰保留值也是一样的，这样就可以初步的对未知的有机化合物进行判定。

另外，利用两谱联用定性的方法更为准确。一般就会将高效液相色谱和质谱联用，这样的操作可以对未知的有机化合物进行多层次的质谱分析，增加了高效液相色谱的定性分析水平，在某一方面上也促进了高效液相色谱和质谱的联系和应用，为现代的高效液相色谱分析方法提供了非常高效的两用色谱定性分析方法。

2. 定量分析

高效液相色谱定量分析方法和气相色谱相似，所用定量方法主要有归一化法，内标法和外标法三种。

高效液相色谱适于分析高沸点不易挥发的、受热不稳定易分解的、相对分子质量大、不同极性的有机化合物；生物活性物质和多种天然产物；合成的和天然的高分子化合物等。涉及石油化工、食品、合成药物、生物化工产品及环境污染物的分离与分析等，约占全部有机物的80%。其余20%的有机物（含永久性气体、易挥发低沸点及中等相对分子质量的化合物）只能用气相色谱分析。

参考文献

[1] 盖爽，邹新宇，武越，等. 气相色谱-质谱法测定榴莲果肉中的香气成分[J].分析化学进展，2017，7(4)：222-227.

[2] 陆烨. 运用高效液相色谱法检测食品中丙烯酰胺[J].粮食流通技术，2018(9)：123-124，127.

（空军军医大学　何炜）

第八节　物理常数测定技术

一、熔点测定

熔点是指固体物质在大气压下固、液两相平衡时的温度。纯的固体有机化合物都有固定的熔点，从开始熔化到完全熔化的温度范围称为熔程，熔程一般不超过0.5～1 ℃。如果固体物质含有杂质，其熔点往往较纯粹物质低，且熔程也变长。这对于鉴定纯粹的固体有机化合物有很大的价值，根据熔程长短可定性鉴别化合物的纯度。

（一）基本原理

在一定的温度和压力下，将某物质的固液两相置于同一容器中，这时可能发生三种情况：固相转化为液相（固体熔化）、液相迅速转化为固相（液体固化）、固相液相同时并存。物质的蒸气压与温度曲线图可以决定在某一温度时哪一种情况占优势。在图3-54中，(a)表示固体物质蒸气压-温度曲线，(b)表示液体物质蒸气压-温度曲线。将(a)和(b)合并在一起得到(c)。固相蒸气压随温度变化的速率大于相应的液相，最后两曲线相交在M点处，只能在M点处固液两相可同时并存，此时的温度T_M即为该物质的熔点。当温度高于T_M时，固相的蒸气压大于液相的蒸气压，可使固相全部转化为液相；如果温度低于T_M，则液相转变为固相；只有当固液两相的蒸气压相等时，即温度为T_M时，固液两相才能同时存在。这就是纯粹晶体物质具有固定和敏锐熔点的原因。一旦温度超过T_M，甚至只超过几分之一摄氏度，只要有足够的时间，固体就可全部转变为液体。所以要精确测定熔点，在接近熔点时，加热速度一定要慢，温度的升高每分钟不超过1～2 ℃。只有这样，才能使整个熔化过程尽可能接近于两相平衡的条件。

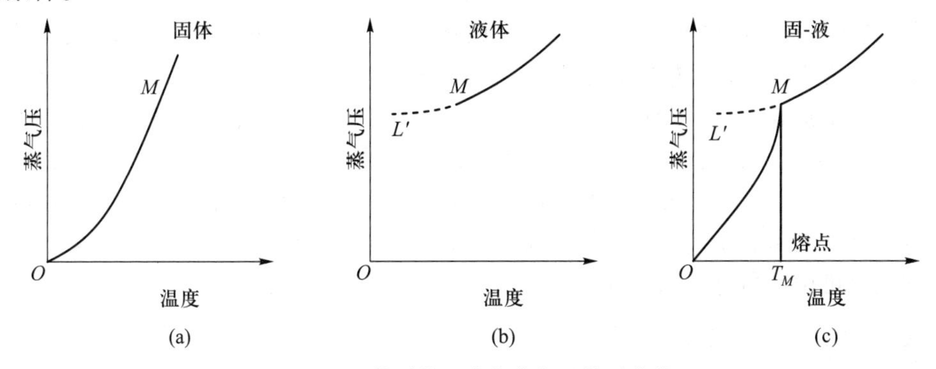

图3-54　物质的温度与蒸气压关系曲线

当有杂质存在的时候（假定两者不成固溶体），根据拉乌尔定律，在一定的压力和温度之下，在溶剂中增加溶质的物质的量，导致溶剂蒸气分压的降低（如图3-55中M_1L_1），在M_1点建立新的平衡，相应的温度为T_{M_1}，因此，混合物的熔点必较纯物质低。应当注意的是，如有杂质存在，熔化过程中固相和液相平衡时的相对量在不断改变，因此两相平衡应该是从最低共熔点(与杂质能共同结晶成共熔混合物,其熔化的温度称之为最低共熔点)到 T_{M1}一段。说明杂质的存在不但使初熔温度降低,而且还会使熔程变长,所以在熔点测定时一定要记录初熔和全熔的温度。

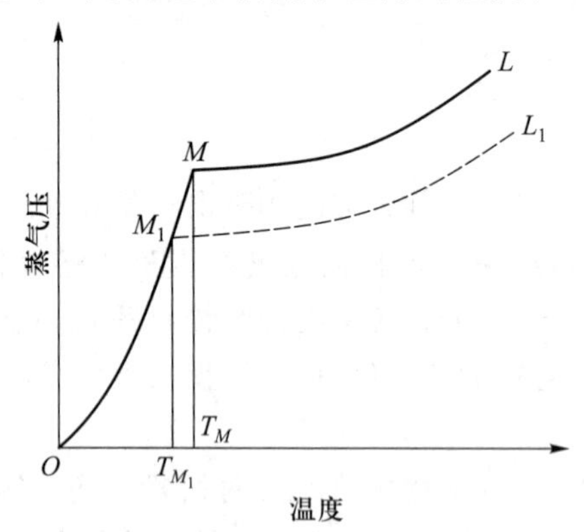

图 3-55 α-萘酚混有少量萘时的蒸气压下降

将杂质加入纯化合物中产生熔点下降的方法也可用于化合物的鉴定。通常把熔点相同的两种化合物混合后测定的熔点称为混合熔点。如混合熔点仍为原来的熔点,一般认为两个化合物相同。如混合熔点下降,熔程变长,则可确定这两种物质不是相同的物质。混合样品的测定至少需三种比例,即分别测定 9∶1,1∶1 和 1∶9 三种不同比例的混合样品的熔点。

(二) 毛细管熔点测定法

1. 熔点管的制备

选取一根清洁干燥、直径为 1 cm、厚度为 1 mm 左右的玻璃管,放在灯焰上加热,先小火后大火,同时转动玻璃管,一般习惯用左手握玻璃管转动,右手托住,如图 3-56(a)所示,转动时玻璃管不要上下前后移动。当玻璃管发黄变软之后,趁热拉伸,双手拇指与食指保持同向同速捻动,以防拉成偏管。开始拉时要慢一些,然后再较快地拉长,使之成为内径 1 mm 左右的毛细管,如图 3-56(b)所示。拉长后,立刻松开一只手,另一只手提着一端,使毛细管靠重力拉直并冷却定型。稍冷后平放在石棉布上继续冷却。选取直径合适的部分,用砂轮把毛细管截成 15 cm 左右的小段,两端都用小火封口(封闭式管呈 45°在小火的边沿处一边转动一边加热),冷却之后放置在试管内,以备测熔点用。使用时只要将毛细管从中央切断,即得两根熔点管。当然,如果有采血管,也可用酒精灯火焰将其一端封闭后直接作为毛细管使用。

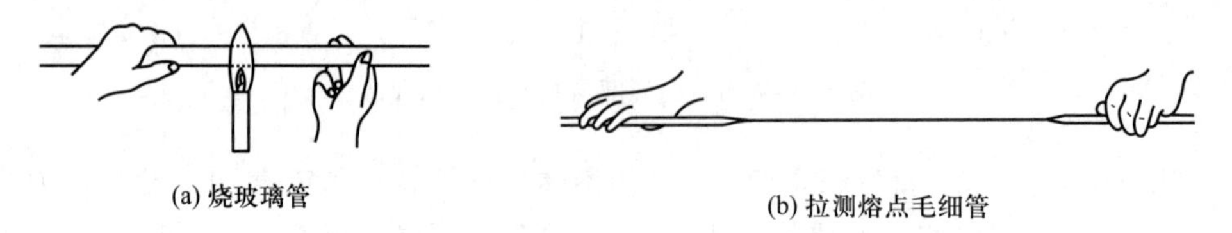

(a) 烧玻璃管

(b) 拉测熔点毛细管

图 3-56 玻璃管拉丝和拉测熔点毛细管

2. 样品的装入

取少许待测熔点的干燥样品(约 0.1 g),放在干净的表面皿上,用玻璃棒研成粉末并集成一堆。将熔点管开口端向下插入粉末中,装取少许粉末,然后取一支长 30~40 cm的玻璃管,垂直于一干净的表面皿上,将熔点管从玻璃管上端自由落下,使样品粉末紧密堆积在熔点管底部。为了使管内装入 2~3 mm 紧密结实的样品,一般需将上述操作重复数次。一次不能装入太多,否则不易夯实。沾于管外的粉末须拭去,以免玷污加热浴液。要测得准确的熔点,样品一定要研磨很细,填充要均匀且紧密,使热量的传导迅速均匀。对于蜡状的样品,为了克服研细及装管的困难,可选用较大口径(2 mm左右)的熔点管。

3. 加热装置

熔点浴的设计最重要的是要受热均匀,便于控制和观察温度。本实验采用 b 形管又称为提勒管。如图 3-57(a)所示。管口装有开口软木塞,温度计插入其中,刻度面向木塞开口,其水银球位于 b 形管上下两叉管口之间,装好样品的熔点管借助少许浴液黏附于温度计下端(最后用橡皮圈套住,以免脱落),使样品部分置于水银球中部,如图 3-57(b)所示。b 形管中装入加热液体(浴液),高度超过 b 形管上端处即可。

在图 3-57(a)所示的部位加热,受热的浴液沿管上升,从而促成了整个 b 形管内浴液呈对流循环,使得温度较为均匀。

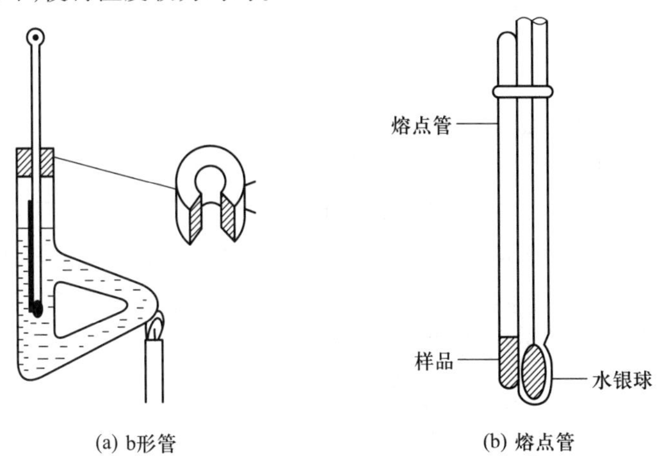

(a) b形管　　(b) 熔点管

图 3-57 毛细管法熔点测定装置

在测定熔点时,浴液通常可用水、浓硫酸、石蜡和硅油等。石蜡比较安全,但容易变黄,分解温度为 220 ℃,一般用于测定熔点在 170 ℃以下的样品。硅油不易燃,在相当宽的温度范围内黏度变化不大,温度可达 250 ℃,是比较理想的浴液。浓硫酸价格便宜,使用普遍,腐蚀性强。因高温时,浓硫酸将分解放出三氧化硫及水,所以长期不用的熔点浴应先慢慢加热去掉吸入的水分,否则加热过快,就有冲出的危险,使用时应戴上护目镜。浓硫酸适用于测定熔点在 250 ℃以下的样品。当有机化合物和其他杂质触及浓硫酸时,会使硫酸变黑,妨碍熔点的观察,此时可加入少量硝酸钾晶体共热使之脱色。如果样品的熔点在 250 ℃以上,可用硫酸和硫酸钾(7 : 3)混合液作为浴液。

4. 熔点的测定

将 b 形管垂直夹于铁架上，以浓硫酸或液体石蜡作为加热液体，用橡皮圈将熔点管套在温度计上，见图 3-57(b)。将黏附有熔点管的温度计小心地伸入浴液中，以小火在图 3-57(a)所示部位缓慢加热。开始时升温速度可以较快，到距熔点 10～15 ℃时，调整火焰，使每分钟上升 1～2 ℃。越接近熔点，升温速度应越慢。这一方面是为了保证有充分的时间让热量由管外传至管内，以使固体熔化；另外一方面因观察者不能同时观察温度计所示度数和样品的变化情况，只有缓慢加热，才能使误差减小。记下样品开始塌落并有液相产生时（俗称出汗，初熔）和固体完全熔化时（全熔）的温度计读数，即为该化合物的熔程。要注意观察在初熔前是否有萎缩或软化、放出气体及其他分解现象。例如，一种物质在 120 ℃时开始萎缩，在 121 ℃时有液滴出现，在 122 ℃时完全熔化，应记录如下：熔点 121～122 ℃，120 ℃时萎缩。

测定熔点时，至少要有两次重复数据。每一次测定都必须用新的熔点管另装样品，不能将已测定过熔点的熔点管冷却，使其中的样品固化后再做第二次测定。因为有时某些物质会产生部分分解，有些会转变成为具有不同熔点的其他结晶形式。测定易升华物质的熔点时，应将熔点管的开口端烧熔封闭，以免升华。

如果要测定未知物的熔点，应先对样品粗测一次。加热速度可以稍快，知道大致的熔点范围之后，待浴温冷至熔点以下 30 ℃左右后，再取另一根装有样品的熔点管做精密的测定。

待浴液冷却后，方可倒回瓶中。

（三）显微熔点测定法

显微熔点测定法采用显微熔点测定仪进行熔点测定。图 3-58 为 Z-MP4 双目变倍显微系列熔点测定仪。该仪器主要由电加热系统、温度计和显微镜组成。测定熔点时，样品放在两片洁净的载玻片之间，置于加热装置中，调节显微镜高度，观察被测物质的晶形。打开加热开关，在温度低于熔点 10～15 ℃时，打开微调旋钮，减慢升温速度，控制每分钟上升 1～2 ℃。其他操作同毛细管熔点测定法。

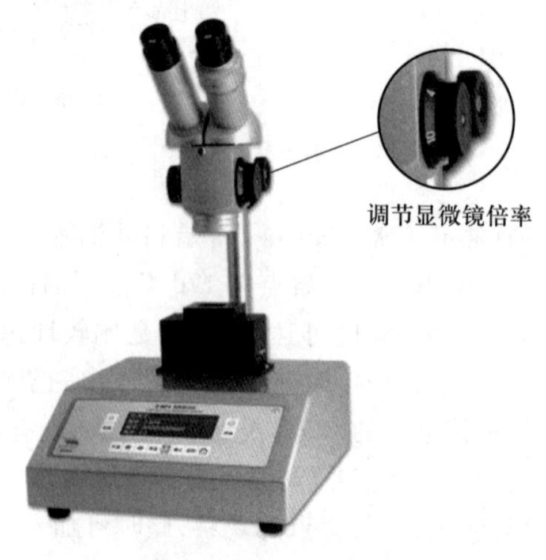

图 3-58　Z-MP4 双目变倍显微系列熔点测定仪

二、沸点测定

（一）基本原理

沸点是液体化合物的重要物理常数，对液体物质的分离和纯化具有很重要的意义。液体的沸点是液体的蒸气压等于外界大气压时的温度。根据液体的蒸气压-温度曲线（图 3-59）可知，一个物质的沸点与该物质所受的外界压力有关。外界压力增大，液体沸腾时的蒸气压加大，沸点升高；相反，若外界压力减小，则沸腾时蒸气压也下降，沸点降低。

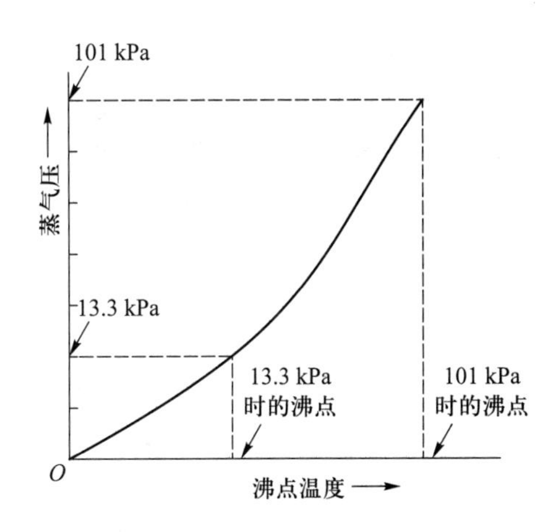

图 3-59　液体的蒸气压-温度曲线

作为一条经验规律，在 0.1 MPa 附近时，当压力下降 1.33 kPa，沸点约下降 0.5 ℃。在较低压力时，压力每降低一半，沸点约下降 10 ℃。

由于物质的沸点随外界大气压的改变而改变，因此，讨论或报道一个化合物的沸点时，一定要注明测定沸点时外界大气压，以便与文献值比较。

（二）微量法测定沸点

1. 沸点管的制备

用与熔点管相同的方法将玻璃管拉成内径 3～4 mm 的毛细管，截成 7～8 cm，一端用小火封闭，作为熔点管的外管。另将内径约 1 mm 的毛细管在中间部位封闭，自封闭处一端截取约 5 mm（作为沸点管内管的下端），另一端约长 8 cm，总长度约 9 cm，作为内管。由此两根粗不同的毛细管构成微量沸点管，如图 3-60 所示。

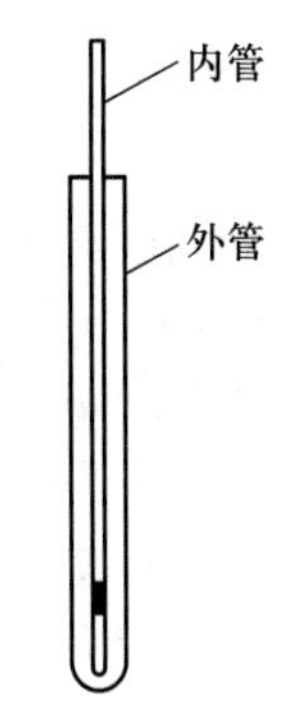

图 3-60　微量沸点管

2. 测定步骤

微量法测定沸点可用图 3-61 的装置。取 1～2 滴液体样品于沸点管的外管中，液柱高约 1 cm。再放入内管，开口端向下，然后将沸点管用小橡皮圈附于温度计旁，放入浴中进行加热。

加热时，由于气体膨胀，内管中会有小气泡缓缓逸出，在到达该液体的沸点时，将有一连串的小气泡快速逸出。此时，可停止加热，使浴液温度自行下降，气泡逸出的速度即渐渐减慢。在气泡不再冒出，而液体刚要进入内管的瞬间（即最后一个气泡刚欲缩回至内管中时），表示毛细管中的蒸气压与外界压力相等，此时的温度即为该液体的沸点。为校正起见，待温度下降几摄氏度之后再非常缓慢地加热，记下刚出现大量气泡时的温度。两次温度计读数相差应该不超过 1 ℃。

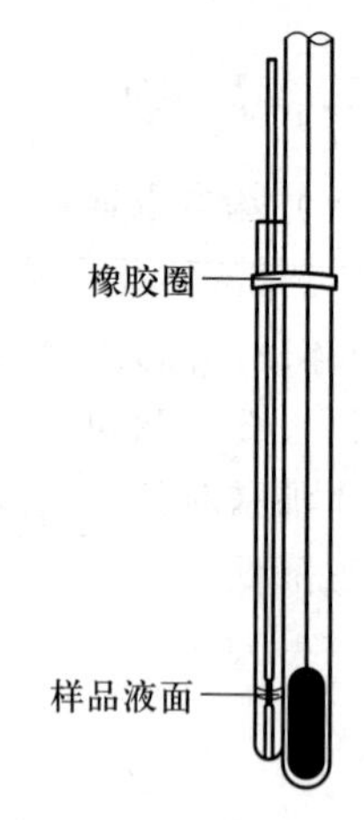

图 3-61 微量法测定沸点装置

（三）测定方法常量法测定沸点

常量法测定沸点的装置与蒸馏操作相同。液体不纯时，沸程很长（常超过 3 ℃），在这种情况下无法测定液体的沸点，应先把液体用其他方法提纯后，再进行测定沸点。

（空军军医大学 秦向阳）

三、凝固点测定

凝固点通常指物质的固相与它的液相平衡共存时的温度，在该温度下，物质的液相和固相的蒸气压相等。对于难挥发性非电解质稀溶液，溶液的凝固点降低值与溶质的质量摩尔浓度成正比，与溶质的本性无关。

（一）基本原理

假如某溶质在仅含该溶质的稀溶液中既不发生缔合或解离，也不与固态纯溶剂生成固溶体，由热力学公式推导，可以得出稀溶液的凝固点降低值 ΔT_f（即纯溶剂和溶液的凝固点之差）与溶质质量摩尔浓度 b_B之间的关系：

$$\Delta T_f = T_f^* - T_f = K_f b_B = \frac{K_f}{M_B m_A} m_B \tag{3-8}$$

由式(3-8)可得到溶质摩尔质量 M_B的计算公式：

$$M_B = \frac{K_f m_B}{\Delta T_f m_A} \tag{3-9}$$

在式(3-8)和式(3-9)中，T_f^* 为纯溶剂的凝固点，T_f 为溶液的凝固点，m_A和 m_B分别为溶剂及溶质的质量，K_f 为溶剂的凝固点降低常数，取决于溶剂的本性，单位为 $K \cdot kg \cdot mol^{-1}$。因此，已知某溶剂的 K_f值，再通过实验测得该溶剂和某溶质形成的稀溶液的 ΔT_f，则用式(3-9)可求得该溶质的 M_B。

在实验中，可采用过冷法测定纯溶剂或稀溶液的凝固点进而求得 ΔT_f。纯溶剂的温度逐渐降低至过冷时往往只是出现结晶，当生成晶体时，放出的热量使体系温度逐渐回升，当散热与放热达到平衡时温度保持相对恒定，这一温度即为纯溶剂的凝固点，如图 3-62(a)所示。而对于稀溶液来说，当溶液温度回升时，溶剂的晶体不断析出，将导致溶液的浓度逐渐增大，根据相律可知，凝固点是随着溶剂浓度的改变而变化的。因此，稀溶液的凝固点不是一个固定的值。如把回升的最高点温度作为凝固点，这时

由于已有溶剂晶体析出，所以溶液浓度已不是初始浓度，而大于初始浓度，这时的凝固点不是原浓度溶液的凝固点。所以稀溶液凝固点的精确测量，应测出步冷曲线，进行外推校正来求取，如图 3-62(b)的步冷曲线中延长线交点，即为该稀溶液的凝固点。

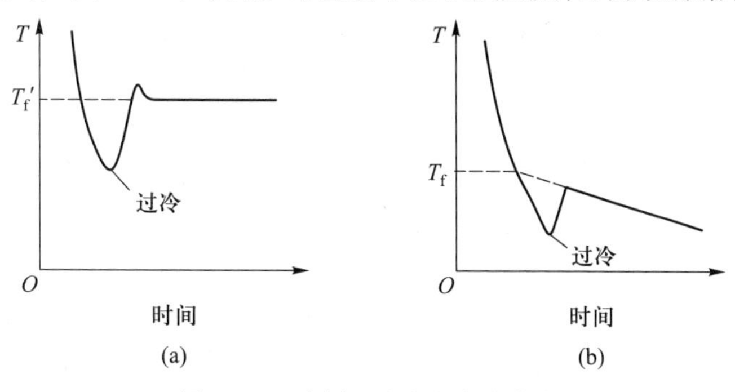

图 3-62　溶剂和溶液的步冷曲线

（二）仪器结构

凝固点测定仪是用于测定液体化合物或溶液凝固点的仪器，包括冰点仪及温度温差仪两部分，图 3-63 是凝固点测定仪外形结构图，图 3-64 是冰点仪的内部结构示意图。

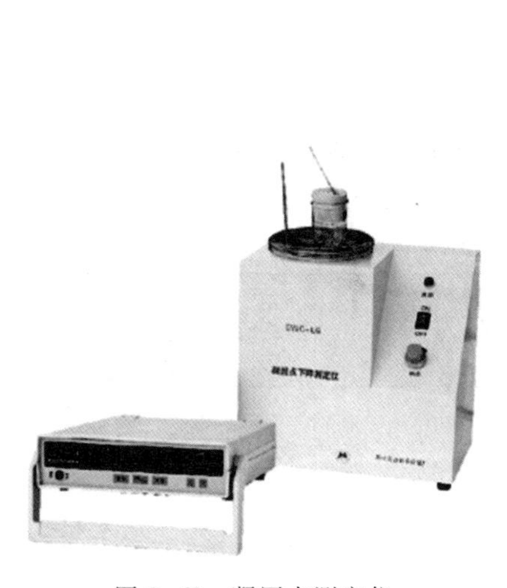

图 3-63　凝固点测定仪

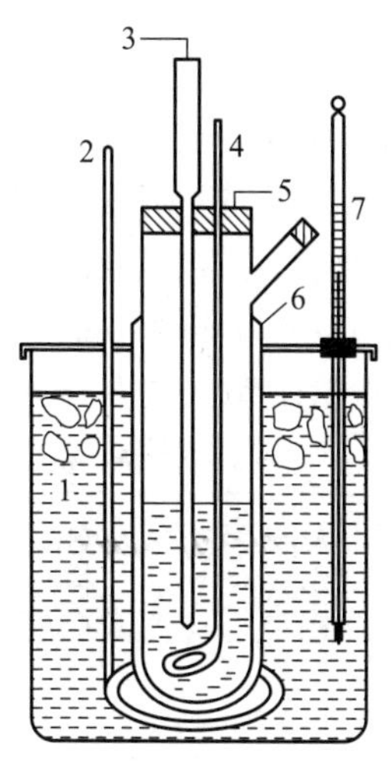

1—冰浴桶；2，4—搅拌器；3—贝克曼温度计；
5—样品管；6—空气套管；7—普通温度计

图 3-64　冰点仪内部结构示意图

（三）测定方法 1——以尿素摩尔质量测定为例

1. 安装仪器

准备 SWC-LG 型冰点仪和 SWC-IID 精密数字温度温差仪，将传感器插头插入温度温差仪后面板上的传感器接口，并注意搅拌子、热电偶、搅拌棒的位置，连接电源，打开电源开关。

2. 制备冷冻剂

在冰浴桶中加入半桶冰，500 mL 水及 50 g 粗盐，并用冰浴桶中的手动搅拌器搅拌，将冰浴桶温度调至低于蒸馏水凝固点温度 2～3 ℃。在实验过程中要经常搅拌冰水混合物，及时补充碎冰，使冰盐浴温度保持基本不变。停止搅拌，将空气套管放入左端口。将电源接入冰点仪后面板上的电源插座。打开电源开关电源指示灯亮。

3. 测定纯水的准确凝固点

准确移取 25.00 mL 蒸馏水于洁净干燥的凝固点测定管中，放入搅拌子。将温度传感器插入橡皮塞中，然后再将橡皮塞塞入凝固点测定管。（传感器插入凝固点测定管时应在与管壁平行的中央位置，插入深度以温度传感器顶端离凝固点测定管的底部 5 mm 为佳）。

将凝固点测定管插入冰浴槽右边端口中，调节调速旋钮至适当的位置，观察温度温差仪上的温度显示值，直至温度显示值稳定不变，此即为纯溶剂样品初测凝固点。

取出凝固点测定管，用手掌心握住加热，待凝固点测定管晶体完全熔化后，将凝固点测定管插入冰浴槽右边端口中。当温差降至高于初测凝固点 0.5 ℃左右时，迅速将凝固点测定管取出，擦干，插入空气套管中，调节调速旋钮缓慢搅拌使温度均匀下降。当温度低于初测凝固点时，及时调整调速旋钮，加速搅拌，使固体析出，温度开始上升时，调整调速旋钮，继续缓慢搅拌。直至温度回升到不再变化，持续 60 s，此时显示值即为蒸馏水（纯溶剂）的凝固点。重复操作 2 次，3 次测定值的绝对误差不超过 0.05 ℃，取 3 次平均值即为蒸馏水的凝固点。

4. 测定尿素溶液凝固点

小心取出凝固点测定管，防止有溶剂溢出，准确称取 1.200 0 g 尿素，全部转移至测定管中，使其全部溶解，测量尿素稀溶液的近似凝固点。然后再精确测量。3 次测定值的绝对误差不超过 0.05 ℃，取 3 次平均值即为尿素溶液的凝固点。

将实验数据填入表 3-5 中，根据式（3-9）计算尿素的相对分子质量。

表 3-5　凝固点降低法测定尿素相对分子质量实验数据

物质	质量	凝固点			凝固点降低值
		测量值		平均值	
水		1			
		2			
		3			
尿素		1			
		2			
		3			

（四）测定方法 2——以萘摩尔质量测定为例

1. 安装仪器

准备 FPD-3A 型凝固点测定装置，由 JDT-4B 精密温度温差测量仪（含加接口）连接 FPD-2A 凝固点仪（冰点仪）组成。

2. 制备冰浴

向 FPD-3A 型凝固点测定装置中的孔 1 中加入一定量的水和适量碎冰块，充分混合均匀，使冰浴温度达到 3～4 ℃，实验过程中需不断搅拌，补充碎冰，使冰浴保持此温度，然后将贝克曼温度计置于孔 1 中，温度稳定后调零并锁定。

3. 测定溶剂的近似凝固点

用移液管向清洁、干燥的样品管内加入 25.00 mL 环己烷，将样品搅拌器插入样品管，贝克曼温度计擦干后置于该样品管内，随后将样品管连同试管座放入凝固点测定装置中的孔 1 中，快速降温，缓慢搅拌，待环己烷温度降至 5～6 ℃时取出样品管，观察是否有结晶，如无结晶或仅有少量结晶将样品管连同试管座置于凝固点测定装置中的孔 2 的空气套管内，快速搅拌，当环己烷温度回升后缓慢搅拌，约每秒 1 次，直至温度回升稳定为止，此温度即为环己烷的近似凝固点，将此时的温度值记录于实验数据表中。

4. 测定溶剂的准确凝固点

在烧杯中加入一定量的水，从凝固点测定装置中取出样品管及试管座，浸入烧杯的水浴内，搅拌环己烷至晶体全部溶解，注意温度需低于 14 ℃。然后将样品管置于凝固点测定装置中的孔 1 中，缓慢搅拌，待环己烷温度降至近似凝固点以上 0.5 ℃左右时取出样品管，连同试管座放入凝固点测定装置中的孔 2 的空气套管内，缓慢搅拌，约每秒 1 次，当温度接近近似凝固点时快速搅拌，观察环己烷温度有停顿或上升趋势时，需放缓搅拌频率，待温度读数稳定后即为环己烷的准确凝固点，重复测定三次，每次之差不超过 0.006 ℃，取三次测定的平均值作为环己烷的准确凝固点。

5. 测定萘溶液的凝固点

用分析天平精确称量 0.1～0.15 g 萘，将其小心地倒入样品管内的环己烷中，再置于烧杯的水浴中，搅拌至萘全部溶解，测定该溶液的凝固点。测定方法与纯溶剂的凝固点测定相同，先测定萘溶液的近似凝固点，再测定其准确凝固点。注意溶液的凝固点是取回升后所达到的最高温度，重复测定三次，取平均值。

将实验数据填入表 3-6 中，根据式(3-2)计算萘的相对分子质量。

表 3-6　凝固点降低法测定萘相对分子质量实验数据

<table>
<tr><th rowspan="2">物质</th><th rowspan="2">质量</th><th colspan="3">凝固点</th><th rowspan="2">凝固点降低值</th></tr>
<tr><th colspan="2">测量值</th><th>平均值</th></tr>
<tr><td rowspan="3">环己烷</td><td rowspan="3"></td><td>1</td><td></td><td rowspan="3"></td><td rowspan="3"></td></tr>
<tr><td>2</td><td></td></tr>
<tr><td>3</td><td></td></tr>
<tr><td rowspan="3">萘</td><td rowspan="3"></td><td>1</td><td></td><td rowspan="3"></td><td rowspan="3"></td></tr>
<tr><td>2</td><td></td></tr>
<tr><td>3</td><td></td></tr>
</table>

(五) 注意事项

(1) 贝克曼温度计是贵重的精密仪器,容易损坏,实验前要充分了解其性能及使用方法,在使用过程中,勿让水银柱与顶端水银槽中的水银相连。

(2) 测量管必须洁净、干燥。

(3) 搅拌速度的控制是本实验的关键,每次测定应按要求的速度搅拌,测量溶剂与溶液凝固点时搅拌条件要完全一致。

(4) 观察过冷现象,并及时打破;其他时间里,搅拌要尽可能减少摩擦热。

四、折射率测定

折射率是物质的一种物理常数,固体、液体、气体都有一定的折光率,尤其对于液体物质来说,折射率的测定应用更加普遍。如通过测定所合成的已知化合物的折射率与文献值对照来验证所得化合物,可用于液态有机物的纯度检验,亦可配合沸点作为划分馏分的依据。

(一) 基本原理

光在不同的介质中传播速率是不同的。当光从一种介质进入另一种介质时,光的传播速率发生变化,其传播方向也会发生改变,这种现象被称为光的折射。光在真空中的传播速率和在介质中的传播速率之比,叫作介质的绝对折射率 n。

$$n=\frac{c(\text{真空})}{v(\text{介质})}$$

若真空的绝对折射率 $n=1.000\ 00$,则空气的绝对折射率为 1.000 29。通常测定的折光率,都是以空气作为比较标准的。因此,把光在空气中的传播速率与在待测液体中的传播速率之比称为该液体的常用折射率,用 n_B 表示。以入射角 α 和折射角 β 来度量光在进入两种不同介质时的传播方向的改变,根据光的折射定律,温度一定时,一定波长的单色光从介质 A 进入介质 B 时(图 3-65),入射角 α 与折射角 β 的正弦之比与介质 A 和介质 B 的折射率成反比,即

$$\frac{\sin\ \alpha}{\sin\ \beta}=\frac{n_B}{n_A}$$

实际测量时,常认为介质的绝对折射率和常用折射率近似相等,在精密测量时,需要注意进行校正。

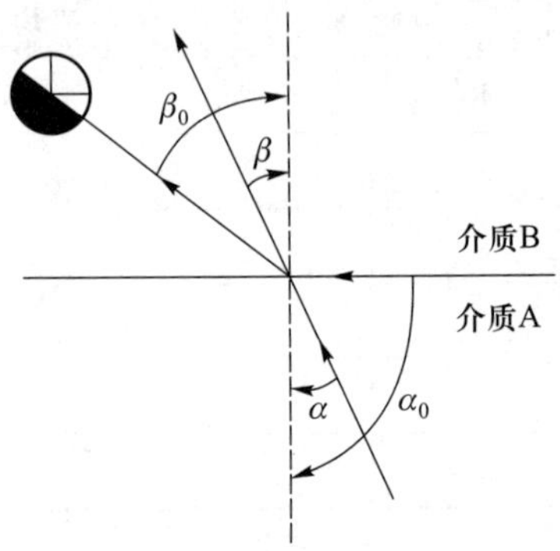

图 3-65 光的折射现象

当光由真空进入介质B时，入射角 α 大于折射角 β。随着入射角不断增大，折射角也随之增大。若入射角 $\alpha=90°$，$\sin\alpha=1$，此时折射角 β 的值达到最大，称为临界角，用 β_0 表示，即 $n_B=1/\sin\beta_0$。因此，只要测出临界角 β_0，即可得到介质B的折射率。

需要注意的是，物质的折射率除与其自身性质有关外，还与测量时的温度和入射光的波长有关。因此，在表示介质的折射率时，需要标明测量时的温度及所用光线的波长，常用 n_D^t 表示，其中D表示钠光灯的D线，波长为589.3 nm，t 为测量时的温度，单位为摄氏度。一般情况下，物质的折射率随温度的升高而减小，例如液体化合物，通常温度升高1 ℃，其折射率降低 $3.5\times10^{-4}\sim5.5\times10^{-4}$。为便于计算，可采用 4.0×10^{-4} 作为温度变化系数。

（二）仪器结构

阿贝折射仪是用于测量液体折射率的常用仪器。根据前面的讨论，只要测出临界角 β_0，就可以用 $n_B=1/\sin\beta_0$ 求得介质的折射率，这就是阿贝折射仪的基本光学原理。

为了测定临界角 β_0，阿贝折射仪采用了“明暗等分”的方法。即让入射光在0~90°的任意角度从介质A射入介质B，介质B中临界角内的整个区域都有光线通过，因而是明亮的，而临界角以外的区域没有光线通过，因而是暗的，明暗界限十分清楚。此时在介质B上方用目镜观察，可以看见一个十分清晰的“明暗等分”的影像。找到这个“明暗等分”的影像，对应的角度就是临界角 β_0。一般阿贝折射仪标尺上读出的是已经换算后的介质B的折光率。

图3-66是阿贝折射仪的外形示意图，图3-67是其内部构造示意图。其主要部分为两块直角棱镜F和G，当将两棱镜对角线平面叠合时，放入这两镜面间的待测液体即连续散布成一薄层。当光由反射镜入射而透过棱镜时，由于棱镜表面是粗糙的毛玻璃面，光在此毛玻璃面产生漫散射，以不同入射角进入液体层，然后到达棱镜F的表面。此外，还有两个目镜，右边为测量目镜，用来观察光的折射视野，左边为读数目镜。

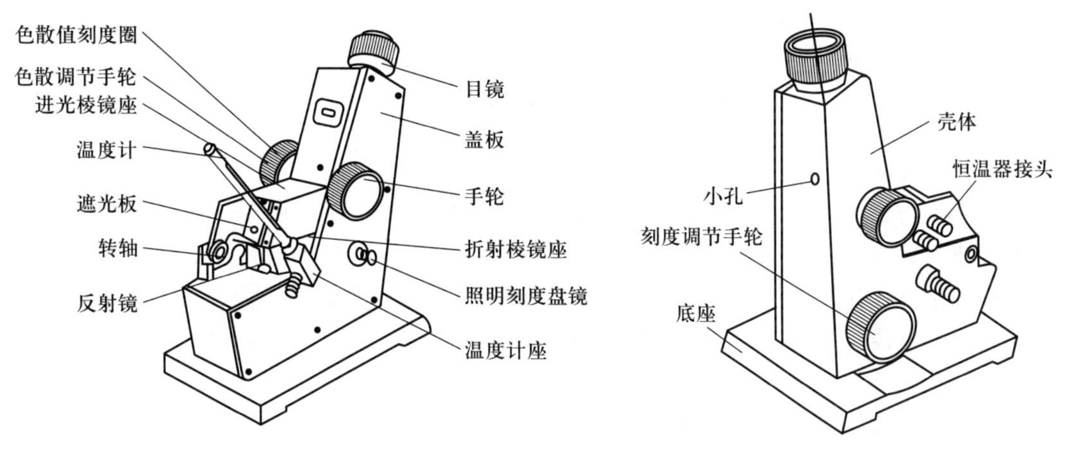

图3-66　阿贝折射仪外形示意图

(三) 使用方法

1. 仪器安装

将阿贝折射仪放在靠窗的桌上(注意要避免日光直接照射),或置于普通白炽灯前,在棱镜外套上装好温度计,将超级恒温槽中的恒温水通过棱镜的夹套中。恒温水浴温度以折射仪上的温度计指示值为准。

数字资源3-10视频:阿贝折射仪的使用方法

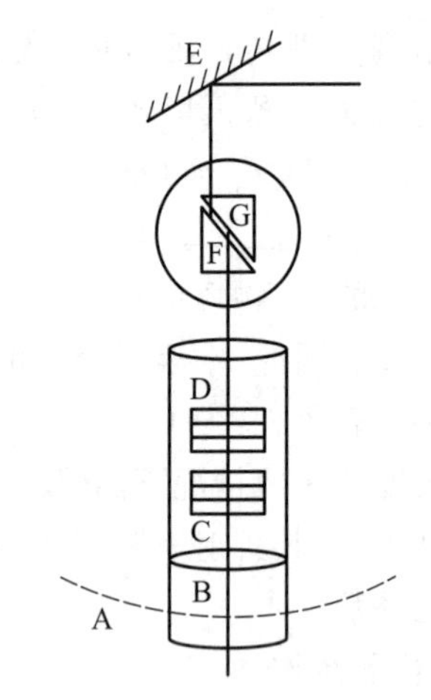

A—刻度标尺;B—透镜;C,D—消色散棱镜;E—色散度读数标尺;F,G—直角棱镜

图 3-67　阿贝折射仪内部构造示意图

2. 仪器清洗

当温度恒定时打开棱镜,用沾有少量丙酮(或乙醚)的拭镜纸,沿同一方向轻轻擦洗上下棱镜,晾干。

3. 校正

打开棱镜,滴加 2~3 滴蒸馏水在辅助棱镜的磨砂面上,立即闭合棱镜。调节反光镜使视场明亮。调节角度旋钮,在目镜中观察到明暗界限。转动消色散旋钮,消除色散光,使明暗界限清晰。继续调节角度旋钮,使明暗分界线刚好与十字线交点重合,如图 3-68 所示。记录读数,重复三次,取平均值。将测得蒸馏水的平均折射率与相同温度下纯水的标准值比较,即可求得仪器读数的校正值。

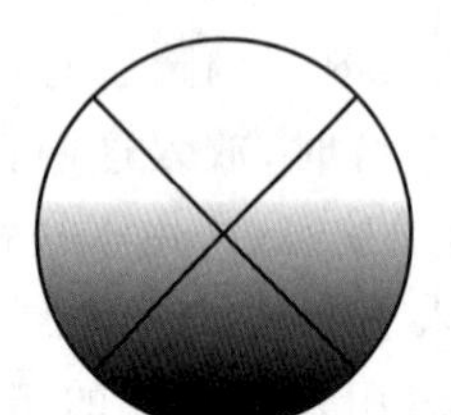

(a) 未调节消色散旋钮前,在右侧目镜中观察到的图像

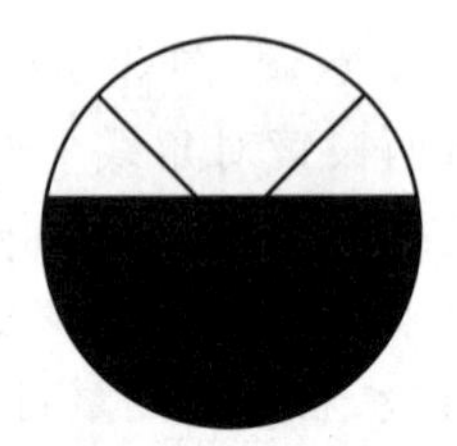

(b) 调节消色散旋钮至出现明显的分界线

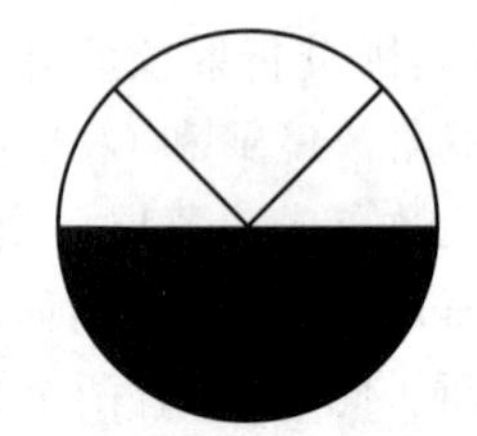

(c) 调节刻度旋钮使明暗分界线正好处于十叉型准丝焦点上

图 3-68　调节阿贝折射仪在目镜中观察到的图像

4. 样品测量

以脱脂棉球蘸取酒精擦净棱镜表面,待乙醇挥发至干后,滴加 2~3 滴待测液于进光棱镜磨砂面上,迅速闭合两块棱镜,调节反光镜使镜筒内视野最亮。用上述相同的操作方法,使明暗分界线刚好正好处于十字线交点上。记录读数,重复三次,取平均值。加上仪器校正值,即为待测样品折光率。

5. 仪器清洗

实验结束后,打开棱镜,用乙醇拭净棱镜表面及其他各部件晾干。

(四) 注意事项

(1) 使用时不能将镊子或滴管等其他硬物触碰到棱镜镜面,以免影响精度。

（2）在每次滴加样品前，均应洗净棱镜镜面并晾干。

（3）测定易挥发液体样品时，操作应迅速，或用滴管由棱镜侧面的小孔滴入待测液。

（空军军医大学　王海波）

五、旋光度的测定

（一）基本原理

只在一个平面上振动的光叫作平面偏振光，简称偏振光。物质能使偏振光的振动平面旋转的性质，称为旋光性或光学活性。具有旋光性的物质，叫作旋光性物质或光学活性物质。旋光性物质使偏振光的振动平面旋转的角度叫作旋光度。许多有机化合物，尤其是来自生物体内的大部分天然产物，如氨基酸、生物碱和糖类等，都具有旋光性，这是由于它们的分子结构具有手性。因此，旋光度的测定对于研究这些有机化合物的分子结构具有重要的作用，此外，旋光度的测定对于确定某些有机反应的反应机理也是很有意义的。

一个光学活性化合物具有使偏振光旋转的能力，其旋光性可用旋光度表示。使偏振光平面向右旋转（顺时针方向）的旋光性物质称为右旋体，向左旋转（逆时针方向）的称为左旋体。由于旋光度与溶液浓度、温度、溶剂性质、液层厚度等因素有关，因此常用比旋光度$[\alpha]_D^t$表示物质的旋光性。当温度、光源和溶剂固定时，比旋光度等于单位长度、单位浓度物质的旋光度，它与旋光度的关系为

$$[\alpha]_D^t=\frac{\alpha}{l\cdot\rho} \tag{3-10}$$

式中，$[\alpha]_D^t$为某一光学活性物质在 t ℃时，在钠光 D 线（589 nm）下的旋光度；α 为在旋光仪中直接观察到的旋转角；l 为旋光管的长度（dm）；ρ 为待测物质的质量浓度（$g\cdot mL^{-1}$）。

如果旋光性物质为纯液体，比旋光度表示为

$$[\alpha]_D^t=\frac{\alpha}{l\cdot d} \tag{3-11}$$

式中，d 为待测液体的密度（$g\cdot mL^{-1}$）。

（二）仪器结构

测定溶液或液体的旋光度的仪器称为旋光仪。旋光仪常见的有目视旋光仪和自动旋光仪。

1. 目视旋光仪

目视旋光仪的工作原理如图 3-69 所示，主要由光源、起偏镜、样品管、检偏镜和测量目镜组成。起偏镜和检偏镜都由尼科耳棱镜组成，其特点是只有与棱镜晶轴平行的平面偏振光才能透过。由普通光源发出的光通过起偏镜后，变成了平面偏振光，当平面偏振光通过盛有旋光性物质的样品管后，由于物质的旋光性，使偏振光的振动平面发生了旋转，光线不能通过第二个棱镜（检偏镜），因此只有将检偏镜旋转一定角度后才能观察到光线通过。检偏镜旋转的角度即为旋光度（也称为半暗角）。

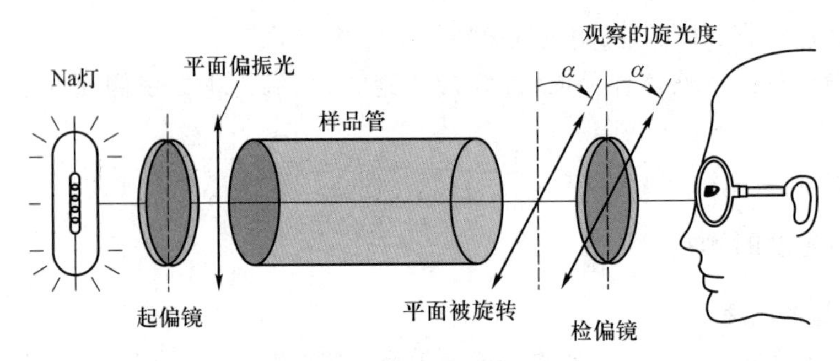

图 3-69　旋光仪工作原理

为了准确测量旋光度的大小，测量时需要在视野中找到三分视场。三分视场的形成原理见图 3-70。

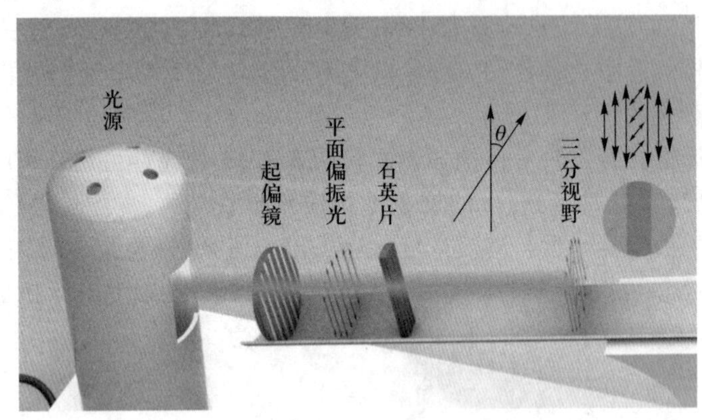

图 3-70　三分视场形成原理

数字资源 3-11 视频：旋光度的测定方法

数字资源 3-12 视频：旋光度的读数方法

从光源发出的光经过起偏镜后变成了平面偏正光，在起偏镜的前面放置一个石英片，宽度为起偏镜的 1/3，因此透过石英片的偏正光一分为三，于是就形成了三分视场。转动度盘手轮，使检偏镜发生旋转。如果检偏镜方向与石英片方向刚好垂直，此时从起偏镜射出的光能够部分透过检偏镜，由于通过石英片的偏正光全部不能透过检偏镜，因此视场中会出现中间全黑两侧较亮的情况，如图 3-71(a)所示；如果起偏镜与检偏镜方向一致时，此时从起偏镜射出的光全部透过检偏镜，而通过石英片的偏正光只有部分透过检偏镜，此时视场中会出现两侧亮、中间较暗的情况，如图 3-71(c)所示；如果检偏镜方向与半暗角的角平分线刚好垂直，此时从石英片和起偏镜透过的平面偏正光的光亮刚好相等，视场中三个区域内的明暗相等，视场半明半暗，三分视场消失。在这个视场中观察到的现象是最灵敏的，此视场称为零度视场，如图 3-71(b)所示，因此通常选择在零度视场读取旋光度。当然，如果检偏镜方向与半暗角的角平分线平行，从石英片和起偏镜透过的平面偏正光在三分视场的光亮也相等，但此时视场中的光亮较亮。由于人眼对弱光的敏感度更高，所以称此视场为假零度视场。

2. 自动旋光仪

自动旋光仪是较为先进的测定物质旋光度的仪器。一般采用光电检测自动平衡原理，可以通过仪器直接读出待测样品的旋光度，测量结果由数字显示。具有灵敏度

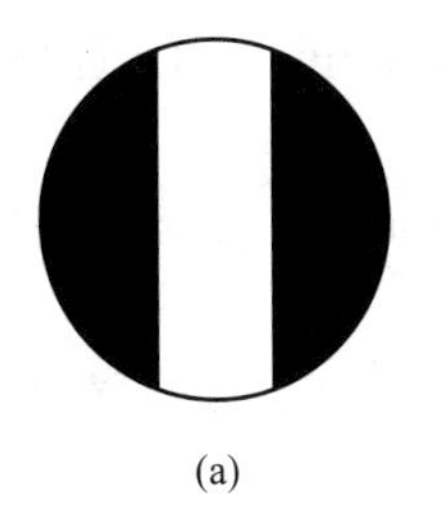
(a)
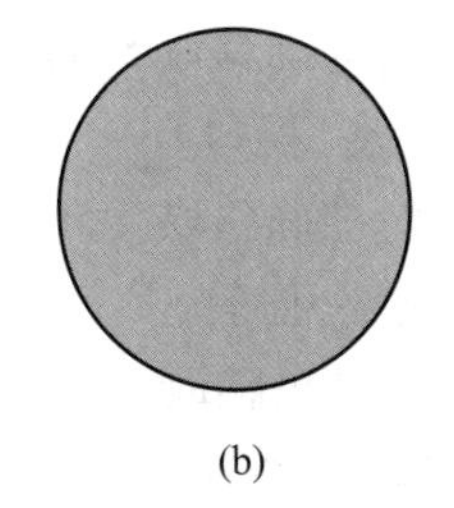
(b)
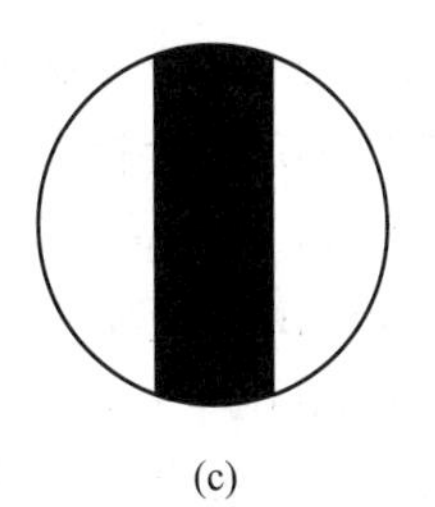
(c)

图 3-71　三分视场示意图

高、读数方便等特点。对目视旋光仪难以分析的低旋光度样品也能适应。免去手动操作带来的误差。WZZ-2B 型自动旋光仪外形如图 3-72。

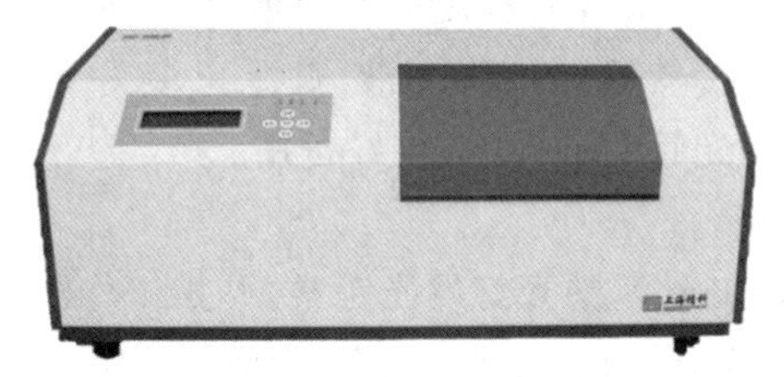

图 3-72　WZZ-2B 型自动旋光仪

自动旋光仪的使用操作单较为简单,操作步骤如下:

(1) 将仪器电源插头插入 220 V 交流电源,并将接地线可靠接地。

(2) 向上打开电源开关,钠光灯在交流工作状态下起辉,经 5 min 钠光灯激活后,钠光灯才发光稳定。

(3) 向上打开光源开关,仪器预热 20 min(若光源开关扳上后,钠光灯熄灭,则再将光源开关上下重复扳动 1~2 次,使钠光灯在直流下点亮,为正常)。

(4) 按"测量"键,这时液晶屏应有数字显示。注意:开机后"测量"键只需按一次,如果误按该键,则仪器停止测量,液晶屏无显示。可再次按"测量"键,液晶重新显示,此时需重新校零(若液晶屏已有数字显示,则不需按"测量"键)。

(5) 将装有蒸馏水或其他空白溶剂的样品管放入样品室,盖上箱盖,待示数稳定后,按"清零"键。

(6) 取出空白样品管。将待测样品装入样品管,按相同的位置和方向放入样品室内,盖好箱盖,仪器将显示出该样品的旋光度,此时指示灯"1"点亮。

(7) 按"复测"键一次,指示灯"2"点亮,表示仪器显示第一次复测结果,再次按"复测"键,指示灯"3"亮,表示仪器显示第二次复测结果。按"123"键,可切换显示各次测量的旋光度值。按"平均"键,显示平均值,指示灯"AV"点亮。

(8) 仪器使用完毕后,应依次关闭光源、电源开关。

(三) 测定方法——目视旋光仪法(以未知浓度蔗糖溶液的测定为例)

1. 溶液的配制

(1) 0.400 0 $g \cdot mL^{-1}$ 蔗糖溶液:在电子分析天平上称取 40.00 g 蔗糖,用少量蒸馏水溶解后,定量转移到 100 mL 容量瓶中,加水至刻度,摇匀。

(2) 0.040 00 g · mL^{-1}蔗糖溶液:准确移取 5.00 mL 0.400 0 g · mL^{-1}蔗糖溶液,定量转移到 50 mL 容量瓶中,加水至刻度,摇匀。

(3) 0.060 00 g · mL^{-1}蔗糖溶液:准确移取 7.50 mL 0.400 0 g · mL^{-1}蔗糖溶液,定量转移到 50 mL 容量瓶中,加水至刻度,摇匀。

(4) 0.080 00 g · mL^{-1}蔗糖溶液:准确移取 10.00 mL 0.400 0 g · mL^{-1}蔗糖溶液,定量转移到 50 mL 容量瓶中,加水至刻度,摇匀。

(5) 0.100 0 g · mL^{-1}蔗糖溶液:准确移取 12.50 mL 0.400 0 g · mL^{-1}蔗糖溶液,定量转移到 50 mL 容量瓶中,加水至刻度,摇匀。

2. 装待测液

旋光管有 1 dm、2 dm、3 dm 等几种规格。选取 1 dm 旋光管,先用蒸馏水洗干净,再用少量待测润洗 2~3 次,然后装入待测液,旋上已装好盖玻片和橡皮垫的金属螺帽。用软布擦干液滴及旋光管两端残液,放好备用。

3. 旋光仪零点的校正

开启电源开关,约 10 min 后钠光灯发光正常,开始工作。将装满蒸馏水的旋光管放入旋光仪中,旋转视度调节螺旋,直到三分视场变得清晰,达到聚焦为止。旋动盘转动手轮,直至出现亮度一致的三分暗视场,即零度视场,记录读数。重复 3 次,取平均值。如果仪器正常,此数即为零点。

4. 旋光度的测定

将装有待测液的样品管放入旋光仪内,此时三分视场的亮度与零点校正时相比会发生变化。旋转度盘手轮,直至出现亮度一致的三分暗视场。记录读数于表 3-7 中。重复 3 次,取平均值。

表 3-7　蔗糖溶液的旋光度测定实验数据记录

$\rho/(g \cdot mL^{-1})$	l/dm	$\alpha_1/(°)$	$\alpha_2/(°)$	$\alpha_3/(°)$
0.04000				
0.06000				
0.08000				
0.1000				

参考文献

[1] 雷琪,黄开顺,田蜜,等. 旋光度法快速测定复方硫酸锌滴眼液中硼酸[J]. 理化检验:化学分册,2018,54(8):980-982.

[2] 马丹,潘娜. 旋光度法测定柠檬烯胶囊中柠檬烯的含量[J]. 农业科技与信息,2016(25):44-45.

(空军军医大学　何炜)

第四章　基础性实验

实验一　五水硫酸铜的精制

［实验目的］

1. 掌握精制五水硫酸铜的原理和方法。

2. 学习电子分析天平的使用。

3. 熟练掌握加热、溶解、蒸发、结晶等基本操作。

［实验原理］

$CuSO_4 \cdot 5H_2O$ 俗称胆矾，是蓝色斜方晶体，加热可逐步失去结晶水：

$$CuSO_4 \cdot 5H_2O \xrightarrow{375.15K} CuSO_4 \cdot 3H_2O \xrightarrow{423.15K} CuSO_4 \cdot H_2O \xrightarrow{523.15K} CuSO_4$$

无水 $CuSO_4$吸水变蓝，利用此性质可检验某些液态有机物中微量的水。$CuSO_4$用途广泛，它与石灰乳混合，可得到农业上常用的杀虫剂“波尔多液”。医药上也常用$CuSO_4$作收敛剂、防腐剂和催吐剂。

$CuSO_4 \cdot 5H_2O$ 的制备方法有很多，如电解法、二氧化硫法、氧化铜法等，制备所得产品除了有硫酸铜晶体，还包括不溶性杂质和可溶性杂质。不溶性杂质可在过滤时除去。可溶性杂质 Fe^{2+}和 Fe^{3+}，可利用氧化剂如 H_2O_2将 Fe^{2+}氧化为 Fe^{3+}，然后调节溶液 $pH \approx 3$，使 Fe^{3+}水解生成 $Fe(OH)_3$沉淀过滤除去。其他微量可溶性杂质由于含量较低，在 $CuSO_4 \cdot 5H_2O$ 结晶时残留在母液中，过滤使硫酸铜晶体与母液分离，从而达到分离纯化目的。反应式为

$$2FeSO_4+H_2O_2+H_2SO_4 = Fe_2(SO_4)_3+2H_2O$$

$$Fe^{3+}+3H_2O = Fe(OH)_3\downarrow +3H^+$$

［仪器与试剂］

仪器：量筒（25 mL），烧杯（100 mL），蒸发皿，点滴板，广范 pH 试纸，布氏漏斗，吸滤瓶，电子分析天平。

试剂：粗硫酸铜，$0.03\ g \cdot mL^{-1}$ H_2O_2溶液，$1\ mol \cdot L^{-1}$硫酸，$0.5\ mol \cdot L^{-1}$ NaOH

溶液。

［**实验步骤**］

1. 熟悉仪器原理及使用方法

（1）电子分析天平使用参见第二章第二节电子分析天平部分。

（2）重结晶的基本原理及过滤技术参见第三章第六节重结晶与过滤部分。

2. 实验操作

数字资源4-1-1 视频：硫酸铜的结晶

用电子分析天平称量 5 g 粗硫酸铜晶体于 100 mL 烧杯中，加入 20 mL 蒸馏水，酒精灯上加热，搅拌使晶体完全溶解。

待硫酸铜溶液冷却后滴加过量的 0.03 $g \cdot mL^{-1}$ H_2O_2 溶液 1 mL（约 20 滴），再逐滴加入 0.5 $mol \cdot L^{-1}$ NaOH 溶液并不断搅拌，使溶液 $pH \approx 3$[1]。继续加热直至有红棕色 $Fe(OH)_3$ 沉淀生成，静置冷却至室温，使 $Fe(OH)_3$ 沉降。用玻璃漏斗过滤，弃去沉淀，收集滤液于干净的蒸发皿中，如图 4-1 所示。

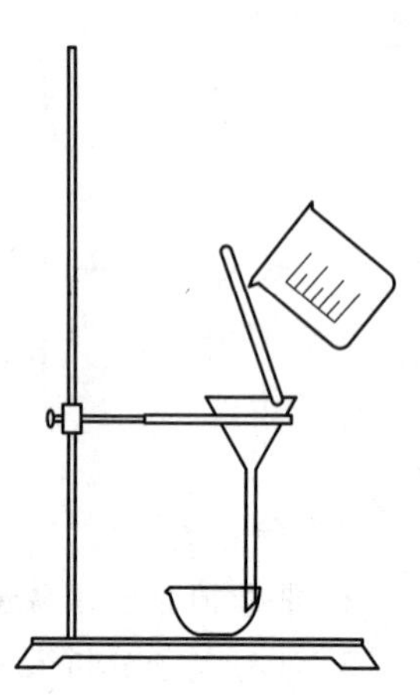

图 4-1　常压过滤装置

用 1 $mol \cdot L^{-1}$ 硫酸调节蒸发皿中滤液的 pH，酸化使 pH 至 1~2。然后将蒸发皿置于石棉网上加热浓缩滤液[2]。待液面有一层薄膜生成时停止加热，冷却溶液，析出晶体。

将母液与晶体转移至布氏漏斗中减压抽滤，尽量抽干母液。将晶体转移至表面皿上，用滤纸把残余母液吸干，在真空干燥箱中 50 ℃ 干燥后，称量。

［**实验记录及结果**］

记录实验数据及结果于表 4-1 中。

表 4-1　五水硫酸铜的精制

	外观性状	粗品质量/g	纯品质量/g	提纯率/%
五水硫酸铜				

［**实验思考**］

1. 在实验过程中，为什么选用 H_2O_2 作为氧化剂？选择氧化剂的原理是什么？

2. 除去 Fe^{3+} 时，为什么要调节到 $pH \approx 3$？pH 的大小对于除去 Fe^{3+} 有什么影响？

［**注释**］

［1］用玻璃棒蘸取溶液于点滴板上，用广范 pH 试纸测其 pH，试纸变色后与标准比色卡对比。

［2］为防止溶液暴沸溅出，需要边加热边搅拌。

参考文献

马占营，徐维霞，范广，等. 由胆矾精制五水硫酸铜实验的教学思考［J］. 实验室科学，2012，15(6)：62-63，66.

（山西医科大学　王浩江）

实验二　酸碱标准溶液的配制与标定

［**实验目的**］

1. 学习盐酸和氢氧化钠溶液的配制与标定方法。
2. 熟悉甲基橙与酚酞指示剂的使用和滴定终点时颜色的变化。
3. 练习滴定操作，初步掌握确定滴定终点的方法。

［**实验原理**］

数字资源4-2-1微课：酸碱标准溶液的配制与标定

标准溶液是指已知准确浓度的溶液。酸碱滴定中常用标准溶液有 HCl 标准溶液和 NaOH 标准溶液。

由于浓 HCl 溶液易挥发，而 NaOH 晶体易吸收空气中的水分和 CO_2，因此 HCl 标准溶液和 NaOH 标准溶液只能采用间接法配制，即先配制成接近所需浓度的溶液，再用基准物质进行标定。也可用另一已知准确浓度的标准溶液滴定该溶液，再根据两者的体积比求得该溶液的准确浓度。

标定 HCl 溶液常用的基准物质是无水碳酸钠，标定反应为

$$Na_2CO_3+2HCl \xlongequal{} 2NaCl+H_2O+CO_2\uparrow$$

化学计量点的 pH 为 3.89，可选用甲基橙作指示剂。HCl 溶液的浓度可用式(4-1)进行计算：

$$c(HCl)=\frac{2m(Na_2CO_3)/M(Na_2CO_3)}{V(HCl)} \qquad (4-1)$$

式中，$m(Na_2CO_3)$ 为 Na_2CO_3 晶体的质量；$V(HCl)$ 为标定所消耗 HCl 溶液的体积；$M(Na_2CO_3)$ 为 Na_2CO_3 的摩尔质量。

标定 HCl 溶液也可选择硼砂作为基准物质，可选用甲基红作为指示剂。

标定 NaOH 溶液常用的基准物质是邻苯二甲酸氢钾（$KHC_8H_4O_4$），标定反应为

$$C_6H_4(COOH)(COOK) + NaOH \longrightarrow C_6H_4(COONa)(COOK) + H_2O$$

化学计量点的 pH 约为 9.1，可用酚酞作指示剂。NaOH 溶液的浓度可用式(4-2)进行计算：

$$c(NaOH)=\frac{m(KHC_8H_4O_4)/M(KHC_8H_4O_4)}{V(NaOH)} \qquad (4-2)$$

式中，$c(NaOH)$ 为 NaOH 溶液的准确浓度；$m(KHC_8H_4O_4)$ 为邻苯二甲酸氢钾的质量；$M(KHC_8H_4O_4)$ 为邻苯二甲酸氢钾的摩尔质量；$V(NaOH)$ 为标定所消耗 NaOH 溶液的体积。

标定 NaOH 溶液也可选择草酸作为基准物质，指示剂仍然选用酚酞。

［**仪器和试剂**］

仪器：电子天平，电子分析天平，容量瓶（250 mL），量筒（10 mL、100 mL），试剂瓶

(500 mL),移液管(25 mL),酸式滴定管(50 mL),碱式滴定管(50 mL),锥形瓶(250 mL),烧杯(100 mL),胶头滴管,玻璃棒。

试剂:NaOH(A.R.),Na_2CO_3(A.R.),邻苯二甲酸氢钾(A.R.),6mol · L^{-1} HCl 溶液,2g · L^{-1}酚酞(乙醇溶液),2g · L^{-1}甲基橙指示剂。

[**实验步骤**]

1. 酸碱溶液的配制

(1) 0.1 mol · L^{-1}HCl 溶液的配制:用量筒取 9 mL HCl 溶液,倒入 500 mL 试剂瓶中,加水稀释至 500 mL,盖上玻璃塞,摇匀。

(2) 0.1 mol · L^{-1}NaOH 溶液的配制:用电子天平称取 2 g NaOH 晶体于烧杯中,加 40 mL 蒸馏水溶解后,转移至 500 mL 试剂瓶中,再加水稀释至 500 mL,用橡胶塞塞好瓶口,摇匀。

2. 酸碱溶液的标定

(1) HCl 溶液的标定:用电子分析天平准确称取 1.0~1.2 g Na_2CO_3晶体于100 mL 烧杯中,加 40 mL 蒸馏水溶解后,定量转移至 250 mL 容量瓶中,用胶头滴管滴加蒸馏水至刻度,上下摇匀。用移液管移取 25.00 mL Na_2CO_3溶液于 250 mL 锥形瓶中,加 1~2 滴甲基橙指示剂。用 HCl 溶液滴定至溶液颜色由黄色变为橙色,即为终点。平行标定 3 次,按式(4-1)计算 HCl 溶液的准确浓度,求平均值,计算相对平均偏差。

(2) NaOH 溶液的标定:用电子分析天平准确称取三份 0.4~0.5 g 邻苯二甲酸氢钾晶体,分别置于三个 250 mL 锥形瓶中,加 20~30 mL 蒸馏水溶解后,各加 2 滴酚酞指示剂,用 NaOH 溶液滴定至微红色,且 30 s 内不褪色即为终点。按式(4-2)计算 NaOH 溶液的准确浓度,求平均值,计算相对平均偏差。

[**实验记录及结果**]

记录实验数据及结果于表 4-2 和表 4-3 中。

表 4-2 HCl 溶液的标定

项目	1	2	3
Na_2CO_3晶体质量/g			
Na_2CO_3标准溶液浓度/(mol · L^{-1})			
HCl 溶液最初读数/mL			
HCl 溶液最终读数/mL			
消耗 HCl 溶液体积/mL			
HCl 溶液浓度/(mol · L^{-1})			
HCl 溶液平均浓度/(mol · L^{-1})			
相对平均偏差/%			

表 4-3　NaOH 溶液的标定

项目	1	2	3
$KHC_8H_4O_4$晶体质量/g			
NaOH 溶液最初读数/mL			
NaOH 溶液最终读数/mL			
消耗 NaOH 溶液体积/mL			
NaOH 溶液浓度/($mol \cdot L^{-1}$)			
NaOH 溶液平均浓度/($mol \cdot L^{-1}$)			
相对平均偏差/%			

[实验思考]

1. 如果用已经潮解的 Na_2CO_3标定 HCl 溶液,结果是偏高还是偏低？为什么？
2. 根据实验结果,分析测定结果的误差来源。

（四川大学　杨舒）

实验三　生理盐水和新洁尔灭消毒液的配制

[实验目的]

1. 了解氯化钠、苯扎溴铵的性质。
2. 熟悉氯化物、溴化物的鉴别方法。
3. 掌握生理盐水和新洁尔灭消毒液的配制方法。
4. 掌握电子分析天平、容量瓶、pH 试纸、离心机的使用方法。

[实验原理]

氯化钠为白色晶体,在水中易溶,在乙醇中几乎不溶。氯化钠对保证机体正常的生理生化活动和功能起着重要作用。Na^+和 Cl^-在体内最主要的作用是控制细胞、组织液和血液的电解质平衡,以维持体液的正常流通和酸碱平衡。在医药中常见的制剂有生理氯化钠溶液(即生理盐水,氯化钠的灭菌水溶液,0.009 $g \cdot mL^{-1}$)①,氯化钠注射液(氯化钠的等渗灭菌水溶液,0.009 $g \cdot mL^{-1}$)和浓氯化钠注射液(氯化钠的高渗灭菌水溶液,0.1 $g \cdot mL^{-1}$)等。本实验由药用氯化钠配制生理氯化钠溶液。

氯化钠中 Cl^-的鉴别可采用银氨试剂法。Cl^-与 Ag^+在 HNO_3溶液中反应,生成白色的 AgCl 沉淀。沉淀可溶于浓氨水,形成 $[Ag(NH_3)_2]^+$配离子,再向溶液中加入 HNO_3,则重新析出白色 AgCl 沉淀,示有 Cl^-。

$$Ag^+ + Cl^- \longrightarrow AgCl\downarrow \text{(白色沉淀)}$$

① 医用氯化钠注射液标示浓度为 0.9%,即 100 mL 注射液中含有 0.9 g NaCl。

$$AgCl+2\ NH_3 \longrightarrow [Ag(NH_3)_2]^+ + Cl^-$$

$$[Ag(NH_3)_2]^+ + Cl^- + 2\ H^+ \longrightarrow AgCl\downarrow + 2NH_4^+$$

新洁尔灭消毒液的主要成分是苯扎溴铵。苯扎溴铵常温下为黄色胶状体，易溶于水或乙醇，水溶液呈碱性，强力振摇时产生大量泡沫，具有典型阳离子表面活性剂的性质，可通过改变细菌胞浆膜通透性，使菌体胞浆物质外渗，阻碍其代谢而起杀灭细菌的作用。苯扎溴铵抗菌谱广，杀菌力较强，能杀灭多种细菌及真菌。0.001 $g\cdot mL^{-1}$苯扎溴铵溶液主要用于皮肤、器械和室内环境消毒。1×10^{-4} $g\cdot mL^{-1}$苯扎溴铵溶液可用于创面黏膜消毒。市面上主要销售的是0.05 $g\cdot mL^{-1}$苯扎溴铵溶液（商品名为新洁尔灭消毒液）。本实验由0.01 $g\cdot mL^{-1}$苯扎溴铵溶液配制浓度为0.001 $g\cdot mL^{-1}$的苯扎溴铵消毒液。苯扎溴铵结构式如图4-2所示。

$R=C_8H_{17}\sim C_{18}H_{37}$

图4-2 苯扎溴铵结构式

苯扎溴铵溶液中Br^-的鉴别也可采用银氨试剂法。Br^-与Ag^+在HNO_3溶液中反应，生成浅黄色的AgBr沉淀。沉淀可微溶于氨水，形成$[Ag(NH_3)_2]^+$配离子，再向溶液中加入HNO_3，则重新析出浅黄色AgBr沉淀，示有Br^-。

$$Ag^+ + Br^- \longrightarrow AgBr\downarrow \text{（淡黄色沉淀）}$$

$$AgBr+2NH_3 \longrightarrow [Ag(NH_3)_2]^+ + Br^-$$

氯化钠、生理氯化钠溶液、苯扎溴铵及苯扎溴铵溶液的鉴别、检查与含量测定，可参考《中国药典2015年版》。

［仪器与试剂］

数字资源4-3-1视频：溶液转移至容量瓶的方法

仪器：电子分析天平、离心机、容量瓶（100 mL）、烧杯（100 mL）、量筒（10 mL，20 mL）、试管、离心试管、胶头滴管。

试剂：药用氯化钠（NaCl含量不低于99.5%），0.01 $g\cdot mL^{-1}$苯扎溴铵溶液，0.1 $mol\cdot L^{-1}$ $AgNO_3$溶液，0.1 $g\cdot mL^{-1}$稀硝酸，0.1 $g\cdot mL^{-1}$氨试液，广范pH试纸。

［实验步骤］

1. 生理氯化钠溶液的配制

（1）称量 用加量法取药用氯化钠约0.9 g，精密称定于100 mL烧杯中。

（2）配制溶液 将上述精确称量的药用氯化钠加蒸馏水溶解后，转移到100 mL的容量瓶中，定容，混匀，并测定溶液pH。

（3）鉴别氯离子 取2支离心试管，分别加入2 mL自行配制的生理盐水，各加稀硝酸1滴使呈酸性后，再分别滴加$AgNO_3$溶液2滴，即生成白色凝乳状沉淀；离心分离，除去上清液，一份沉淀加氨试液即溶解，再加稀硝酸酸化后，沉淀复生成。另一份沉淀加稀硝酸不溶解（注意：银离子废液要回收）。

数字资源4-3-2视频：少量沉淀与溶液分离的方法

2. 0.001 $g\cdot mL^{-1}$苯扎溴铵消毒液的配制

（1）配制溶液 用量筒量取0.01 $g\cdot mL^{-1}$苯扎溴铵溶液10 mL于100 mL烧杯中，加水至100 mL，配制成0.001 $g\cdot mL^{-1}$苯扎溴铵消毒液。

（2）鉴别溴离子 取0.01 $g\cdot mL^{-1}$苯扎溴铵溶液10 mL于离心试管中，加稀硝酸0.5 mL，即生成白色沉淀，离心分离，沉淀加乙醇即溶解，上清液等分转移至另外2个离心试管中，分别滴加 $AgNO_3$溶液 2 滴，即生成浅黄色凝乳状沉淀；沉淀离心分离后，除去上清液，一份沉淀加氨试液微溶，另一份沉淀在稀硝酸中几乎不溶（注意：银离子废液要回收）。

数字资源 4-3-3 课件：实验技术关键点及注意事项

［实验记录及结果］

记录实验数据及结果于表 4-4 中。

表 4-4　氯离子、溴离子的鉴别

鉴别项目	实验步骤	实验现象	反应方程式

［实验思考］

1. 样品的称量方法有哪几种？各有何优缺点？分别在什么情况下选用？
2. 氯离子的鉴别，除了银氨试剂法，还有什么方法？
3. 请通过文献查阅，说明苯扎溴铵溶液中有机铵盐的鉴别方法。

参考文献

Young, Paul. Saline Is the Solution for Crystalloid Resuscitation［J］. Critical Care Medicine, 2016,44(8):1538-1540.

（海军军医大学　高越）

实验四　缓冲溶液的配制及 pH 测定

［实验目的］

1. 了解 pH 计的基本构造及工作原理。
2. 验证缓冲溶液的性质及影响缓冲容量的因素。
3. 掌握缓冲溶液的配制方法，以及酸度计测定溶液 pH 的方法。

［实验原理］

数字资源 4-4-1 微课：缓冲溶液的配制及 pH 测定

溶液 pH 的测定在化学和医学科研工作中经常遇到。测定溶液的 pH 可以使用 pH 试纸或酸度计。其中，pH 计常用于溶液 pH 的定量测定。

缓冲溶液能抵抗外来少量强酸强碱或加水适当稀释的影响，而保持 pH 基本不变。常由一对共轭酸碱对组成，其中的共轭酸充当抗碱成分，而共轭碱充当抗酸成分。缓冲溶液的近似 pH 可用 Henderson-Hasselbalch 公式［式(4-3)］计算：

$$pH = pK_a^{\ominus} + \lg \frac{[共轭碱]}{[共轭酸]} \tag{4-3}$$

在配制具有一定 pH 的缓冲溶液时，为了使所得溶液具有较好的缓冲能力，应当注意以下原则：

（1）选择适当的缓冲对，使配制缓冲溶液的 pH 在所选择的缓冲对的缓冲范围内，并尽量接近弱酸的pK_a，使其具有较大的缓冲容量。例如，$HAc-Ac^-$缓冲对的有效缓冲 pH 范围是3.75～5.75，因此要配制 pH 为3.75～5.75 的缓冲溶液可选用$HAc-Ac^-$缓冲对。

（2）配制的缓冲溶液还必须具有一定的总浓度（通常为0.05～0.2 mol·L^{-1}），以使所配成的溶液具有较大的缓冲容量。同时溶液中必须有足够的抗酸成分和抗碱成分，即采用适当的缓冲比（[共轭碱]/[共轭酸]），一般为1∶10≤缓冲比≤10∶1。

在具体配制时，为了方便起见，常采用相同浓度的共轭酸碱溶液以不同体积混合。在这种情况下，Henderson-Hasselbalch 公式可写为

$$pH = pK_a^\ominus + \lg \frac{V_{碱}}{V_{酸}} \tag{4-4}$$

在配制具有一定 pH 的缓冲溶液时，若溶液的总体积是$V_{总}$，则式（4-4）可以改写成

$$pH = pK_a^\ominus + \lg \frac{V_{碱}}{V_{总} - V_{碱}} \tag{4-5}$$

或

$$pH = pK_a^\ominus + \lg \frac{V_{总} - V_{酸}}{V_{酸}} \tag{4-6}$$

根据式（4-5）和式（4-6）可计算出配制具有一定 pH 的缓冲溶液时所需两种溶液的体积。

[仪器与试剂]

仪器：pHS-25 型数字酸度计，pH 复合电极，烧杯（25 mL，100 mL），量筒（10 mL，20 mL），吸量管（10 mL），白色点滴板，胶头滴管，玻璃棒。

试剂：pH＝4.75 标准缓冲溶液，0.2 mol·L^{-1} HAc 溶液，0.2 mol·L^{-1} NaAc 溶液，0.1 mol·L^{-1} HCl 溶液，0.1 mol·L^{-1} NaOH 溶液。

[实验步骤]

1. 熟悉仪器结构及使用方法

pHS-25 型数字酸度计的构造及使用方法见第二章第二节 pH 计部分。

2. 待测缓冲溶液的配制

用10 mL 刻度吸量管吸取0.2 mol·L^{-1} HAc 溶液10.00 mL，加入洗净的100 mL 烧杯中，然后用另一支10 mL 刻度吸量管吸取0.2 mol·L^{-1} NaAc 溶液10.00 mL 加入上述烧杯中，并用洁净的玻璃棒搅拌混合均匀。用量筒取蒸馏水20 mL 加入上述烧杯中，再用玻璃棒搅拌均匀，配好后的缓冲溶液放置备用。

3. 测定项目及操作

（1）用标准缓冲溶液校正仪器刻度：用滴管吸取适量标准缓冲溶液，分别润洗 pH 复合电极及25 mL 小烧杯。将标准缓冲溶液装入上述烧杯中，按照酸度计的使用方法，用标准缓冲溶液对酸度计进行校正。

（2）测定自配缓冲溶液的 pH：用滴管吸取适量自配缓冲溶液，分别润洗 pH 复合电极及25 mL 小烧杯。将缓冲溶液装入上述烧杯中，按照酸度计的使用方法，对缓冲溶液进行测定，仪器所显示的稳定读数即为待测缓冲溶液的 pH。

（3）观察缓冲溶液的缓冲作用：取三小块 pH 试纸放在洁净的白色点滴板上，然后取三支试管，分别加入 2 mL 蒸馏水。在一支试管中加入 2 滴 0.1 mol·L^{-1}HCl 溶液，在另一支试管中加入 2 滴 0.1 mol·L^{-1}NaOH 溶液，第三支试管作空白对照。摇匀后用干净的玻璃棒分别蘸取部分溶液涂抹在 pH 试纸上，与标准比色卡对照，读取 pH。

另取三小块 pH 试纸放在洁净的白色点滴板，然后取三支试管，分别加入 2 mL 自配的缓冲溶液。在一支试管中加入 2 滴 0.1 mol·L^{-1}HCl 溶液，在另一支试管中加入 2 滴 0.1 mol·L^{-1}NaOH 溶液，第三支试管作空白对照。摇匀后用干净的玻璃棒分别蘸取部分溶液涂抹在 pH 试纸上，与标准比色卡对比，读取 pH。

[实验记录及结果]

1. 标准缓冲溶液的 pH ________，自配缓冲溶液的 pH ________。
2. 记录实验数据于表 4-5 中。

表 4-5　缓冲溶液的缓冲作用

项目	pH(蒸馏水)	pH(自配缓冲溶液)
空白对照		
加入 2 滴 0.1 mol·L^{-1}HCl 溶液		
加入 2 滴 0.1 mol·L^{-1}NaOH 溶液		

[实验思考]

1. 缓冲溶液的 pH 由哪些因素决定？
2. 为什么缓冲溶液的理论 pH 与实测 pH 有一定偏差？如何消除？

（四川大学　杨舒）

实验五　葡萄糖酸钙的含量测定

[实验目的]

1. 了解配位滴定中辅助指示剂的作用原理。
2. 掌握配位滴定的基本过程。
3. 学习配位滴定法测定葡萄糖酸钙含量的实验方法。

数字资源 4-5-1 微课：葡萄糖酸钙的含量测定

[实验原理]

配位滴定中常用的指示剂为铬黑 T(HIn^{2-})，但 Ca^{2+} 与铬黑 T 在 pH=10 时形成的 $CaIn^-$ 不够稳定(20 ℃时，$\lg K_s^\ominus=5.4$)，会使终点过早出现，从而出现滴定误差。

20 ℃时，CaY^{2-} 和 MgY^{2-} 的稳定常数 $K_s^\ominus$ 分别为 5.0×10^{10} 和 5.0×10^{8}，因此可利用 CaY^{2-} 比 MgY^{2-} 更稳定的性质，加入少量 MgY^{2-} 作为辅助指示剂。当 Ca^{2+} 试液中加入铬黑 T 与 MgY^{2-} 的混合液后，发生下列置换反应：

$$MgY^{2-}+Ca^{2+}\rightleftharpoons CaY^{2-}+Mg^{2+}$$

$$Mg^{2+}+HIn^{2-} \rightleftharpoons MgIn^{-}+H^{+}$$

滴定过程中,EDTA 先与游离 Ca^{2+}配位,因此在终点前溶液显 $MgIn^{-}$的酒红色。由于 20 ℃时,$MgIn^{-}$的 $\lg K_{s}^{\ominus}=7.0$,因此避免了终点过早出现的现象。

滴定终点时,EDTA 从 $MgIn^{-}$中置换出铬黑 T,溶液从酒红色变成纯蓝色。

$$MgIn^{-}+H_2Y^{2-} \rightleftharpoons MgY^{2-}+HIn^{2-}+H^{+}$$

在整个滴定过程中 MgY^{2-}不消耗 EDTA,作用仅为辅助铬黑 T 指示终点。

[**仪器与试剂**]

仪器:聚四氟乙烯滴定管(50 mL),量筒(10 mL,25 mL),锥形瓶(250 mL)。

试剂:$NH_3 \cdot H_2O-NH_4Cl$ 缓冲溶液(pH=10),稀 $MgSO_4$溶液,0.05 mol · L^{-1}EDTA 标准溶液,铬黑 T 指示剂,葡萄糖酸钙样品。

[**实验步骤**]

1. 辅助指示剂的配制

在 250 mL 锥形瓶中加入蒸馏水 20 mL、$NH_3 \cdot H_2O-NH_4Cl$ 缓冲溶液 20 mL、稀 $MgSO_4$溶液 2 滴、铬黑 T 指示剂 6 滴,然后用 EDTA 标准溶液滴定至溶液恰好显纯蓝色为止。

2. 葡萄糖酸钙的含量测定

准确称取葡萄糖酸钙样品约 0.5 g 置于锥形瓶中,加蒸馏水 10 mL,微热使其溶解,放冷至室温,加入辅助指示剂 20 mL,用 EDTA 标准溶液滴定至溶液颜色由酒红色转变为纯蓝色即为终点。记录滴定开始和滴定结束时 EDTA 标准溶液体积。并按照按式(4-7)计算含量(质量分数):

$$w(\text{葡萄糖酸钙})=\frac{c_{EDTA}\times V_{EDTA}\times M(\text{葡萄糖酸钙})}{m(\text{样品})}\times 100\% \qquad (4-7)$$

式中,葡萄糖酸钙$[CH_2OH(CHOH)_4COO]Ca \cdot H_2O$ 的摩尔质量为448.4 g · mol^{-1}。

平行滴定三次,取平均值。要求相对平均偏差不超过±0.2%。

[**实验记录及结果**]

记录实验数据于表 4-6 中。

表 4-6 葡萄糖酸钙的含量测定

项目	第一次	第二次	第三次
EDTA 标准溶液的浓度/(mol · L^{-1})			
EDTA 标准溶液最初读数/mL			
EDTA 标准溶液最终读数/mL			
消耗 EDTA 标准溶液体积/mL			
葡萄糖酸钙样品质量/g			
w(葡萄糖酸钙)/%			

[**实验思考**]

1. 为什么滴定要在 $NH_3 \cdot H_2O-NH_4Cl$ 介质中进行?

2. 在配制辅助指示剂 MgY^{2-} 时，要求滴定至溶液恰好显纯蓝色，若滴过量或量不足，对实验结果是否有影响？

（四川大学　杨舒）

实验六　维生素 C 药片中维生素 C 含量的测定

［**实验目的**］

1. 理解直接碘量法测定维生素 C 的原理和条件。
2. 掌握碘量法的基本操作。

［**实验原理**］

维生素 C 简称 VC，分子式为 $C_6H_8O_6$，是一种水溶性维生素，因为有抗坏血病的作用，又称为抗坏血酸。维生素 C 由于分子中的烯二醇式结构具有还原性，能被氧化成二酮基结构，称为脱氢抗坏血酸。在有水或潮湿的情况下容易进一步水解成二酮糖酸：

抗坏血酸 $\underset{+2H}{\overset{-2H}{\rightleftharpoons}}$ 脱氢抗坏血酸 $\xrightarrow{H_2O}$ 二酮糖酸

维生素 C 的还原性很强，在空气中极易被氧化，在碱性介质中这种氧化作用更强。因此，测定维生素 C 时宜在酸性介质中进行，以减少副反应发生。另外，为了避免水解带来误差，测定维生素 C 时，样品必须新鲜配制并及时滴定。

用碘标准溶液测定还原性物质含量的方法，称为直接碘量法。本实验利用维生素 C 的还原性采用直接碘量法测定，反应方程式如下：

$$\text{(抗坏血酸)} + I_2 = \text{(脱氢抗坏血酸)} + 2\,HI$$

数字资源 4-6-1 微课：碘量法介绍

测定维生素 C 的方法除了碘量法，还有酸碱滴定法、比色法，荧光法及高效液相色谱法等。

［**仪器与试剂**］

仪器：分析天平，聚四氟乙烯滴定管（50 mL），棕色试剂瓶（500 mL），碘量瓶（250 mL），移液管（25 mL），量筒（100 mL，10 mL），研钵。

试剂：I_2 固体（A.R.），KI（A.R.），0.1 $mol\cdot L^{-1}$ $Na_2S_2O_3$ 标准溶液，2 $g\cdot L^{-1}$ 淀粉指示剂，2 $mol\cdot L^{-1}$ HAc 溶液，维生素 C 药片。

[**实验步骤**]

1. 0.05 mol · L^{-1} I_2标准溶液的配制与标定

(1) 称量 6.5 g I_2和 10 g KI,置于研钵中,加少量蒸馏水研磨。待 I_2全部溶解后,将溶液转入 500 mL 棕色试剂瓶中。用少量蒸馏水洗涤研钵 2 ~ 3 次,洗涤液全部转入上述试剂瓶中,加蒸馏水稀释至 500 mL,混合均匀,置于暗处。

(2) 用移液管准确移取 25 mL I_2标准溶液于 250 mL 碘量瓶中,加入 50 mL 蒸馏水,用 $Na_2S_2O_3$标准溶液滴定至溶液呈浅黄色后,加入 2 mL 淀粉指示剂,继续用 $Na_2S_2O_3$标准溶液滴定至蓝色恰好消失为终点。记录滴定开始和滴定结束时 $Na_2S_2O_3$标准溶液体积。

按式(4-8)计算 I_2标准溶液的准确浓度。

$$c(I_2)=\frac{c(Na_2S_2O_3)\times V(Na_2S_2O_3)}{2V(I_2)} \tag{4-8}$$

平行滴定三次,取平均值。要求相对平均偏差不超过±0.2%。

2. 维生素 C 含量的测定

准确称取约 0.2 g 维生素 C 样品,置于 250 mL 碘量瓶中,加入 100 mL 新煮沸并冷至室温的蒸馏水,10 mL HAc 溶液,2 mL 淀粉指示剂。待其完全溶解,立即用 I_2标准溶液滴定至出现浅蓝色,且 30 s 内不褪色即为终点。记录滴定开始和滴定结束时 I_2标准溶液的体积[1]。

按式(4-9)计算维生素 C 含量。

$$w(C_6H_8O_6)=\frac{c(I_2)\times V(I_2)\times 10^{-3}\times M(C_6H_8O_6)}{m(\text{样品})}\times 100\% \tag{4-9}$$

平行滴定三次,取平均值。要求相对平均偏差不超过±0.5%[2]。

[**实验记录及结果**]

1. I_2溶液浓度的标定。记录实验数据及结果于表 4-7 中。

表 4-7 I_2标准溶液的标定

项目	1	2	3
$Na_2S_2O_3$标准溶液浓度/(mol · L^{-1})			
$Na_2S_2O_3$标准溶液最初读数/mL			
$Na_2S_2O_3$标准溶液最终读数/mL			
消耗 $Na_2S_2O_3$标准溶液体积/mL			
I_2标准溶液浓度/(mol · L^{-1})			
I_2标准溶液平均浓度/(mol · L^{-1})			
相对平均偏差/%			

2. 样品维生素 C 含量的测定。记录实验数据及结果于表 4-8 中。

表 4-8　维生素 C 含量的测定

项目	1	2	3
维生素 C 药片质量/g			
I_2标准溶液浓度/(mol · L^{-1})			
I_2标准溶液最初读数/mL			
I_2标准溶液最终读数/mL			
消耗 I_2标准溶液体积/mL			
维生素 C 含量/%			
维生素 C 平均含量/%			
相对平均偏差/%			

[实验思考]

1. 配置 I_2标准溶液的过程中,溶解 I_2时加入过量 KI 的作用是什么?

2. 为什么标定 I_2标准溶液时,要在 $Na_2S_2O_3$标准溶液滴定至浅黄色时才加入淀粉指示剂? 能否提前加入?

3. 维生素 C 常用的测定方法还有哪些? 请联系维生素 C 分子的结构和性质说明。

[注释]

[1] 为防止样品中维生素 C 被缓慢氧化,在每次实验时新鲜配制样品,且样品溶于稀酸后需立即进行滴定。

[2] 维生素 C 的还原能力强,干扰较大,因此平行测定的精密度不高,故相对平均偏差可以适当放宽。

参考文献

刘彬, 赵惠新. 维生素 C 含量测定方法综述及其比较[J]. 课程教育研究, 2018(42):178-179.

(复旦大学　包慧敏)

实验七　氯化钠注射液的含量测定

[实验目的]

1. 熟悉吸附指示剂的变色原理。
2. 掌握用吸附指示剂法测定氯化钠含量的原理。
3. 掌握荧光黄吸附指示剂的使用方法和滴定终点的判断。

［**实验原理**］

吸附指示剂法测定氯化钠含量的原理：

$$Ag^+ + Cl^- \rightleftharpoons AgCl\downarrow \text{（白色）}$$

数字资源 4-7-1 课件：吸附指示剂指示终点的原理

荧光黄是一种有机弱酸，以 HFl 表示，在溶液中存在如下解离平衡式：

$$HFl \rightleftharpoons H^+ + Fl^- \text{（黄绿色）} \qquad K_a^{\ominus} = 1.00\times10^{-7}$$

用荧光黄作为吸附指示剂测定氯化钠含量时，荧光黄在溶液中解离成 H^+ 和荧光黄阴离子 Fl^-。在化学计量点前，溶液中存在过量的 Cl^-，此时 AgCl 吸附 Cl^-，使 AgCl 沉淀颗粒表面带负电荷（$AgCl\cdot Cl^-$），游离的荧光黄阴离子显黄绿色。当滴定至终点时，溶液中 Ag^+ 稍过量，AgCl 沉淀颗粒吸附 Ag^+ 而带正电荷（$AgCl\cdot Ag^+$），从而吸附荧光黄阴离子，使指示剂结构改变，颜色由黄绿色转变为微红色。其变化过程如下：

$$AgCl\cdot Cl^- + Fl^- \xrightarrow{AgNO_3} AgCl\cdot Ag^+\cdot Fl^-$$

终点前：Cl^- 过量，沉淀带负电荷吸附正离子 $AgCl\cdot Cl^-$ ¦ M

终点时：Ag^+ 过量，沉淀带正电荷吸附负离子 $AgCl\cdot Ag^+$ ¦ Fl^-

可表示为

终点前 $$AgCl\cdot Cl^- + Fl^-$$

终点时 $$AgCl\cdot Cl^- + Fl^- \xrightarrow{AgNO_3} AgCl\cdot Ag^+\cdot Fl^-$$

（黄绿色） （微红色）

数字资源 4-7-2 视频：吸附指示剂滴定终点的判断

本实验采用吸附指示剂法确定终点。由于颜色变化发生在 AgCl 沉淀表面上，所以 AgCl 沉淀的表面积越大，到达滴定终点时，颜色的变化就越明显。要使 AgCl 保持较强的吸附能力，应使沉淀保持胶体状态。为此，可将溶液适当稀释，并加入糊精溶液以保护胶体，使终点颜色变化明显。

NaCl 的含量按式（4-10）计算：

$$w(\mathrm{NaCl}) = \frac{c(\mathrm{AgNO_3})\cdot V(\mathrm{AgNO_3})\cdot \dfrac{M(\mathrm{NaCl})}{1000}}{V(\mathrm{NaCl})}\times100\% \qquad (4-10)$$

$$M(\mathrm{NaCl}) = 58.49\ \mathrm{g\cdot mol^{-1}}$$

式中，$c(AgNO_3)$ 为 $AgNO_3$ 标准溶液的浓度（$mol\cdot L^{-1}$），$V(AgNO_3)$ 为所消耗 $AgNO_3$ 标准溶液的体积（mL），$V(NaCl)$ 为 NaCl 注射液的体积（mL），$M(NaCl)$ 为 NaCl 的摩尔质量。

数字资源 4-7-3 课件：实验技术关键点及注意事项

［**仪器与试剂**］

仪器：聚四氟乙烯滴定管（50 mL），锥形瓶（250 mL），吸量管（5 mL），量筒（10 mL，100 mL）。

试剂：0.009 $g\cdot mL^{-1}$ NaCl 注射液，0.1 $mol\cdot L^{-1}$ $AgNO_3$ 标准溶液，0.02 $g\cdot mL^{-1}$ 糊精，0.025 $g\cdot mL^{-1}$ 硼砂溶液，1 $g\cdot L^{-1}$ 荧光黄（乙醇溶液）。

［**实验步骤**］

用刻度吸量管吸取 NaCl 注射液 10 mL，加入蒸馏水 40 mL，0.02 $g\cdot mL^{-1}$ 糊精溶液 5 mL，0.025 $g\cdot mL^{-1}$ 硼砂溶液 2 mL，荧光黄指示液 5～8 滴。用 0.1 $mol\cdot L^{-1}$ $AgNO_3$ 标

准溶液滴定至混浊液由黄绿色变为粉红色即为终点。记录滴定开始和滴定结束时$AgNO_3$标准溶液体积。按式(4-10)计算 NaCl 注射液的含量。

平行测定 3 次，取平均值。要求相对平均偏差不超过±0.2%。

［**实验记录及结果**］

记录实验数据及结果于表 4-9 中。

表 4-9　NaCl 注射液的含量测定

项目	1	2	3
$AgNO_3$溶液最初读数/mL			
$AgNO_3$溶液最终读数/mL			
消耗 $AgNO_3$溶液体积/mL			
$AgNO_3$溶液浓度/($mol \cdot L^{-1}$)			
$AgNO_3$溶液平均浓度/($mol \cdot L^{-1}$)			
相对偏差/%			

［**实验思考**］

1. 以荧光黄为指示剂，$AgNO_3$标准溶液滴定 NaCl 注射液时，为什么要加入糊精？本实验中加入 0.025 $g \cdot mL^{-1}$硼砂溶液的作用是什么？

2. 使用吸附指示剂时应考虑哪些因素？

3. 除本实验的方法外，氯化钠注射液的含量测定还可以用什么方法？

（海军军医大学　高越）

实验八　分光光度法测定水溶液中铁离子含量

［**实验目的**］

1. 理解分光光度法测定铁离子含量的原理。

2. 掌握标准曲线法的步骤与方法。

3. 了解分光光度计的构造和使用方法。

［**实验原理**］

物质对光的吸收是有选择性的，各种物质的分子都有其特征的吸收光谱。吸收光谱反映了被测物质的分子特征，可以进行定性分析；特征波长下测量物质对光的吸收程度与物质的浓度相关，可以进行定量分析。Lambert-Beer 定律描述了吸光度和物质的浓度的定量关系，其表示式为

$$A = \lg \frac{1}{T} = \lg \frac{I_0}{I} = \varepsilon bc \qquad (4-11)$$

式中，ε 为摩尔吸光系数($L \cdot mol^{-1} \cdot cm^{-1}$)，$b$ 为吸收层厚度(cm)，c 为吸光物质的物质的量浓度($mol \cdot L^{-1}$)。

实际定量测定时，吸收层厚度为定值，式(4-11)可写作

$$A=kc \tag{4-12}$$

式中,k 为包含被测组分性质及实验测量条件的常数。

用分光光度法测定物质的含量,一般采用外标标准曲线法(简称标准曲线法,或工作曲线法),即在某一浓度范围内配制被测物质的系列标准溶液,在选定条件下测量各标准溶液的吸光度,以浓度为横坐标、吸光度为纵坐标作图,得到一条通过坐标原点的直线即为标准曲线。在相同条件下测量未知样的吸光度,根据标准曲线对应的函数关系式,即可求出样品含量。

除了可以通过标准曲线法进行定量分析,也可以通过标准对照法。首先配制一个与被测溶液浓度相近的标准溶液(浓度用 c_s表示),在 λ_{max}处测出吸光度 A_s,然后在相同条件下测量被测溶液的吸光度 A_s,根据式(4-12),可得

$$c_x=\frac{A_x}{A_s}c_s \tag{4-13}$$

由于 Fe^{3+}在低浓度时颜色较浅,需要建立显色体系,使之转变为吸光度较大的有色物质。本实验选用硫氰酸盐作为显色剂,在酸性条件下,Fe^{3+}与 SCN^-作用生成可溶于水的血红色配离子,其反应式如下:

数字资源4-8-1课件:分光光度法的问题思考——以邻二氮菲测铁为例

$$Fe^{3+}+6SCN^- \rightleftharpoons [Fe(SCN)_6]^{3-}$$

为使平衡最大限度向正反应方向进行,SCN^-浓度需过量。为了防止水解,溶液中应用一定量的 HNO_3。此外,溶液中还要加入少量的$(NH_4)_2S_2O_8$,防止 Fe^{3+}被还原。

铁定量分析的显色试剂除了硫氰酸盐,还有邻二氮菲、磺基水杨酸、巯基乙酸等。

[仪器与试剂]

仪器:分光光度计,容量瓶(50mL),吸量管(2 mL,5mL)。

试剂:0.05 mg · mL^{-1} Fe^{3+}标准溶液,0.2 g · mL^{-1} KSCN 溶液,0.025 g · mL^{-1} $(NH_4)_2S_2O_8$溶液,0.2 mol · L^{-1} HNO_3溶液,待测 Fe^{3+}样品溶液。

[实验步骤]

1. 熟悉仪器结构及使用方法

分光光度计的结构及使用方法见第二章第二节分光光度计部分。

2. 铁标准溶液、参比溶液和样品溶液的配制

取6个洁净的50 mL容量瓶,按照表4-10中的试剂与用量,用贴有相应标签的吸量管分别准确吸取,用蒸馏水稀释至刻度,摇匀。

表4-10 参比溶液、标准溶液和样品溶液的配制

项目	参比溶液	标准溶液					待测样品
		1	2	3	4	5	Fe^{3+}溶液
Fe^{3+}标准铁溶液/mL	0.00	1.00	2.00	3.00	4.00	5.00	5.00*
0.2 mol · L^{-1} HNO_3溶液/mL	2.00	2.00	2.00	2.00	2.00	2.00	2.00
0.025 g · mL^{-1} $(NH_4)_2S_2O_8$溶液/滴	1	1	1	1	1	1	1

续表

项目	参比溶液	标准溶液					待测样品 Fe^{3+}溶液
		1	2	3	4	5	
0.2 g · mL^{-1}KSCN 溶液/mL	5.00	5.00	5.00	5.00	5.00	5.00	5.00
稀释后的总体积/mL	50.00	50.00	50.00	50.00	50.00	50.00	50.00

5.00* 为待测 Fe^{3+}样品溶液用量。

3. 绘制吸收曲线

选用 1cm 比色皿，用参比溶液调节透射比为 100%。取 2 号铁标准溶液，在波长为 420~540 nm，每隔 5 nm 测一次吸光度。以波长 λ 为横坐标，吸光度 A 为纵坐标，绘制吸收曲线。数据记录于表 4-11 中，确定 λ_{max}。

4. 绘制标准曲线

以 λ_{max}为测量波长，在相同条件下，分别测量各标准溶液的吸光度，将数据记录于表 4-12 中。以铁浓度为横坐标，吸光度为纵坐标，通过软件拟合得到通过原点的标准曲线，并列出函数关系式和线性相关系数，要求线性相关系数不小于 0.9950。

5. 待测 Fe^{3+}样品溶液吸光度的测定

在相同条件下，测量样品溶液的吸光度，根据标准曲线的函数关系计算得到样品溶液中 Fe^{3+}含量，再换算成原未知溶液 Fe^{3+}的含量。

［**实验记录及结果**］

1. 绘制吸收曲线。记录实验数据于表 4-11 中。

表 4-11　吸 收 曲 线

λ/nm
A

2. 绘制标准曲线。记录实验数据于表 4-12 中。

表 4-12　标 准 曲 线

序号	Fe^{3+}浓度/(mg · mL^{-1})	A
1		
2		
3		
4		
5		
样品		

3. 计算待测样品溶液 Fe^{3+}含量

标准曲线的函数关系______________，相关系数 R^2______________。

样品溶液中 Fe^{3+} 含量______________ $mg \cdot mL^{-1}$。

原未知溶液 Fe^{3+} 含量______________ $mg \cdot mL^{-1}$。

［实验思考］

1. 结合实验所得标准曲线的线性相关系数，对本次实验的结果进行分析评价。

2. 可见分光光度法定量分析时，选择测量波长的原则是什么？一般情况下，首选哪种波长为测量波长？

参考文献

李恺翔. 铁离子含量的测定方法[J]. 辽宁化工，2011，40(3)：320-322.

（复旦大学　包慧敏）

实验九　元素性质实验

［实验目的］

1. 了解卤素离子的鉴别方法。

2. 熟悉卤素单质氧化性和卤化氢还原性的递变规律。

3. 掌握不同氧化态卤素化合物的主要性质。

［实验原理］

卤素是 p 区很活泼的非金属元素，在元素周期表中属ⅦA 族元素。它们的价电子组态为 ns^2np^5，容易得到一个电子生成卤素负离子，其氧化数通常是-1，但在一定条件下，也可以生成氧化数为+1、+3、+5、+7 的化合物。

数字资源 4-9-1 视频：卤素各单质的活动性比较

Cl_2、Br_2、I_2都可以由氧化剂和卤化物反应而制得。卤素单质都是氧化剂，它们的氧化性按照 F_2、Cl_2、Br_2、I_2的顺序递减；卤素离子都是还原剂，它们的还原性按照 F^-、Cl^-、Br^-、I^-的顺序递增，例如，HBr 和 HI 能分别与浓硫酸反应生成 SO_2及 H_2S：

$$2HBr + H_2SO_4 \xlongequal{} Br_2 + SO_2 + 2H_2O$$

$$8HI + H_2SO_4 \xlongequal{} 4I_2 + H_2S + 4H_2O$$

卤素含氧酸盐在中性溶液中一般没有明显的氧化性，但在酸性介质中却表现出明显的氧化性，比如 $KClO_3$ 在中性溶液中不与 KI 反应，而在强酸介质中，可将 I^- 氧化为 I_2：

$$KClO_3 + 6I^- + 6H^+ \xlongequal{} Cl^- + 3I_2 + 3H_2O$$

数字资源 4-9-2 视频：卤化物与硝酸银的反应

Cl^-、Br^-和 I^-都能与 $AgNO_3$反应，生成难溶于水和稀硝酸的卤化银沉淀，根据不同卤化银在氨水中溶解度的不同，可以达到分离混合卤离子的目的。在实验中常用氨水使 AgCl 沉淀溶解，与 AgBr 或 AgI 沉淀进行分离。

$$AgCl + 2NH_3 \rightleftharpoons Ag[(NH_3)_2]^+ + Cl^-$$

［仪器与试剂］

仪器：离心机，离心管（4 mL），试管（10 mL），试管夹，试管架，酒精灯，滴管。

试剂：KCl（A.R.），KBr（A.R.），KI（A.R.），MnO_2（A.R.），0.1 $mol \cdot L^{-1}$ KCl 溶液，

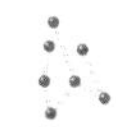

0.1 mol·L^{-1} KBr溶液，0.1 mol·L^{-1}KI溶液，0.1 mol·$L^{-1}$$KClO_3$溶液，0.1 mol·$L^{-1}$ KIO_3溶液，0.1 mol·$L^{-1}$$Na_2S_2O_3$溶液，0.2 mol·$L^{-1}$$FeCl_3$溶液，0.1 mol·$L^{-1}$$AgNO_3$溶液，2.0 mol·$L^{-1}$NaOH溶液，3.0 mol·$L^{-1}$硫酸，6.0 mol·$L^{-1}$$HNO_3$溶液，氯仿（A.R.），氯水（A.R.），KI-淀粉试纸，蓝色石蕊试纸，醋酸铅试纸。

［**实验步骤**］

1. 卤素单质的制备

取三支洁净的试管，分别加入黄豆大小的KCl、KBr和KI晶体，再向三支试管中分别加入3.0 mol·L^{-1}硫酸2 mL和绿豆大小的MnO_2固体。用KI-淀粉试纸在含有KCl的试管口检查并观察实验现象，在其他两支试管中加入10滴氯仿，观察现象并写出相关的反应方程式。

2. 卤素单质的氧化性

（1）取一支洁净的试管，加入5滴KBr溶液，再加入5滴氯水，边加边振荡，观察现象。再加入10滴氯仿，振荡，观察现象并解释。

（2）取一支洁净的试管，加入5滴KI溶液，再加入5滴溴水，边加边振荡，观察现象。再加入10滴氯仿，振荡，观察现象并解释。

（3）取一支洁净的试管，加入5滴KI溶液，再加入5滴氯水，边加边振荡，观察现象。再加入10滴氯仿，振荡，观察现象，然后继续滴加氯水至氯仿层颜色消失，观察现象并解释。

根据以上实验结果，比较卤素单质的氧化性强弱顺序，并写出相关的化学反应方程式。

3. 卤素离子的还原性

（1）取三支干燥的试管，分别加入黄豆大小KCl、KBr、KI固体，并各加入10滴3.0 mol·L^{-1}硫酸，仔细观察并记录实验现象。再分别用蓝色石蕊试纸、KI-淀粉试纸、醋酸铅试纸在试管口检验生成的气体，仔细观察并记录实验现象。

（2）取两支洁净的试管，同时加入5滴$FeCl_3$溶液，再分别加5滴KBr和5滴KI溶液，最后各加10滴氯仿，仔细观察并记录实验现象。

根据以上实验结果，比较卤素离子的还原性强弱顺序，并写出相关的化学反应方程式。

4. 卤素含氧酸盐的性质

（1）取一支洁净的试管，加入2 mL氯水，逐滴加入氢氧化钠溶液至呈弱碱性，然后再加入5滴KI溶液和2滴氯仿，仔细观察并记录实验现象。

（2）取一支洁净的试管，加入绿豆大小$KClO_3$固体并用2 mL蒸馏水溶解，再加入10滴KI溶液。将上述溶液分装于两支试管中，一支作为空白对照，另一支加入5滴硫酸酸化，仔细观察并记录实验现象。

（3）取一支洁净的试管，分别加入KIO_3溶液、KI溶液和硫酸各5滴，混匀后观察并记录实验现象。

根据以上实验结果，写出相关的化学反应方程式。

5. 卤化物的溶解性

取三支洁净的试管，分别加入 KCl 溶液、KBr 溶液和 KI 溶液各 5 滴，再加入 5 滴 $AgNO_3$溶液，离心分离。将每种沉淀平行分为 3 份，分别滴加 HNO_3溶液、氨水和 $Na_2S_2O_3$溶液，充分振荡后观察溶解情况并记录实验现象，比较卤化银沉淀溶解度的相对大小，写出相关的化学反应方程式。

［**实验记录及结果**］

记录实验数据及结果于表 4-13 中。

表 4-13 元素性质实验

序号	实验步骤	实验现象	反应方程式
1			
2			
3			
4			
……			
结论			

［**实验思考**］

1. 为什么用 $AgNO_3$检出卤素离子时，要先用 HNO_3酸化溶液，再用 $AgNO_3$检出？向某未知溶液中加入 $AgNO_3$时，如果不产生沉淀，能否认为溶液中不存在卤素离子？

2. Cl_2、Br_2和 H_2S 气体可以分别用何种试纸检验？

参考文献

陈行，刘春冬，王建华. 卤素对核酸类药物的修饰与影响研究进展［J］. 应用化学，2018，35(5)：491-499.

（陆军军医大学 李兰兰）

实验十 硫酸亚铁铵的制备

［**实验目的**］

1. 了解复盐的一般制备方法。

2. 掌握水浴、加热、蒸发、浓缩、结晶和减压过滤等操作。

3. 掌握用目测比色法检验产品质量的方法。

［**实验原理**］

复盐是由两种金属离子（或铵根离子）和一种酸根离子构成的盐。使两种简单盐的混合饱和溶液结晶，即可以制得复盐。例如，等物质的量的硫酸亚铁与硫酸铵在水溶液中相互作用，即可生成溶解度较小的复盐硫酸亚铁铵。

$$FeSO_4+(NH_4)_2SO_4+6H_2O = FeSO_4\cdot(NH_4)_2SO_4\cdot6H_2O$$

$FeSO_4\cdot(NH_4)_2SO_4\cdot6H_2O$ 为浅绿色单斜晶体，又称莫尔盐，易溶于水，难溶于乙醇。它比一般亚铁盐稳定，在空气中不易被氧化，分析化学中可以作为氧化还原滴定的基准物质。

数字资源 4-10-1 课件：莫尔盐简介

硫酸亚铁在中性溶液中能被溶于水中的少量氧气氧化，并进而与水作用，甚至析出棕黄色的碱式硫酸铁（或氢氧化铁）沉淀。如果溶液的酸性较弱，则亚铁盐（或铁盐）中的 Fe^{2+} 与水作用的程度将会增大。因此，在制备硫酸亚铁铵的过程中，为了抑制 Fe^{2+} 与水的作用，溶液需要保持足够的酸度。

由于 Fe^{3+} 与 SCN^- 能生成红色配合物 $[Fe(SCN)_n]^{3-n}$，因此可用目测比色法估计产品中所含杂质 Fe^{3+} 的量。当红色较深时，表明产品中含 Fe^{3+} 较多；反之，表明产品中含 Fe^{3+} 较少。将制得的硫酸亚铁铵晶体与 KSCN 在比色管中配制成待测溶液，与标准 $[Fe(SCN)_n]^{3-n}$ 溶液进行比色，即可粗略得出待测溶液的浓度，从而确定产品等级。

［**仪器与试剂**］

仪器：电子天平，恒温水浴锅，蒸发皿，布氏漏斗，吸滤瓶，循环水真空泵，表面皿，刻度吸量管（10 mL），比色管。

试剂：$FeSO_4\cdot7H_2O$（A.R.），$(NH_4)_2SO_4$（A.R.），3 $mol\cdot L^{-1}$ 硫酸，2 $mol\cdot L^{-1}$ HCl 溶液，1 $mol\cdot L^{-1}$ KSCN 溶液，0.0100 $mg\cdot mL^{-1}$ Fe^{3+} 标准溶液，无水乙醇。

［**实验步骤**］

1. 硫酸亚铁铵的制备

称取 $FeSO_4\cdot7H_2O$ 9.60 g 于烧杯中，加 10 滴 3 $mol\cdot L^{-1}$ 硫酸和 20 mL 水，充分搅拌使其溶解。另称取 $(NH_4)_2SO_4$ 4.56 g 于另一烧杯中，加入 6 mL 水，搅拌使其溶解。将上述两溶液混合至蒸发皿中，于 80 ℃ 的水浴上加热蒸发、浓缩至溶液表面刚出现结晶膜为止（蒸发过程中不宜搅动）。静置，使其自然冷却至室温，即有硫酸亚铁铵晶体析出。减压过滤后，晶体用少量无水乙醇淋洗（以除去表面水分），继续抽滤至无液滴滴下。将晶体取出，用滤纸吸干后称量，观察晶体颜色，计算理论产量及产率。

数字资源 4-10-2 视频：硫酸亚铁铵晶膜的形成

2. 产品检验——Fe^{3+} 的限量分析

标准溶液的配制：在 3 支 25 mL 比色管中，分别加入 0.0100 $mg\cdot mL^{-1}$ Fe^{3+} 标准溶液 5.00 mL、10.00 mL 和 20.00 mL，各加入 2.00 mL 2.0 $mol\cdot L^{-1}$ HCl 溶液和 1.00 mL 1.0 $mol\cdot L^{-1}$ KSCN 溶液，用新煮沸并冷至室温的去离子水稀释至刻度，摇匀，得到三个级别的 Fe^{3+} 标准溶液，25.00 mL 溶液中分别含 Fe^{3+} 为 0.05 mg、0.10 mg、0.20 mg，为Ⅰ级、Ⅱ级和Ⅲ级试剂中 Fe^{3+} 的最高允许含量。

称取 1.00 g 产品，放入 25 mL 比色管中，用上述去离子水溶解。加入 2 $mol\cdot L^{-1}$ HCl 溶液 2.00 mL 和 1 $mol\cdot L^{-1}$ KSCN 溶液 1.00 mL，用上述去离子水稀释至刻度，摇匀后与标准溶液进行比色，确定产品等级。

［**实验记录及结果**］

记录实验数据及结果于表 4-14 中。

表 4-14 硫酸亚铁铵的制备

	理论产量/g	实际产量/g	产率/%	外观性状	产品等级
硫酸亚铁铵					

[**实验思考**]

1. 为什么制备硫酸亚铁铵晶体时,溶液必须呈酸性?
2. 检验产品中 Fe^{3+} 含量时,为什么要用不含氧气的去离子水?
3. 硫酸亚铁铵制备过程中影响产品等级的因素有哪些?

参考文献

Dr. Madduri V. Rao, et al. Ferrous Ammonium Phosphate Chemical and Technical Assessment (CTA).

(海军军医大学 林美玉)

实验十一 乙酸解离度和解离平衡常数的测定

[**实验目的**]

1. 理解 pH 计法和电导率法测定乙酸解离度和解离平衡常数的原理。
2. 掌握 pH 计法和电导率法测定乙酸解离度和解离平衡常数的实验方法。
3. 了解电导、摩尔电导、电导率等概念。
4. 学习 pH 计和电导率仪的使用。

[**实验原理**]

乙酸是一元弱酸,在一定温度下的水溶液中达到解离平衡时,其解离平衡常数($K_a^{\ominus}$)与乙酸的初始浓度(c)、解离度(α)之间存在如下关系:

$$\mathrm{HAc} \rightleftharpoons \mathrm{H^-} + \mathrm{Ac^+}$$

$$\text{平衡浓度} \quad c(1-\alpha) \quad c\alpha \quad c\alpha$$

$$K_a^{\ominus} = \frac{(c\alpha^2)}{c(1-\alpha)} = \frac{c\alpha^2}{1-\alpha} \tag{4-14}$$

利用 pH 计可以测定乙酸溶液的 pH,根据 $\mathrm{pH}=-\lg[\mathrm{H^+}]$ 及 $\alpha=\frac{[\mathrm{H^+}]}{c}$ 的关系,可求得解离度 α,代入式(4-14),即可计算出解离平衡常数 $K_a^{\ominus}$。

除此之外,也可以用电导率法测定乙酸的解离度和解离平衡常数。电导 G 和电导率 κ 都是用来衡量物体导电能力的物理量。电导 G 是指导体两端的电势差为 1 V 时所通过的电流强度,其值为电阻的倒数,单位为西门子,以符号 S 表示。电导的大小与电导池的结构有关。电导率 κ 是指两个电极距离 1 m、极板面积 1 m^2 时溶液的电导,因此又称为比电导,单位为 $S \cdot m^{-1}$。电导率的大小与电导池的结构无关,因此可以用电导率衡量电解质溶液的导电能力的强弱。电导 G 和电导率 κ 之间满足下列关系式:

$$\kappa = KG \tag{4-15}$$

式中，K 为电导池常数，可以通过测定已知电导率溶液（通常用标准 KCl 溶液）的电导来测得。

实验发现，电解质溶液的电导不仅与温度有关，还与溶液的浓度有关。因此，用摩尔电导率衡量电解质溶液的导电能力更为恰当。将含有 1 mol 电解质的溶液置于相距为 1 m 的两个平行电极之间所具有的电导称为摩尔电导率，用 Λ_m 表示，单位为 $S \cdot m^2 \cdot mol^{-1}$。摩尔电导率 Λ_m 与电导率 κ 及溶液的浓度 c 之间符合下列关系式：

$$\Lambda_m = \kappa \times \frac{10^{-3}}{c} \tag{4-16}$$

根据电解质溶液的解离理论，弱电解质的解离度 α 随溶液的稀释而增大，当溶液无限稀释时，$\alpha \to 1$。因此，无限稀释溶液的摩尔电导 Λ_m^∞（极限摩尔电导）与某一浓度下的 Λ_m 之比即为弱电解质在这个浓度下的解离度，即

$$\alpha = \frac{\Lambda_m}{\Lambda_m^\infty} \times 100\% \tag{4-17}$$

将式（4-17）代入式（4-14），得

$$K_a^\ominus = \frac{c\Lambda_m^2}{\Lambda_m^\infty(\Lambda_m^\infty - \Lambda_m)} \tag{4-18}$$

因此，只需在实验中测得不同浓度乙酸溶液的电导率 κ，由式（4-16）计算出摩尔电导 Λ_m，将值代入式（4-18），即可求得解离平衡常数 $K_a^\ominus$。

［**仪器与试剂**］

仪器：pHS-25 型数字 pH 计，DDS-11A 型电导率仪，pH 复合电极，铂电极，移液管（25 mL），刻度吸量管（10 mL），容量瓶（50 mL），烧杯（25 mL，100 mL）。

试剂：HAc 溶液（$0.1000\ mol \cdot L^{-1}$），标准缓冲溶液（pH = 6.86，pH = 4.00），KCl 标准溶液（$0.01000\ mol \cdot L^{-1}$）。

［**实验步骤**］

1. 熟悉仪器结构及使用方法

仪器原理及使用方法见第二章第二节中的 pH 计和电导率仪部分。

2. 配制不同浓度的 HAc 溶液

用吸量管和移液管分别移取 $0.1000\ mol \cdot L^{-1}$ HAc 溶液 2.50 mL、5.00 mL、10.00 mL、25 mL 于 50 mL 容量瓶中，加入蒸馏水稀释至刻度定容，摇匀。

3. 测定 HAc 溶液的 pH

（1）用标准缓冲溶液校正 pH 计：用 pH = 6.86 和 pH = 4.00 的标准缓冲溶液对酸度计进行“两点法”校正。

（2）不同浓度 HAc 溶液 pH 测定：按照浓度由低到高的顺序依次测定 HAc 溶液的 pH。

4. 测定 HAc 溶液的电导率

（1）用 KCl 标准溶液校正电导率仪：用 $0.01000\ mol \cdot L^{-1}$ 的 KCl 标准溶液对电导率仪进行校正[1]。

（2）不同浓度 HAc 溶液电导率测定：按照浓度由低到高的顺序依次测定 HAc 溶液的电导率。

［**实验记录及结果**］

1. 电位法：HAc 溶液的 pH 测定及 $K_a^{\ominus}$、α 计算。记录实验数据于表 4-15 中。

表 4-15　电　位　法

室温________℃

HAc 溶液编号	$c(\text{HAc})/(\text{mol}\cdot\text{L}^{-1})$	pH	$c(\text{H}^+)/(\text{mol}\cdot\text{L}^{-1})$	α/%	$K_a^{\ominus}$
1					
2					
3					
4					
5					

2. 电导法：HAc 溶液的电导率测定及 $K_a^{\ominus}$、α 计算。记录实验数据于表格4-16中。

表 4-16　电　导　法

室温________℃　**电极常数**________　$\Lambda_m^{\infty}(\text{HAc})$[2]________

HAc 溶液编号	$c(\text{HAc})/(\text{mol}\cdot\text{L}^{-1})$	$\kappa/(\text{S}\cdot\text{m}^{-1})$	$\Lambda_m/(\text{S}\cdot\text{m}^2\cdot\text{mol}^{-1})$	α/%	$K_a^{\ominus}$
1					
2					
3					
4					
5					

［**实验思考**］

1. 分析比较电位法和电导法的误差来源有何异同，哪种方法所得结果准确性更高？为什么？

2. 测定弱电解质解离平衡常数还有哪些方法？

［**注释**］

［1］电导率仪也可以通过电极自身的电导池常数对其进行校正。

［2］不同温度下 HAc 的极限摩尔电导参见教材附录。

（陆军军医大学　周勉）

实验十二　水的净化与检验

［**实验目的**］

1. 了解自来水中含有的常见杂质离子及鉴定方法。

2. 理解蒸馏法和离子交换法净化水的原理。

3. 学习蒸馏法净化水的实验方法。

［**实验原理**］

天然水或自来水中常含有无机和有机杂质，无机杂质有 Mg^{2+}、Ca^{2+}、SO_4^{2-}、CO_3^{2-}、Cl^-及一些气体等。在医学科研及临床应用上对水质常有一定要求，常采用蒸馏法和离子交换法对水进行净化。

蒸馏是物质分离和提纯最常用的方法之一。在一定温度下，各种液体的蒸气压各不相同，即沸点有所差异。因而，可用加热方法使混合液体先后气化、冷凝而使之分离或提纯。水样在蒸馏过程中，常是沸点较低的水（溶剂）先气化而与沸点较高的杂质（溶质）分离，经蒸馏而得到净化的水称为蒸馏水。

离子交换法是基于阴、阳离子交换树脂能与其他物质的离子进行选择性的离子交换反应。水样中所含的阴、阳离子经离子交换后得到净化，这种净化后的水称为去离子水。阳离子交换树脂如聚苯乙烯磺酸钠型离子交换树脂$RSO_3^- Na^+$经 HCl 转型后，可与水样中的 Na^+、Mg^{2+}、Ca^{2+}等阳离子进行交换。例如：

$$2RSO_3H+Mg^{2+} \longrightarrow (RSO_3^-)_2Mg^{2+}+2H^+$$

阴离子交换树脂如季铵盐型碱性阴离子交换树脂 $R_4N^+X^-$经 NaOH 转型后，可与水样中的Cl^-、SO_4^{2-}、CO_3^{2-} 等阴离子进行交换。例如：

$$R_4N^+OH^-+Cl^- \longrightarrow R_4N^+Cl^-+OH^-$$

经阴、阳离子交换后产生的 H^+与 OH^-结合又生成水：

$$H^++OH^- = H_2O$$

实际生产时，常把阳离子树脂柱与阴离子树脂柱串联起来使用，最后通过阴、阳离子混合柱进行多级离子交换。经交换而失效的阴、阳离子交换树脂可分别用 NaOH 和 HCl 的稀溶液进行再生。

纯水是极弱的电解质，水样中所含有的可溶性杂质常使其导电能力增大。用电导率仪可以测定水样的电导率，根据水样的电导率大小，可估计水样的纯度。$AgNO_3$、$BaCl_2$溶液可分别用以检验水样中的Cl^-和SO_4^{2-} 的存在。而铬黑 T、钙指示剂可分别用以检验Mg^{2+}、Ca^{2+}的存在。在 pH＝8～11 的溶液中，铬黑 T 能与 Mg^{2+}作用而显红色；在 pH>12 的溶液中，钙指示剂能与 Ca^{2+}作用而显红色，在此 pH 条件下，Mg^{2+}的存在不干扰 Ca^{2+}检验。

［**仪器与试剂**］

仪器：

蒸馏装置：蒸馏烧瓶，蒸馏头，冷凝管，温度计套管，尾接管，接收瓶，温度计，电加热套。

离子交换装置：碱式滴定管（50 mL），铁架，滴定管夹，T 形玻璃管，螺丝夹，玻璃纤维。

检测装置：DDS-11A 型电导率仪，电导电极。

试剂：1 moL · L^{-1} HNO_3 溶液，2 moL · L^{-1} 氨水，0.1 moL · L^{-1} $AgNO_3$ 溶液，1 mol · $L^{-1}$$BaCl_2$溶液，铬黑 T 指示剂，钙指示剂，待蒸馏水样。

［**实验步骤**］

1. 熟悉仪器结构及使用方法

（1）常压蒸馏装置的安装见第三章第六节蒸馏部分。

（2）DDS-11A 型电导率仪的构造及使用方法见第二章第二节电导率仪部分。

2. 蒸馏法净化水

在 100 mL 蒸馏烧瓶中，加入约 60 mL 待蒸馏水样。加入 2～3 粒沸石，塞好带有温度计的塞子，接通冷凝水，然后用电加热套加热。开始时加热速度可快些，当瓶内液体开始沸腾时，温度计读数急剧上升，这时应调整加热速度，控制馏出液速度，以每秒钟 1～2 滴为宜。除去前馏分后，更换一个洁净的接收瓶收集水样约 40 mL，停止加热。收集的水样留作检验。

蒸馏结束时应先关闭电源，继续通入冷凝水，待沸腾明显停止时，方可关闭水源。蒸馏烧瓶自然冷却后，拆出蒸馏装置，倒出剩余的水样，回收沸石。

3. 离子交换法净化水

（1）仪器的安装　按图 4-3 安装离子交换装置。在已拆除尖嘴的三支碱式滴定管底部塞入少量玻璃纤维，拧紧下端的螺丝夹，先各加入数毫升去离子水，再分别加入阳离子交换树脂或阴离子交换树脂或质量比为 1∶1 混合的阴、阳离子交换树脂，树脂层高度在 25 cm 左右。装柱时，应尽可能使树脂紧密，不留气泡，否则必须重装。然后将套有粗橡胶管的乳胶管另一端与下一支滴定管的上端连接。

（2）离子交换　拧开高位槽螺丝夹及各交换柱间的螺丝夹，让自来水流入。调节每支交换柱底部的螺丝夹，使流出液先以每分钟 25～30 滴流速通过交换柱。开始流出的约 30 mL 水应弃去，然后重新控制流速为每分钟 15～20 滴。用烧杯分别收集水样各约 30 mL，待检验。

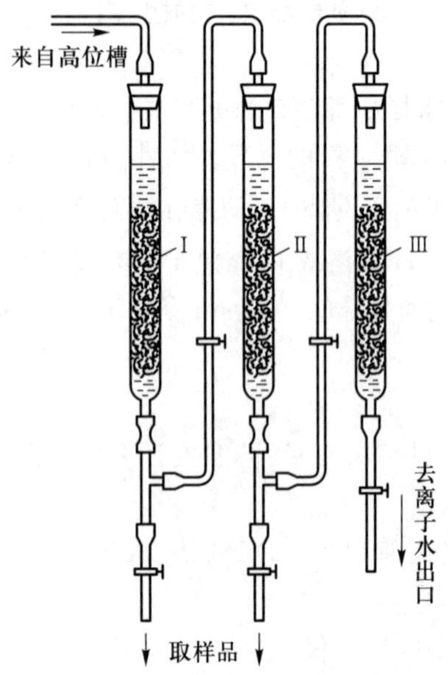

图 4-3　离子交换装置示意图

Ⅰ—阳离子交换柱；Ⅱ—阴离子交换柱；Ⅲ—阴、阳离子混合交换柱

4. 水质检验

对上述蒸馏后所得水样及自来水样，分别进行下列检测，记录实验结果及现象。

（1）电导率测定。

（2）Mg^{2+}检验：取水样 1 mL，加入 1 滴 2 mol·L^{-1}氨水，再加入 2 滴铬黑 T 溶液，观察溶液颜色是否转为红色。

（3）Ca^{2+}检验：取水样 1 mL，加入 8 滴 2 mol·L^{-1}氨水，再加入 2 滴钙指示剂溶液。观察溶液颜色是否转为红色。

（4）Cl^-检验：取水 1 mL，加入 1 滴 1 mol·L^{-1} HNO_3溶液使之酸化，然后加入 1 滴 0.1 moL·$L^{-1}$$AgNO_3$溶液。观察是否出现白色混浊。

（5）SO_4^{2-} 检验：取水样 1 mL，加入 4 滴 1 mol·$L^{-1}$$BaCl_2$溶液。观察是否出现白色混浊。

［**实验记录及结果**］

1. 电导率（κ）测定

自来水的 κ ________ S·m^{-1}

蒸馏水的 κ ________ S·m^{-1}

2. Mg^{2+}、Ca^{2+}、Cl^-和SO_4^{2-} 检验。记录实验数据及结果于表 4-17 中。

表 4-17　Mg^{2+}、Ca^{2+}、Cl^-和SO_4^{2-} 检验

检验离子	自来水	蒸馏水
Mg^{2+}		
Ca^{2+}		
Cl^-		
SO_4^{2-}		

［**实验思考**］

1. 如何正确地安装和拆除蒸馏装置？
2. 对蒸馏后水样中的杂质离子进行定性鉴别时，应该如何正确操作？
3. 为什么可以通过测定水样的电导率来估计纯度？

（陆军军医大学　周勉）

实验十三　液相分配系数的测定

［**实验目的**］

1. 理解分配系数测定的实验原理。
2. 掌握测定碘在四氯化碳和水中的分配系数的实验方法。

［**实验原理**］

分配系数可用于评价药物的亲脂性或亲水性。适宜的亲水性能够保证药物在体

液中的溶解和转运，而一定的亲脂性能够保证药物进入细胞器或通过血脑屏障。

分配定律是指在一定温度和压力下，某种物质 B 溶解于两种同时存在且互不相溶的溶剂 α 和 β 中，当体系达到平衡时，如果溶质 B 在这两种溶剂中既无解离作用也无缔合作用，则溶质 B 在 α 和 β 中的活度之比是一常数，若两种溶液都比较稀，则可用浓度之比近似代替活度之比，该常数称为分配系数，用 K 表示。

$$K=\frac{c_B^{\alpha}}{c_B^{\beta}}$$

碘既能溶于四氯化碳（CCl_4）也能溶于水。当温度和压力一定时，在碘的四氯化碳饱和溶液中加入水，充分振荡则可使碘在四氯化碳和水中的分配达到平衡。

$$I_2(\text{水层}) \rightleftharpoons I_2(\text{四氯化碳层})$$

$$K=\frac{c_{I_2}(CCl_4)}{c_{I_2}(H_2O)}$$

$Na_2S_2O_3$ 与 I_2 在中性或弱酸性溶液中的反应方程式为

$$2Na_2S_2O_3 + I_2 = Na_2S_4O_6 + 2NaI$$

可按照该式的计量关系用已知确定浓度的 $Na_2S_2O_3$ 标准溶液分别滴定出四氯化碳层和水层中碘的浓度，从而可求出碘在四氯化碳和水中的分配系数 K。

［**仪器与试剂**］

仪器：量筒（2 mL、25 mL、100 mL），滴定管（25 mL），移液管（25 mL、5 mL），磨口锥形瓶（250 mL），分液漏斗（100 mL）。

试剂：I_2 的 CCl_4 饱和溶液，蒸馏水，0.024 $g \cdot mL^{-1}$ KI 溶液，0.0200 $mol \cdot L^{-1}$ $Na_2S_2O_3$ 标准溶液，5 $g \cdot L^{-1}$ 淀粉指示剂。

［**实验步骤**］

1. 加样

将 100 mL 蒸馏水和 25.00 mL I_2 的 CCl_4 饱和溶液加入干燥的 250 mL 分液漏斗中，在室温下连续振荡约 50 min，静置，待两液层分层后，按表 4-18 中所列数据取样进行分析，记录室温。

2. CCl_4 层分析

待四氯化碳和水完全分层后，将下层的 CCl_4 从分液漏斗中放出，用移液管吸取 5.00 mL 该溶液置于干燥的锥形瓶中，并用量筒加入 KI 溶液 10 mL，促使 I_2 被提取到水层中，摇动锥形瓶，用 $Na_2S_2O_3$ 滴定。待滴定至淡黄色时，加入 2 mL 淀粉指示剂继续滴定至水层蓝色消失，CCl_4 层不再显红色即为终点。记录所用 $Na_2S_2O_3$ 溶液的体积。每个样品滴定三次，第一次粗测，后两次精测，计算后两次平均值。

3. 水层分析

吸取 25.00 mL 水层溶液，加入 2 mL 淀粉指示剂，用 $Na_2S_2O_3$ 标准溶液滴定至淡黄色，再继续滴定至蓝色恰好消失，记录消耗的 $Na_2S_2O_3$ 溶液体积。每个样品滴定三次，第一次粗测，后两次精测，计算后两次平均值。

滴定结束后，所用 CCl_4 等剩余溶液要倒入指定回收瓶中。

[**实验记录及结果**]

1. 记录实验数据于表 4-18 中。

2. 计算 I_2在四氯化碳层和水层的分配系数。

表 4-18　溶液配制及实验数据

<table>
<tr><td rowspan="2">混合液的组成/mL</td><td>H_2O</td><td>100</td></tr>
<tr><td>I_2的 CCl_4饱和溶液</td><td>25</td></tr>
<tr><td rowspan="2">分析取样量/mL</td><td>CCl_4层</td><td>5</td></tr>
<tr><td>H_2O 层</td><td>25</td></tr>
<tr><td rowspan="8">$Na_2S_2O_3$溶液体积/mL</td><td rowspan="4">CCl_4层</td><td>1.</td></tr>
<tr><td>2.</td></tr>
<tr><td>3.</td></tr>
<tr><td>平均</td></tr>
<tr><td rowspan="4">H_2O 层</td><td>1.</td></tr>
<tr><td>2.</td></tr>
<tr><td>3.</td></tr>
<tr><td>平均</td></tr>
<tr><td colspan="2">分配系数 K</td><td></td></tr>
</table>

[**实验思考**]

实验中,在滴定 CCl_4层样品时,需要先加入一定量的 KI 水溶液,试分析加入 KI 水溶液的作用?

参考文献

鲍克燕,毛武涛,刘光印,等. 关于碘和碘离子反应平衡常数的测定实验的一些探讨[J]. 广州化工,2016,44(22):139-141.

（空军军医大学　王海波）

实验十四　最大气泡法测定溶液的表面张力

[**实验目的**]

1. 掌握最大气泡法测定溶液表面张力的原理和方法。

2. 了解影响表面张力测定的因素。

3. 熟悉利用吉布斯(Gibbs)吸附方程式计算吸附量与浓度的关系的方法。

［**实验原理**］

表面张力是液体的重要性质之一。从热力学观点来看，液体表面缩小导致体系总的吉布斯自由能减少，这一过程为自发过程。如欲使液体产生新的表面积 ΔA，就需消耗一定量的功 W，其大小与 ΔA 成正比，根据热力学公式 $W_r = \sigma\Delta A$，等温、等压下 $\Delta G = W_r$，如果 $\Delta A = 1\ m^2$，则 $W_r = \sigma = \Delta G_{表}$，表面在等温下形成 $1\ m^2$ 的新表面所需的可逆功，即为吉布斯自由能的增加，故亦叫比表面吉布斯自由能，其单位是 $J \cdot m^{-2}$。从物理学力的角度来看，是作用在单位长度界面上的力，故亦称表面张力，其单位为 $N \cdot m^{-1}$。

液体的表面张力与温度有关，温度越高，表面张力越小，到达临界温度时，表面张力趋近于零[1]。液体的表面张力同时也与溶液的浓度有关，如果在溶剂中加入溶质，表面张力就会发生变化。当一种物质加入某液体后，对液体（包括内部和表面）及固体的表面结构会带来很大影响，势必引起液体表面张力发生改变。根据吉布斯自由能最低原理，溶质能降低液体（溶剂）的表面吉布斯自由能时，表面层溶质的浓度比内部的大；反之，若使表面吉布斯自由能增加，则溶质在表面的浓度比内部的小，这两种现象均称为溶液的表面吸附。溶于溶剂中能使其比表面吉布斯自由能 σ 显著降低的物质称为表面活性物质（即产生正吸附的物质）；反之，称为表面惰性物质（即产生负吸附的物质）。通过实验应用吉布斯方程可作出浓度与吸附量的关系曲线。先测定在同一温度下各种浓度溶液的 σ，绘出 $\sigma-c$ 曲线，将曲线上某一浓度 c 对应的斜率$\left(\dfrac{d\sigma}{dc}\right)_T$ 代入吉布斯公式就即求出吸附量，如图 4-4 所示。测定各平衡浓度下的相应表面张力 σ，作出 $\sigma-c$ 曲线，并在曲线上指示浓度的 L 点作一切线交纵轴于 N 点，再通过 L 点作一条横轴平行线交纵轴于 M 点，则有如下的关系式：

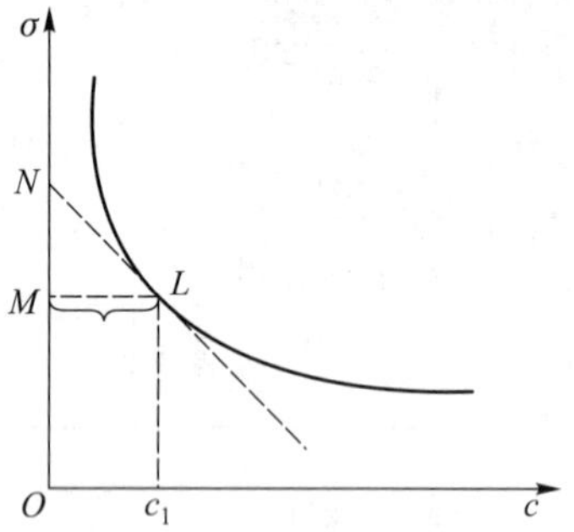

图 4-4 $\sigma-c$ 曲线

$$-c_1 \frac{d\sigma}{dc} = \overline{MN}，即 \Gamma_1 = \frac{\overline{MN}}{RT} \qquad (4-19)$$

由以上方法计算出适当间隔（浓度）所对应的 Γ 值，便可作出 $\Gamma-c$ 曲线。

测量表面张力的方法很多，如毛细管上升法、滴重法、拉环法等，其中尤以最大气泡压力法应用较多。其实验的基本原理如下：如图 4-5 所示，将欲测表面张力的液体装于试管 2 中，使毛细管 1 的端口与液体表面相齐，即刚接触液面，液面沿毛细管上升，打开滴液漏斗 6 的玻璃旋塞 5，滴液达到缓缓增压目的，此时毛细管 1 内液面上受到一个比试管 2 内液面上大的压力，当此压力差稍大于毛细管端产生的气泡内的附加压力时，气泡就冲出毛细管。此时压力差 Δp 和气泡内的附加压力 $p_{附}$，始终维持平衡。压力差 Δp 可由压力计读出。

气泡内的附加压力

$$p_{附} = \frac{2\sigma}{\gamma} \qquad (4-20)$$

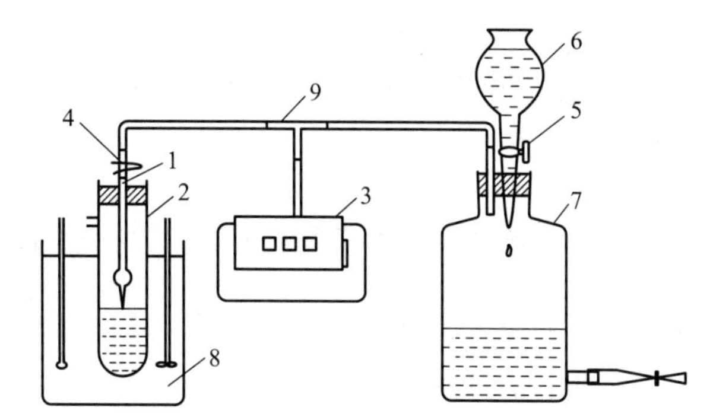

1—玻璃毛细管；2—带支管试管；3—数字式微压差计；4—夹子；
5—玻璃旋塞；6—滴液漏斗；7—磨口瓶；8—恒温容器；9—T形管

图 4-5　表面张力仪装置示意图

式中，γ 为气泡的曲率半径；σ 为溶液的表面张力。由于 $\Delta p = p_{附}$，则

$$\sigma = \frac{\gamma}{2} \cdot \Delta p \tag{4-21}$$

因为只有气泡半径等于毛细管半径时，气泡的曲率半径最小，产生的附加压力最大，此时压力计上的 Δp 也最大。所以在测得压力计上的最大 Δp 对应的 γ 即为毛细管半径。毛细管半径不易测得，但对同一仪器又是一常数，即 $\frac{\gamma}{2}$ = 常数，设为 K，称作仪器常数，则式(4-21)变为

$$\sigma = K\Delta p \tag{4-22}$$

用已知表面张力 σ_0 的液体测其最大压力差 Δp_0，则 $K = \frac{\sigma_0}{\Delta p_0}$，代回式(4-22)可测任何溶液的 σ 值。

［**仪器与试剂**］

仪器：表面张力仪一套(装置见图 4-5)，恒温水浴。

试剂：蒸馏水，无水乙醇(A.R.)。

［**实验步骤**］

1. 配制乙醇溶液

用重量法配制体积分数分别为 5%，10%，15%，20%，25%，30%，35%，40% 的乙醇水溶液。

2. 测定仪器常数[2]

将表面张力仪毛细管 1、试管 2 用洗液浸泡数分钟后，用自来水及蒸馏水冲洗干净，不要在玻璃面上留有水珠，使毛细管有很好的润湿性。调节恒温水浴温度为 25 ℃(或 30 ℃)。在减压器中装满水，塞紧塞子。使夹子 4 处于开放状态。在试管 2 中注入少量蒸馏水，装好毛细管 1，并使其尖端处刚好与液面接触(多余液体可用洗耳球吸出)。按图 4-5 装好夹子，为检查仪器是否漏气，打开滴水增压，在微压差计上有一定压力显示，关闭开关，停 1 min 左右，若微压差计显示的压力值不变，说明仪器不漏气。再打开旋塞 5 继续滴水增压，空气泡便从毛细管下端逸出，控制使空气泡逸出速度为

每分钟 20 个左右，可以观察到，当空气泡刚破坏时，微压差计显示的压力值最大，读取微压差计压力值至少三次，求平均值。由已知蒸馏水的表面张力 σ_0(可查表)及实验测得的压力值 Δp_0，可算出 K 值。

3. 测定乙醇溶液表面张力

先夹上夹子，然后把表面张力仪中的蒸馏水倒掉，用少量待测溶液将内部及毛细管冲洗 2~3 次，然后倒入要测定的乙醇溶液。从最稀溶液开始，依次测较浓的溶液。此后，按照与测量仪器常数的相同操作进行测定。乙醇溶液测完后，洗净管子及毛细管，依法重测一次蒸馏水的表面张力，与实验前测的蒸馏水的表面张力值进行比较，并加以分析。改变恒温水浴温度。按上述步骤测定 35 ℃下乙醇溶液系列表面张力。

注意：如果没有条件而按体积配制的溶液，需要分别测定乙醇溶液的折射率，在工作曲线上查得准确浓度，工作曲线可由实验室提供。

［**实验记录及结果**］

1. 实验数据及结果记录于表 4-19 中。

表 4-19　实验数据及结果

室温：________℃　水的表面张力 σ_0：________

乙醇溶液体积分数/%	测定次数及平均值				$K=\frac{\sigma_0}{\Delta p_0}$	σ	Γ
	1	2	3	平均			
0(纯水)							
5							
10							
…							

2. 按表列和计算的数据画出乙醇的 $\sigma-c$ 图。

3. 在 $\sigma-c$ 图上用作切线法求各适当间隔的浓度的 Γ 值，并作出 $\Gamma-c$ 等温吸附线。

4. 作出 35 ℃时的 $\Gamma-c$ 等温吸附线，并与 25 ℃线比较，得出温度影响结论。

［**实验思考**］

1. 本实验的数据比较容易产生误差，从得到的 $c/\Gamma-c$ 等温线来看，如果实验中得到的数据不是很理想，拟合出的直线不够精确，分析可能的原因。

2. 如果实验中使用的张力管及毛细管没有洗涤彻底，对实验结果将造成什么影响？

［**注释**］

［1］水在空气界面上的表面张力(表 4-20)

表 4-20　水在空气界面上的表面张力

温度/℃	表面张力 $\sigma_0\times10^3/(J\cdot m^{-2})$	温度/℃	表面张力 $\sigma_0\times10^3/(J\cdot m^{-2})$	温度/℃	表面张力 $\sigma_0\times10^3/(J\cdot m^{-2})$
0	75.64	19	72.90	30	71.18
5	74.92	20	72.75	35	70.38
10	74.22	21	72.59	40	69.56
11	74.07	22	72.44	45	68.74
12	73.93	23	72.28	50	67.91
13	73.78	24	72.13	55	67.05
14	73.64	25	71.97	60	66.18
15	73.49	26	71.82	70	64.42
16	73.34	27	71.66	80	62.61
17	73.19	28	71.50	90	60.75
18	73.05	29	71.35	100	58.85

[2] DP-AW 精密数字压力计使用方法

（1）前面板按键说明。

“单位”键：接通电源，初始状态“kPa”指示灯亮，LED 显示以 kPa 为计量单位的压力值，按一下单位键“mmH_2O”或“mmHg”指示灯亮，LED 显示以 mmH_2O 或 mmHg 为计量单位的压力值。

“采零”键：在测试前必须按一下采零键，使仪表自动扣除传感器零压力值（零点漂移），LED 显示为“0000”，保证显示值为被测介质的实际压力值。

“复位”键：按下此键，可重新启动 CPU，仪表即可返回初始状态。一般用于死机时，在正常测试中，不需按此键。

（2）预压及气密性检查　缓慢加压至满量程，观察数字压力表显示值变化情况，若 1 min 内显示值稳定，说明传感器及其检测系统无泄漏。确认无泄漏后，泄压至零，并在全量程反复预压 2~3 次，方可正式测试。

（3）采零　泄压至零，使压力传感器通大气，按一下采零键，此时 LED 显示“0000”，以消除仪表系统的零点漂移。

注意：尽管仪表作了精细的补偿，但因传感器本身固有的漂移（如时漂）是无法处理的，因此，每次测试前都必须进行采零操作，以保证所测压力值的准确度。

（4）测试　仪表采零后接通被测量系统，此时仪表显示被测系统的压力值。

（5）关机　实验完毕，先将被测系统泄压后，再关掉电源开关。为了保证数字压力计、恒温控制仪等精密仪表工作正常，设有专门检测设备的单位和个人，请勿自行打开机盖进行检修，更不许调整和更换元件，否则将无法保证仪表测量的准确度。橡胶管与管路接口装置、玻璃仪器、数字压力计等相互连接时，接口与橡胶管一定要插牢，以不漏气为原则,保证实验系统的气密性。

参考文献

[1] 周亭,陈俊峰,张志庆,等. 短链醇溶液表面张力及表面吸附测定的实验研究[J]. 实验室研究与探索,2019,38(1):27-30,68.

[2] 丑华,朱宇萍. 最大气泡法测定乙醇溶液表面张力[J]. 内江师范学院学报,2009,24(6):72-75.

(空军军医大学　王海波)

实验十五　二组分气液平衡体系相图

[**实验目的**]

1. 理解绘制二组分气液平衡体系相图的方法。
2. 掌握绘制乙醇-环己烷双液系的沸点-组成图的方法。
3. 学习阿贝折射仪的使用方法。

[**实验原理**]

相图是一种表示相平衡的几何图形。双液相图常见的有一定压力下的沸点-组成图和一定温度下的压力-组成图,其中沸点-组成图应用较多。在恒压下完全互溶的双液系的沸点-组成(t-x)图有三种。

(1) 理想的双液系,其溶液沸点介于两纯物质沸点之间,图 4-6(a)所示,如苯与甲苯;

(2) 各组分对拉乌尔定律发生正偏差,其溶液有最低沸点,图 4-6(b)所示,如水与乙醇,甲醇与苯,乙醇与环己烷等;

(3) 各组分对拉乌尔定律发生负偏差,其溶液有最高沸点,图 4-6(c)所示,如卤化氢和水,丙酮与氯仿等。

(2) (3)两类溶液在最高或最低沸点时的气、液两相组成相同,加热蒸发的结果只是气相总量增加,气液相组成及溶液沸点保持不变,这时的温度叫恒沸点,相应的组成叫恒沸组成。理论上,(1)类混合物可用一般精馏法分离出两种纯物质,(2)(3)两类混合物只能分离出一种纯物质和一种恒温混合物。

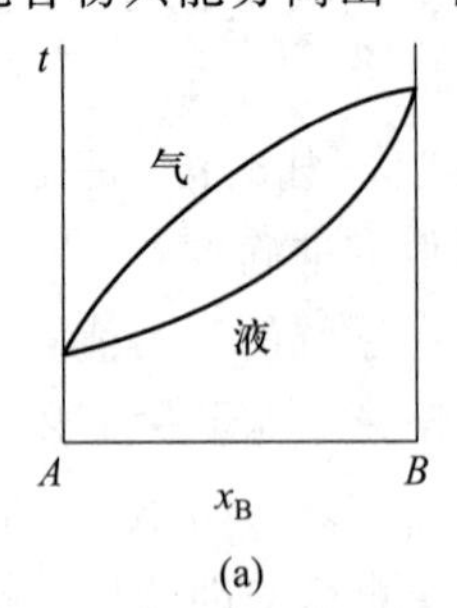

(a)

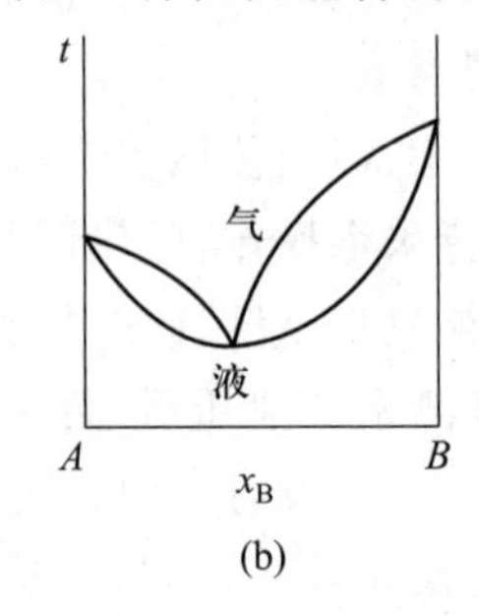

(b)

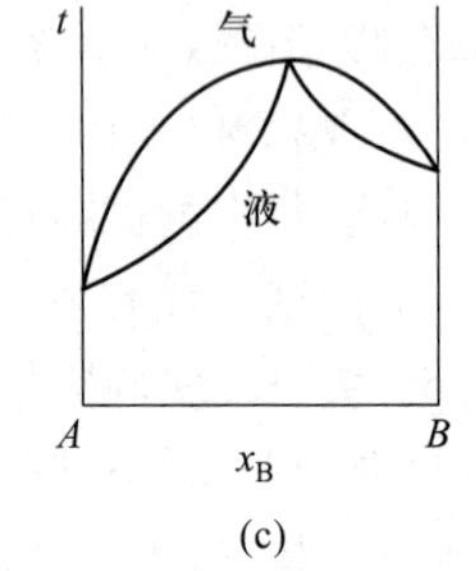

(c)

图 4-6　二元液系 t-x 图

为了测定二元液系的相图,需在气、液相达平衡后,测定整个浓度范围内不同组成溶液的气、液相平衡组成和沸点后,即可绘出气液平衡的沸点-组成($t-x$)相图。

实验中采用简单蒸馏瓶,以回流冷凝法测定乙醇-环己烷体系不同组成的溶液的沸点和气、液相组成。其装置如图 4-7 所示,这是一只带回流冷凝管的长颈圆底烧瓶,冷凝管底部有一半球形小室,用以收集冷凝下来的气相样品,电流经变压器和粗导线通过浸于溶液中的电热丝,这样可减少过热现象并能防止暴沸,小玻璃管有利于降低周围环境对温度计读数可能造成的波动,回流器上的冷凝器使平衡蒸气凝聚在小球 4 内,然后分别取样分析气相和液相的组成,用阿贝折射仪测定已知组成的乙醇-环己烷混合物的折射率,作出折射率对组成的工作曲线,在此工作曲线上,根据测得样品的折射率找出相应的组成,以校正后的沸点为纵坐标,测得的组成为横坐标,作乙醇-环己烷双液系的气液平衡相图。

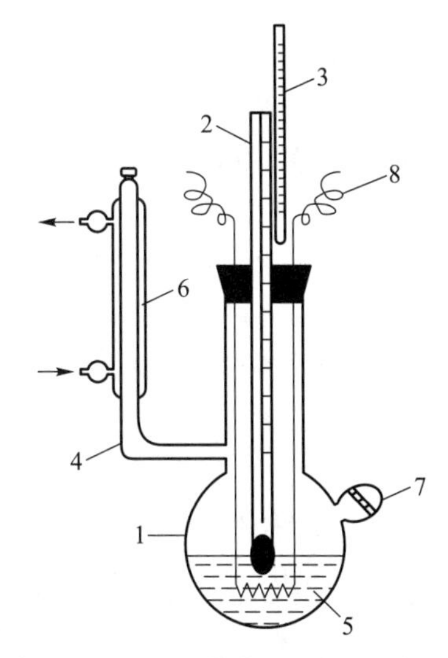

1—盛液容器；2—测量温度计；3—校正温度计；4—冷凝液小球；
5—电热丝；6—冷凝管；7—加液口；8—加热器

图 4-7　沸点测定仪

测绘双液系相图时,要求同时测定溶液的沸点及气液平衡时两相的组成。本实验用回流冷凝法测定乙醇-环己烷在不同组成时的沸点,用阿贝折射仪测定其相应液相和气相冷凝液的折射率,从而测得气、液两相的组成。

[**仪器与试剂**]

仪器:沸点测定仪 1 套,阿贝折射仪 1 台,超级恒温水浴 1 台,调压变压器 1 台,温度计(50~100 ℃±0.02 ℃,0~100 ℃±0.2 ℃)各 1 支,分析天平,移液管(1 mL,2 mL,5 mL),长取样吸管 2 支。

试剂:无水乙醇(A.R.),环己烷(A.R.)。实验室预先配制乙醇-环己烷系列溶液,环己烷摩尔分数大约为 0.05,0.15,0.30,0.45,0.55,0.65,0.80 和 0.95。

［**实验步骤**］

1. 仪器安装

将干燥的沸点测定仪按照使用说明进行安装[1]。

2. 乙醇-环己烷双液体系的沸点及气、液两相组成的测定

量取 25 mL 乙醇于烧瓶内，接通冷凝水，使温度计水银球位置一半浸入溶液中，一半暴露在蒸气中，通电加热（电阻丝不能露出液面，注意调压变压器输出电压不能大于 10 V），沸腾初期，可倾斜沸点测定仪，使小球 4 中的液体返回 1 中，待温度恒定后记下沸点，读取温度计 2 和 3 的温度，立即断电。冷却后，用两支干净的滴管分别取馏出液和剩余液几滴，立即测定其折光率[2]。重复测三次。

将已配好的环己烷摩尔分数大约为 0.05，0.15，0.30，0.45，0.55，0.65，0.80 和 0.95 的乙醇-环己烷溶液和纯的环己烷，分别按相同操作加热使溶液沸腾。记录沸点[3]，并测定馏出液和剩余液的折射率[4]。

3. 折射率工作曲线绘制

量取已准确配制环己烷摩尔分数分别为 0.00，0.10，0.20，0.30，0.40，0.50，0.60，0.70，0.80，0.90，1.00 的乙醇-环己烷溶液各 10 mL。将阿贝折射仪与超级恒温水浴相连接，使恒温分别为 20.0 ℃±0.2 ℃和 25.0 ℃±0.2 ℃，并分别测定这 11 个样品折射率。按照表 4-21 记录标准溶液的组成-折射率数据，绘制出工作曲线。

4. 乙醇-环己烷双液体系气液相图的绘制

按照表 4-22 绘制乙醇-环己烷双液体系气液相图，并由图找出其恒沸点及恒沸组成[5]。

［**实验记录及结果**］

1. 列表 4-21 记录标准溶液的折射率-组成数据。

表 4-21　乙醇-环己烷标准溶液的折射率-组成数据

环己烷摩尔分数(x_B)		x_1	x_2	x_3	x_4	x_5	x_6	x_7	x_8	x_9	x_{10}	x_{11}
折射率	1											
	2											
	3											
	平均值											

2. 以各样品的折射率用上述工作曲线确定各气、液相组成，填于表 4-22 中。

表 4-22　乙醇-环己烷溶液沸点、折射率与组成

样品编号	沸点/℃	沸点校正/℃	馏出液（气相）					剩余液（液相）				
			折射率				x（环己烷摩尔分数）	折射率				x（环己烷摩尔分数）
			1	2	3	平均		1	2	3	平均	
1												
2												

续表

样品编号	沸点/℃	沸点校正/℃	馏出液(气相)					剩余液(液相)				
			折射率				x(环己烷摩尔分数)	折射率				x(环己烷摩尔分数)
			1	2	3	平均		1	2	3	平均	
3												
4												
5												
6												
7												
8												

[**实验思考**]

1. 分析测量过程中产生误差的可能原因有哪些?

2. 对实验中产生的异常现象进行分析和讨论。

[**实验指导**]

对所观测的样品的沸点进行校正。

1. 正常沸点校正

实验条件下,外界压力并不恰好等于 101.325 kPa,溶液的沸点也与大气压有关,此时应对实验测得的温度值进行压力校正。根据克拉珀龙-克劳修斯方程及特鲁顿(Trouton)规则,可得溶液沸点随大气压变动而变动的近似值:

$$\Delta t_{压}/℃ = \frac{273.15 + t_A/℃}{10} \cdot \frac{101325 - p/\text{Pa}}{101325}$$

2. 露茎温度校正

公式为

$$\Delta t_{露} = 1.6 \times 10^{-4} h(t_A - t_B)$$

式中,t_B 为露茎部位的温度值;h 为露出在体系外的水银柱长度,以温度差值来表示。

经校正后的体系正常沸点应为

$$t_{沸} = t_A + \Delta t_{露} + \Delta t_{压}$$

[**注释**]

[1] 检查带有温度计的胶塞是否塞好,使加热用的电热丝要靠近容器底部的中心点,温度计水银球的位置要适宜。

[2] 本实验采用的是回流分析法,因而回流的好坏将直接影响到实验的质量。要使回流得好,首先是要注意回流时电热丝的供热,用调压变压器由零开始逐渐加大电压,使溶液缓慢加热。液体沸腾后,再调节电压和冷水流量,使蒸气在冷凝管中回流的高度保持在 1.5 cm 左右。测温温度计的读数稳定后在维持 3~5 min 以使体系达到

平衡。

[3] 在测定纯的环己烷前,必须将沸点测定仪洗净并干燥。溶液用后回收。

[4] 文献值:101.325 kPa 下乙醇-环己烷体系的恒沸点数据见表 4-23,其恒沸点为 64.9 ℃,其恒沸物组成是 $x_{环己烷}=0.555$。

表 4-23　标准压力下乙醇-环己烷体系相图的恒沸点数据

沸点/℃	乙醇的质量分数/%	环己烷的摩尔分数 x
64.9	40	/
64.8	29.2	0.570
64.8	31.4	0.545
64.9	30.5	0.555

参考文献

[1] 郑欧, 张栢茂, 祝淑颖, 等. 环己烷-乙醇气液平衡体系相图绘制实验中的分馏效应及改进方法[J]. 大学化学, 2018,33(10):85-90.

[2] 任冬梅, 侯淑华, 王鑫, 等. 沸腾时间对环乙烷-乙醇气液平衡相图绘制实验的影响[J]. 科技创新与应用, 2018 (20):22-25.

(空军军医大学　王海波)

实验十六　氢氧化铁溶胶的制备及性质研究

[实验目的]

1. 了解溶胶的制备方法。
2. 理解溶胶的丁铎尔效应和电泳现象。
3. 了解电解质对溶胶的聚沉作用及溶胶的保护方法。

[实验原理]

1. 溶胶的制备和纯化

胶体是指分散相粒子的直径在 1~100 nm 范围内的分散体系。与水亲和力差的难溶固体分散于水中形成的胶体分散体系称为溶胶。溶胶的分散相粒子是由许多分子或离子聚集而成的,制备溶胶的关键是使分散相粒子的直径处于胶体分散系的范围之内,通常的制备方法分为凝聚法和分散法。凝聚法是把物质的分子或离子聚集成胶粒的方法,包括蒸气凝聚法、变换溶剂法、化学反应法等。分散法是将物质分散变小的方法,包括机械研磨法、超声波分散法、电弧法、胶溶法等。

凝聚法可利用化学反应实现,本实验采用水解法制备 $Fe(OH)_3$ 溶胶,首先将 $FeCl_3$ 溶液水解生成 $Fe(OH)_3$,溶胶粒子表面上的一部分 $Fe(OH)_3$ 与 HCl 作用生成 FeOCl(铁酰氯),进而 FeOCl 解离出正离子 FeO^+(氧铁离子)和负离子 Cl^-,由于组成类似 FeO^+ 被吸附在 $Fe(OH)_3$ 颗粒表面,形成带正电荷的胶粒。水解法制备 $Fe(OH)_3$

溶胶的反应方程式如下：

$$FeCl_3+3H_2O \xrightarrow{煮沸} Fe(OH)_3+3HCl$$

$$Fe(OH)_3+HCl \longrightarrow FeOCl+2H_2O$$

$$FeOCl \longrightarrow FeO^++Cl^-$$

$Fe(OH)_3$胶粒的结构如图 4-8 所示。

$$\overbrace{\underbrace{\{[Fe(OH)_3]_m}_{胶核}\cdot \underbrace{n\,FeO^+\cdot(n-x)Cl^-\}^{x+}}_{吸附层}}^{胶粒}\cdot \underbrace{x\,Cl^-}_{扩散层}$$

图 4-8　$Fe(OH)_3$胶粒的结构示意图

随着制备条件的不同，胶团内 m，n 和 x 的数值有较大的差别，因此不同实验制得溶胶的性质也有较大的差异。

为增强 $Fe(OH)_3$溶胶的稳定性，需用渗析法对其进行纯化。渗析法是利用离子和小分子能透过半透膜，而溶胶不能透过的特性，将溶胶中过量的电解质和杂质分离的方法。

2. 溶胶的性质、聚沉和大分子的保护作用

溶胶有三个基本特征，即高分散性、不均匀多相性和热力学不稳定性，其光学性质、动力学性质和电学性质都与这些基本特性有关。

数字资源 4-16-1 视频：溶胶的性质和应用

由于溶胶的粒径小于可见光的波长（400~760 nm），因此当光照射溶胶时，会发生明显的散射作用，从侧面可以看到胶粒散射形成的光路，这种现象称为 Tyndall 现象或 Tyndall 效应。Tyndall 效应是溶胶区别真溶液的一个基本特征。

溶胶的另一个重要性质是电学性质。胶核的比表面很大，优先吸附与胶核具有相同组成的离子而使胶粒带有电荷。因此，在直流电场作用下胶粒会产生电泳现象。在溶胶中加入电解质时，与胶粒带相反电荷的离子会挤入吸附层，导致 ζ 电势下降，同时使水化膜变薄，因此会发生聚沉现象，且电解质中反离子所带电荷越多，聚沉能力越强。

作为溶胶粒子的一种稳定剂，一定量的高分子化合物能使胶粒不易发生聚沉，这种现象称为高分子化合物对溶胶的保护作用。但是，如果加入的高分子化合物较少，不但不能起保护作用，还会导致溶胶迅速生成棉絮状沉淀，这种现象称为高分子化合物对溶胶的絮凝作用。

［**仪器与试剂**］

仪器：电泳装置，Tyndall 效应暗箱，激光笔，恒温水浴，加热套，铁圈，烧杯（50 mL，250 mL，500 mL），量筒（10 mL，50 mL），锥形瓶（150 mL），试管（10×100 mm）。

试剂：0.1 $g\cdot mL^{-1}$ $FeCl_3$溶液，0.05 $g\cdot mL^{-1}$ 火胶棉溶液，1 $g\cdot L^{-1}$ $AgNO_3$溶液，0.2 $g\cdot mL^{-1}$ KSCN 溶液，3.5 $g\cdot L^{-1}$ KCl 溶液，2 $mol\cdot L^{-1}$ Na_2SO_4溶液，5 $g\cdot L^{-1}$ PVA 溶液（聚乙烯醇）。

［**实验步骤**］

1. $Fe(OH)_3$溶胶的制备

（1）水解法制备$Fe(OH)_3$粗溶胶　在250 mL烧杯中加入95 mL蒸馏水，加热至沸腾，逐滴加入5 mL 0.1 g·mL^{-1} $FeCl_3$溶液，同时不断搅拌，滴加结束后，再煮沸约5 min，即制得$Fe(OH)_3$粗溶胶，冷却待渗析。

（2）半透膜的制备　在洁净干燥的150 mL锥形瓶中倒入约10 mL 0.05 g·mL^{-1}火胶棉溶液，慢慢转动锥形瓶，使火胶棉溶液均匀浸润整个锥形瓶内壁，形成一薄层。将多余的火棉胶溶液倒回原瓶，倒置锥形瓶于铁圈上，使多余的火棉胶流尽，锥形瓶内壁的火棉胶固化成膜且不粘手。轻轻加水至满，浸膜约10 min，弃去瓶中的水。在瓶口小心剥开一部分膜，在膜与瓶壁间灌水至满，膜即脱落，形成透析袋。轻轻取出，检查透析袋完好备用。

（3）溶胶的净化　将制备的$Fe(OH)_3$溶胶注入透析袋中，将袋口用线系紧，置于盛有蒸馏水的500 mL烧杯内，50 ℃渗析30 min，每隔10 min换水一次，并检查水中的Cl^-（用1 g·L^{-1} $AgNO_3$溶液），记录结果。

2. 溶胶的性质实验

（1）溶胶的光学性质——Tyndall效应　取两支试管分别装入1/3体积的$Fe(OH)_3$溶胶和水，置于Tyndall效应暗箱中并用激光笔照射，观察液体中是否有明亮的光路，记录实验现象。

（2）溶胶的电学性质——电泳现象　关闭旋塞，从U形管一侧加入约10 mL KCl溶液，使U形管两侧液面处于同一高度。这时从右侧的漏斗口加入约30 mL $Fe(OH)_3$溶胶，小心打开旋塞，U形管两侧液面会慢慢向上移动，当液面达到10刻度处时，将两个电极插入KCl溶液中，开启电源，调节电压至50 V，通电约30 min，观察现象，记录溶胶界面高度，并计算溶胶界面高度差。电泳装置如图4-9所示。

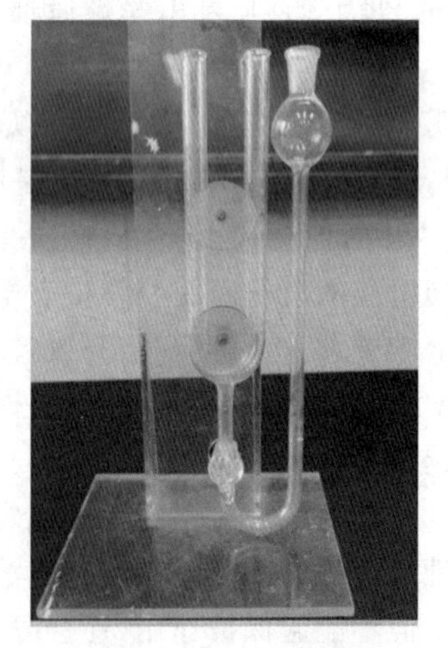
图4-9　电泳装置示意图

（3）溶胶的聚沉

a. 取1支试管，加入2 mL $Fe(OH)_3$溶胶，加热至沸数分钟，观察现象并记录。

b. 取2支干燥的试管，各加入2 mL $Fe(OH)_3$溶胶，分别用滴管滴加2 mol·L^{-1} NaCl溶液和2 mol·L^{-1} Na_2SO_4溶液，直到聚沉现象出现为止。记录溶胶开始聚沉时所需要电解质的用量，比较结果，并归纳结论。

（4）高分子化合物的保护作用　取3支试管，分别加入1 mL $Fe(OH)_3$溶胶，再各自加入5 g·L^{-1} PVA溶液1 mL、1.5 mL、2 mL，补加蒸馏水至相同体积，振荡混匀。再分别逐滴加入2 mol·L^{-1} NaCl溶液，边加边摇，直至试管刚出现混浊，记录所加的用量。比较结果，并归纳结论。

［实验记录及结果］

1. 记录溶胶的制备、净化的实验现象，归纳 $Fe(OH)_3$溶胶的性状特征。

2. 溶胶的性质：

（1）记录 Tyndall 效应的实验现象；

（2）记录溶胶电泳的实验现象及界面高度差；

（3）记录加入 NaCl 和 Na_2SO_4的浓度和用量，根据聚沉溶胶的电解质及浓度和用量，试解释溶胶聚沉所需电解质溶液的量与阴离子电荷之间的关系；

（4）记录加入对应电解质的用量和对应 PVA 溶液的体积，验证高分子化合物对溶胶的保护作用，并分析其作用机制。

［实验思考］

1. 制备得到的溶胶为什么要净化？加速渗析可以采用什么措施？

2. 溶胶属热力学不稳定系统，试解释 $Fe(OH)_3$胶体能稳定存在的原因。

3. 根据溶胶的电泳现象推断 $Fe(OH)_3$胶粒所带的电荷，并写出胶粒带电荷涉及的离子反应方程式。

参考文献

程宏英，夏嗣禹，周宇杰，等. 氢氧化铁溶胶制备条件对其电泳等性能的影响［J］. 大学化学，2019，34(7)：79-84.

（复旦大学　包慧敏）

实验十七　乙酰苯胺的合成、纯化及熔点测定

［实验目的］

1. 学习乙酰苯胺的制备方法。

2. 掌握熔点测定的意义和方法。

3. 巩固重结晶的操作及其应用。

［实验原理］

乙酰苯胺可由苯胺与乙酰化试剂（乙酰氯、乙酸酐或乙酸等）来制备。本实验选用乙酸作为乙酰化试剂。反应如下：

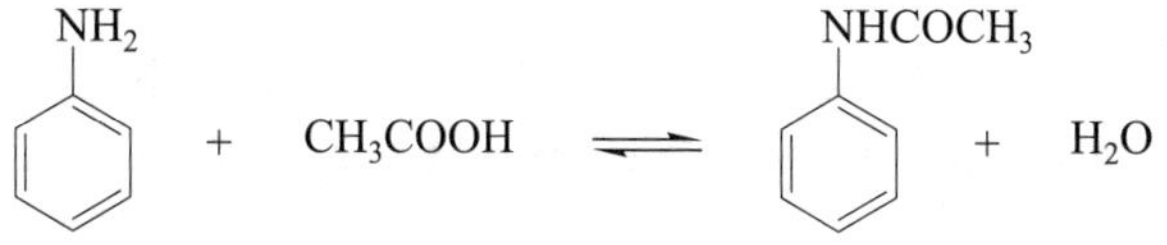

$$C_6H_5NH_2 + CH_3COOH \rightleftharpoons C_6H_5NHCOCH_3 + H_2O$$

乙酸与苯胺的反应速率较慢，且反应是可逆的，为了提高乙酰苯胺的产率，一般采用乙酸过量的方法。在合成过程中，乙酸和苯胺还存在成盐的副反应，同时苯胺性质不稳定，易氧化，在反应过程中可能会产生硝基苯、亚硝基苯、酚类等氧化物，故产物需要重结晶进行纯化。

［**仪器与试剂**］

试剂：苯胺（6 mL，0.055 mol），乙酸（8 mL、0.15 mol），活性炭，液体石蜡。

仪器：电子天平，圆底烧瓶（50 mL），电加热套，直形冷凝管（200 mm），无颈漏斗，烧杯（250 mL），量筒（100 mL），布氏漏斗（60 mm），吸滤瓶（250 mL），b 形管，毛细管。

［**实验步骤**］

数字资源 4-17-1 视频：乙酰苯胺合成装置演示

在 50 mL 圆底烧瓶中，加入 6 mL 苯胺、8 mL 乙酸和 1~2 粒沸石。按图 4-10 安装好实验装置，圆底烧瓶在电加热套加热至反应物沸腾。调节旋钮，使反应液平稳沸腾，加热回流 40 min 后停止加热。将反应液趁热以细流倒入盛有 100 mL 水的烧杯中，边倒边不断搅拌，此时有细粒状固体析出。冷却后过滤，并用少量冷水洗涤固体，得到乙酰苯胺粗品。

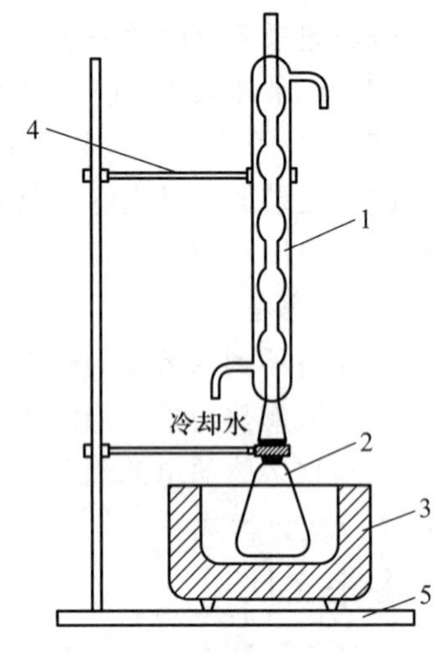

图 4-10　合成乙酰苯胺回流装置图

称取乙酰苯胺粗品 2g，放入 250 mL 烧杯中，加入 80~90 mL 水[1]。用酒精灯在石棉网上加热至煮沸，并用玻璃棒搅拌至完全溶解。移去酒精灯，待溶液稍冷后，加入半匙活性炭[2]，继续加热微沸 5~10 min。

从烘箱中取出预先烘热的布氏漏斗趁热将溶液抽滤。每次倒入漏斗的液体不要太满，也不要等溶液全部滤完后再加。待所有的溶液过滤完毕后，用少量热水（2 ~3 mL）洗涤锥形瓶和滤纸。抽滤结束后，将滤液转移到烧杯中，冷水冷却使结晶完全。结晶完成后，再次进行抽滤，用少量母液洗涤晶体，抽实、压干，得白色片状结晶。晶体转移到表面皿上，在红外灯下烘干，称量，计算提纯率。测定熔点。

纯净的乙酰苯胺的熔点为 114~115 ℃。

［**实验记录及结果**］

记录实验数据于表 4-24 中。

表 4-24　乙酰苯胺的合成、纯化及熔点测定

	颜色	晶形	粗品质量/g	纯品质量/g	熔点/℃
乙酰苯胺					

［**实验思考**］

1. 为什么活性炭要在固体物质完全溶解后加入？又为什么不能在溶液沸腾时加入？
2. 将溶液进行热过滤时，为什么要尽可能减少溶剂的挥发？如何减少其挥发？

［**注释**］

［1］乙酰苯胺在水中的溶解度如下：

t/℃	20	25	50	80	100
溶解度/（g · 100 mL^{-1}）	0.46	0.56	0.84	3.45	5.5

［2］活性炭不可加到正在沸腾的溶液中，否则将造成暴沸现象。加入活性炭的量相当于样品量的1%～5%。

参考文献

刘保启，丁天惠，康书凤，等. 乙酰苯胺的提纯和检测［J］. 分析试验室，1993，12(3)：52-53，57.

（山西医科大学　王浩江）

实验十八　乙醇的常压蒸馏及沸点和折射率测定

［实验目的］

1. 熟悉常压蒸馏装置的安装和操作。
2. 掌握常量法测定液体沸点的方法。
3. 熟悉阿贝折射仪的使用。

［实验原理］

液态物质都具有一定的蒸气压，由于液体气化是一个吸热过程，因此液态物质的蒸气压随温度的升高而增大。当达到某一温度时，蒸气压和外界压力相等，表现为液体内产生大量气体，即沸腾，这时的温度即为该液体在此外界压力下的沸点。所以通过蒸馏可以测出液体的沸点，即所谓的常量法测沸点。

纯净乙醇的沸点是78.5 ℃，折射率 n_D^{20} 为1.3611。乙醇极易从空气中吸收水分，能与水及氯仿、乙醚等多种有机溶剂以任意比互溶。乙醇能与水形成共沸混合物（含水4.4%），共沸点78.15 ℃。因此，通过直接蒸馏的方法难以制备纯净乙醇，市售工业酒精就是通过工业合成并蒸馏得到的，含乙醇约95%，除含水以外，往往还含有少量甲醇、醛类、有机酸等杂质。

如果想制得纯度更高的乙醇，要采用其他方法来除水。在实验室中常用的方法是加入生石灰，使水分与生石灰结合生成氢氧化钙后再进行蒸馏。

$$CaO + H_2O \longrightarrow Ca(OH)_2$$

这样得到的无水乙醇，纯度可达到约99.5%。

折射率是液态物质的重要物理常数之一，与入射光的波长及测定时介质的温度有关。它是液态化合物的纯度标志，可作为定性鉴定的手段。

［仪器与试剂］

仪器：电加热套，铁架台，铁夹，圆底烧瓶（100 mL），温度计套管，温度计（100 ℃），直形冷凝管，蒸馏头，尾接管，量筒（50 mL），沸石，阿贝折射仪。

试剂：75 %乙醇（体积分数），丙酮，蒸馏水，擦镜纸。

［实验步骤］

1. 熟悉仪器结构及使用方法

(1) 常压蒸馏装置的安装见第三章第六节蒸馏部分。

（2）折射率的测量原理及阿贝折射仪的使用见第三章第八节折射率部分。

2. 乙醇的常压蒸馏及沸点测定

在 100 mL 的圆底烧瓶中，加入 30 mL 75 %酒精，放入几颗沸石，安装蒸馏装置。接通冷凝水，加热。当液体沸腾，蒸气到达水银球位置时，温度计读数急剧上升，这时应调低电热套电压，以控制热源来调节蒸馏速度。一般控制在每秒蒸出 1～2 滴为宜。这样的蒸馏速度可以保证温度计水银球上一直为液体蒸气浸润，始终能看到温度计水银球上有被冷凝的液滴，此时温度计上所示的温度即为液体与蒸气平衡时的温度，亦即馏出液的沸点。准备两个接收容器，先用一个接收最先馏出的液体（常称为前馏分），当温度计读数趋于恒定时，换另一个接受容器，收集约 20 mL 馏出的乙醇。记下这部分乙醇开始馏出时和收集到最后一滴时的温度读数，就是该乙醇的沸程。注意，在任何情况下都不能将液体蒸干。维持加热程度至不再有馏出液蒸出，或温度变化较大时，应停止加热，冷却一会儿再停止通水，拆除仪器次序与装配时相反。

3. 折射率测定

主要步骤如下：

（1）仪器准备　将阿贝折射仪与恒温装置相连，20 ℃恒温 0.5 h。

（2）仪器校正　打开棱镜，加入 2～3 滴丙酮于棱镜表面，合上棱镜，片刻后打开棱镜，用擦镜纸顺同一方向轻轻将丙酮吸干。在磨砂面棱镜上滴加 1 滴蒸馏水，合上棱镜，调节反光镜，使镜筒的视场明亮。转动刻度调节手轮，直至在测量望远镜中观测到的视场出现半明半暗视野。转动消色散手轮，使视场内呈现一个清晰的明暗分线，消除色散。再次小心转动刻度调节手轮使明暗分界线正好处在十字线交点上，记录读数，即为水的折射率，重复两次，取平均值。将此值与纯水的标准值（$n_D^{20}=1.3330$）比较，可得仪器的校正值。

（3）加样测量　滴加蒸馏所得乙醇用同样方法测定折射率，重复三次，取平均值。

［实验记录及结果］

记录实验数据于表 4-25 中。

表 4-25　乙醇的常压蒸馏及沸点和折射率测定

	体积/mL	沸点/℃	n_D^{20}（测定）	n_D^{20}（校正）
乙醇				

［实验思考］

1. 为什么蒸馏过程中液体的沸点会逐渐增大？蒸馏速度过快对沸点测定有什么影响？

2. 回顾实验过程，哪些操作可以改进？

参考文献

叶晓霞，杨新宇，李永，等. 药物化学模块实验教程［M］. 北京：高等教育出版社，2015：93-95.

（温州医科大学　谢夏丰）

实验十九　色谱法分离菠菜叶绿素

［**实验目的**］

1. 了解植物色素提取的原理与方法。

2. 学习并掌握柱色谱分离的操作技术。

3. 学习并掌握薄层色谱定性分析的操作技术。

［**实验原理**］

绿色植物（如菠菜）的叶、茎中，含有叶绿素（绿）、胡萝卜素（橙）和叶黄素（黄）等多种天然色素。叶绿素存在两种结构相似的形式即叶绿素 a（$C_{55}H_{72}O_5N_4Mg$）和叶绿素 b（$C_{55}H_{70}O_6N_4Mg$），其差别仅是叶绿素 a 中一个甲基被甲酰基所取代从而形成了叶绿素 b。它们都是吡咯衍生物与金属镁的配合物，是植物进行光合作用所必需的催化剂。植物中叶绿素 a 的含量通常是叶绿素 b 的三倍。尽管叶绿素分子中含有一些极性基团，但大的烃基结构使它易溶于醚、石油醚等一些非极性的溶剂。胡萝卜素（$C_{40}H_{56}$）是具有长链结构的共轭多烯。它有三种异构体，即 α-胡萝卜素、β-胡萝卜素和γ-胡萝卜素，其中 β-胡萝卜素含量最多，也最重要。叶黄素（$C_{40}H_{56}O_2$）是胡萝卜素的羟基衍生物，它在绿叶中的含量通常是胡萝卜素的两倍。与胡萝卜素相比，叶黄素较易溶于醇而在石油醚中溶解度较小。

本实验先根据各种植物色素的溶解度情况将胡萝卜素（橙）、叶黄素（黄）、叶绿素 a 和叶绿素 b 从菠菜叶中提取出来，然后根据各化合物物理性质的不同分别用柱色谱分离，薄层色谱鉴定。

叶绿素 a、叶绿素 b、叶黄素（黄）和 β-胡萝卜素的结构式如图 4-11 所示。

［**仪器与试剂**］

仪器：电子天平，循环水真空泵，圆底烧瓶（50 mL），分液漏斗（125 mL），色谱柱（20 mm ×100 mm）、布氏漏斗，吸滤瓶（125 mL），研钵，量筒（25 mL），锥形瓶（100 mL），硅胶 GF254 板、展开槽。

试剂：新鲜菠菜 20 g，石油醚（A.R.），丙酮（A.R.），甲醇（A.R.），硅胶 G，中性氧化铝（A.R.），正丁醇（A.R.），乙醇（A.R.），无水硫酸钠（A.R.）。

［**实验步骤**］

1. 熟悉仪器结构及使用方法

色谱法的原理与操作参见第三章第七节色谱法简介。

2. 菠菜色素的提取

将菠菜叶洗净，晾干。称取 20 g，用剪刀剪碎，置于研钵中，加入 20 mL 甲醇，研磨 5 min，转入布氏漏斗中抽滤[1]，弃去滤液。

将布氏漏斗中的糊状物放回研钵，加入体积比为 3 ∶ 2 的石油醚-甲醇混合液 20 mL，研磨，抽滤[2]。再取另一份 20 mL 混合液重复操作，抽干。合并 2 次滤液，转入分液漏斗，每次用 10 mL 水洗剂两次[3]，弃去水-醇层，将石油醚层用无水硫酸钠干

叶绿素a (R=CH_3)
叶绿素b (R=CHO)

β-胡萝卜素(R=H)　　　　叶黄素(R=OH)

图 4-11　叶绿素和β-胡萝卜素的结构式

数字资源 4-19-1 视频：绿叶中色素的提取和分离

燥后滤入蒸馏瓶中，水浴加热蒸馏至剩余约 1 mL 残液。

3. 菠菜色素的柱色谱分离

取 20 g 中性氧化铝进行湿法装柱。填料装好后，从柱顶加入上述浓缩液，先用体积比为 9∶1 的石油醚-丙酮混合液进行洗脱，当第一个橙黄色色带（胡萝卜素）即将流出时，换一接收瓶接收，当第一个色带完全流出后再更换接收瓶，换用体积比为7∶3的石油醚-丙酮混合液进行洗脱，当第二个棕黄色色带（叶黄素）即将流出时，换一接收瓶接收[3]。此时，继续更换洗脱剂，用体积比为 3∶1∶1 的正丁醇-乙醇-水混合液洗脱，分别在色谱柱的上端可见蓝绿色和黄绿色的两个色带，此为叶绿素 a 和叶绿素 b。

数字资源 4-19-2 视频：柱色谱的一般方法

4. 薄层色谱检测柱效

取 6 块小硅胶板，用平口毛细管汲取原提取液和各色带收集液点样，用体积比为 8∶2 的石油醚-丙酮混合液作展开剂，展开后计算各样点的 R_f 值，观察各色带样点是否单一，以认定柱中分离是否完全。建议按表 4-26 次序点样。

表 4-26　点 样 次 序

薄板序号	一		二		三		四		五		六
样点序号	1	2	3	4	5	6	7	8	9	10	备补
点样物质	原提取液	原提取液	原提取液	第一色带	原提取液	第二色带	原提取液	第三色带	原提取液	第四色带	备补

各样点的 R_f 值因薄层厚度及活化程度而略有差异。大致次序为：第一色带胡萝

卜素(橙黄色,R_f= 0.75);第二色带叶黄素(黄色,R_f= 0.7);第三色带叶绿素 a(蓝绿色,R_f= 0.67);第四色带叶绿素 b(黄绿色,R_f= 0.5)。在原提取液(浓缩)的薄层板上还可以看到另一个未知色素的斑点(R_f= 0.2)。

[**实验记录及结果**]

记录实验数据及结果于表 4-27 中。

表 4-27　色谱法分离菠菜叶绿素

	颜色	性状	分离所需展开剂用量/mL	R_f
叶绿素				
叶黄素				
胡萝卜素				

[**实验思考**]

1. 试比较叶绿素、叶黄素和胡萝卜素三种色素的极性,为什么胡萝卜素在色谱柱中移动最快?

2. 薄层色谱分析中常用展开剂的极性大小顺序是怎样的?展开剂极性对样品的分离有何影响?点样、展开、显色这三个步骤各要注意什么?

[**注释**]

[1] 控制抽滤力度,不宜过大。

[2] 水洗时振摇宜轻,避免严重乳化。

[3] 叶黄素易溶于醇而在石油醚中溶解很小。菠菜嫩叶中叶黄素含量本来不多,经提取洗脱损失后所剩更少,因此在柱色谱中不易分得黄色带,在薄层色谱中样点很淡,可能观察不到。

参考文献

王洪钟, 谢莉萍, 李玉明,等. 叶绿体色素分离实验改进与拓展[J]. 生物学通报, 2012, 47(7):44-46.

(空军军医大学　何炜)

实验二十　有机化合物性质实验

[**实验目的**]

1. 熟悉各类有机化合物结构与性质之间的关系。

2. 熟悉并验证各类有机化合物的性质。

[**实验原理**]

1. 不饱和烃的性质

烯烃与炔烃的化学性质比较活泼,易发生加成反应和氧化反应。因此,烯烃与炔烃能使溴和高锰酸钾溶液褪色,这一现象可以作为特性鉴定反应。

2. 醇的性质

一、二、三级醇由于羟基被氯取代的速率不同，三级醇最快，二级醇次之，一级醇最慢，故可用 Lucas 试剂（氯化锌-盐酸试液）来区别。

数字资源 4-20-1 课件：Lucas 试剂介绍

$$ROH+HCl \xrightarrow{ZnCl_2} RCl+H_2O$$

具有两个相邻羟基的多元醇（如甘油），由于相邻二羟基的相互影响，可以与重金属氢氧化物[如 $Cu(OH)_2$]作用，生成铜盐配合物。

$$\begin{array}{l} H_2C-OH \\ HC-OH \\ H_2C-OH \end{array} + Cu(OH)_2 \longrightarrow \begin{array}{l} H_2C-O \\ HC-O \\ H_2C-OH \end{array}\!\!\!\!\!\!>Cu$$

3. 酚的性质

酚羟基受苯环影响而显弱酸性，能使蓝色石蕊试纸略变红，能与强碱（如 NaOH）作用成盐而溶于水，但不能与弱碱（如 $NaHCO_3$）作用。

$$C_6H_5-OH + NaOH \longrightarrow C_6H_5-ONa + H_2O$$

$$C_6H_5-ONa + CO_2 + H_2O \longrightarrow C_6H_5-OH + NaHCO_3$$

大多数的酚与 $FeCl_3$ 溶液有显色反应，而且各种酚产生不同的颜色。例如，苯酚遇 $FeCl_3$ 溶液显蓝紫色。

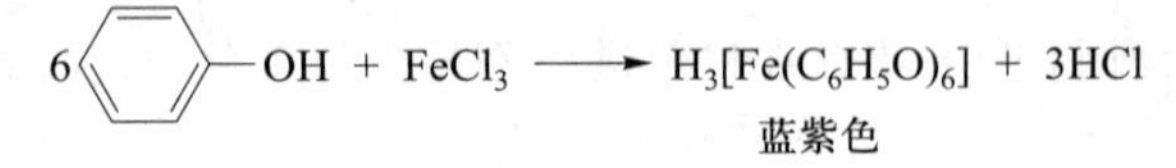

$$6\,C_6H_5-OH + FeCl_3 \longrightarrow \underset{\text{蓝紫色}}{H_3[Fe(C_6H_5O)_6]} + 3HCl$$

数字资源 4-20-2 课件：Tollens 试剂介绍

4. 醛、酮的性质

在碱性溶液中，乙醛和甲基酮 α-碳上的氢原子能被碘取代，发生碘仿反应。碘仿为有特殊气味的黄色固体，不溶于反应液，反应进行很快，可用于鉴别乙醛、甲基酮类化合物。

$$(R)H-\overset{\overset{\displaystyle O}{\|}}{C}-CH_3 \xrightarrow{NaOX} (R)H-\overset{\overset{\displaystyle O}{\|}}{C}-CX_3$$

由于结构上的不同，醛比酮更易被氧化。醛能够被弱氧化剂氧化，例如，醛可以与 Tollens 试剂（氨制 $AgNO_3$ 试液）作用发生银镜反应；脂肪醛与 Fehling 试剂（碱性酒石酸铜试液）作用生成 Cu_2O 砖红色沉淀。酮则难被氧化。因此，上述两试液可以用来鉴别醛和酮。

数字资源 4-20-3 课件：Fehling 试剂介绍

$$RCHO+2Ag(NH_3)_2OH \xrightarrow{\triangle} RCOONH_4+2Ag\downarrow+3NH_3\uparrow+H_2O$$

$$RCHO+2Cu(OH)_2+NaOH \xrightarrow{\triangle} RCOONa+Cu_2O\downarrow+3H_2O$$

5. 胺类的性质

（1）胺的碱性　脂肪胺易溶于水，芳香胺不溶于水或在水中溶解度小。胺类化合

物具有碱性，可与无机酸作用形成铵盐而溶于水，强碱又使胺重新游离出来。

（2）Hinsberg 试验　伯胺、仲胺和叔胺在碱性介质中与苯磺酰氯反应，现象不同，可以区别鉴定。伯胺与苯磺酰氯的反应产物能溶于氢氧化钠溶液，仲胺与苯磺酰氯的反应产物不溶于氢氧化钠溶液，而叔胺在此条件下不发生反应。

6. 氨基酸的性质

α-氨基酸与茚三酮的水合物在水溶液中共热时，氨基酸被氧化分解为醛、氨和二氧化碳，水合茚三酮则生成还原型茚三酮，与分解的氨缩合生成蓝紫色化合物（脯氨酸及羟脯氨酸与茚三酮反应产物呈黄色）。这是检验 α-氨基酸的灵敏方法，也可用来定量分析 α-氨基酸。

数字资源 4－20－4 拓展：Functional Group

7. 糖类的性质

分子中含有游离半缩醛（酮）羟基的单糖、多糖，能被弱氧化剂（Tollens 试剂或 Fehling 试剂）氧化。淀粉溶液遇碘显蓝色，可作为淀粉的定性鉴别反应。

［**仪器与试剂**］

仪器：恒温水浴锅，试管，试管架，pH 试纸。

试剂：环己烯，$0.05\ g \cdot mL^{-1}$ 溴的四氯化碳溶液，$1\ g \cdot L^{-1}$ 高锰酸钾溶液，无水氯化锌（A.R.），硫酸铜（A.R.），酒石酸钾钠（A.R.），氢氧化钠（A.R.），碘（A.R.），碘化钾（A.R.），正丁醇（A.R.），仲丁醇（A.R.），叔丁醇（A.R.），浓盐酸（A.R.），$0.1\ g \cdot mL^{-1}$ 硫酸，$2.5\ mol \cdot L^{-1}$ NaOH 溶液，$0.05\ g \cdot mL^{-1}$ $CuSO_4$ 溶液，$0.1\ mol \cdot L^{-1}$ $AgNO_3$ 溶液，$1\ mol \cdot L^{-1}$ 氨水，甘油（A.R.），苯酚（A.R.），水杨酸（A.R.），乙酰水杨酸（A.R.），$0.01\ g \cdot mL^{-1}$ $FeCl_3$ 溶液，乙醇（A.R.），丙酮（A.R.），乙醛（A.R.），苯甲醛（A.R.），苯乙酮（A.R.），甲胺水溶液，苯胺（A.R.），*N*-甲基苯胺（A.R.），*N*,*N*-二甲苯胺（A.R.），苯磺酰氯（A.R.），$0.005\ g \cdot mL^{-1}$ 谷氨酸溶液，$1\ g \cdot L^{-1}$ 茚三酮乙醇溶液，$0.05\ g \cdot mL^{-1}$ 葡萄糖溶液，$0.05\ g \cdot mL^{-1}$ 果糖溶液，$0.05\ g \cdot mL^{-1}$ 蔗糖溶液，$0.05\ g \cdot mL^{-1}$ 淀粉溶液。

［**实验步骤**］

1. 不饱和烃的性质

（1）与溴加成　取干燥试管 1 支，加环己烯 8 滴，加 $0.05\ g \cdot mL^{-1}$ 溴的四氯化碳溶液 2~3 滴，振摇，观察溴的颜色是否褪去。

（2）氧化反应　取试管 1 支，加环己烯 8 滴，加 $1\ g \cdot L^{-1}$ 高锰酸钾溶液 4 滴，振摇后，观察高锰酸钾溶液的紫色是否褪去。

2. 醇的性质

（1）与 Lucas 试剂（氯化锌-盐酸试液）的作用[1]　取 3 支干燥试管，分别加入正丁醇、仲丁醇、叔丁醇各 5 滴，然后各加 Lucas 试剂 1 mL，振摇，观察溶液是否变浑浊？静置后有无分层现象[2]？如不见浑浊，则放置低温水浴中加热数分钟[3]，记录现象并比较反应快慢。

对于有作用的样品，再用 1 mL 浓盐酸代替 Lucas 试剂做同样的实验，比较结果。

（2）碘仿反应　取乙醇 2 滴于试管中，加碘-碘化钾试液[4] 1 mL，滴加 $2.5\ mol \cdot L^{-1}$ NaOH 溶液至混合物褪色，即发生碘仿的特殊气味，并生成黄色沉淀。如无沉淀生成，可在 60 ℃水浴中温热数分钟，放冷观察。

（3）甘油与重金属氢氧化物的反应 取 2.5 mol · L^{-1} NaOH 溶液 1 mL 于试管中，加入 0.05 g · mL^{-1} $CuSO_4$溶液 4 滴，则有 $Cu(OH)_2$沉淀生成，再加入甘油约 0.5 mL，振摇，观察沉淀是否溶解。

3. 酚的性质

（1）弱酸性 试管中加约 0.1 g 苯酚结晶和 1 ml 水，振摇，观察能否完全溶解，并用 pH 试纸测其弱酸性；然后向试管中滴加 0.1 g · mL^{-1}氢氧化钠溶液，振摇，观察苯酚是否完全溶解，再加 0.1 g · mL^{-1}盐酸又有什么现象产生？分析原因。

（2）与 $FeCl_3$试液的显色反应 在两支试管中分别加入水杨酸和乙酰水杨酸少许，加乙醇溶解后，加 0.01 g · mL^{-1} $FeCl_3$试液 1~2 滴，观察现象。

4. 醛、酮的性质

（1）碘仿反应 在 2 支试管中分别加入丙酮、乙醛各 2 滴，加碘-碘化钾试液 1 mL，滴加 2.5 mol · L^{-1} NaOH 溶液至混合物褪色，即发生碘仿的特殊气味，并生成黄色沉淀。如无沉淀生成，可在 60 ℃水浴中温热数分钟，放冷观察。

（2）与 Tollens 试剂的反应[5] Tollens 试剂的配制：取洁净试管 1 支，加 0.1 mol · L^{-1} $AgNO_3$溶液 2 mL 及 2.5 mol · L^{-1} NaOH 溶液 1 滴，振摇下滴加 1 mol · L^{-1}氨水，直到沉淀恰好溶解为止（不宜多加，否则影响试验的灵敏度）。

将配好的 Tollens 试剂，分置于 4 支洁净的试管中，分别加入乙醛、丙酮、苯甲醛、苯乙酮各 2 滴，于温水中（50~60 ℃）温热几分钟，观察哪支试管中有银镜生成，并写出反应式。

（3）与 Fehling 试剂（碱性酒石酸铜试液）的反应[6] 取试管 1 支，加入 Fehling 试剂 A、B 各 1 mL，开始生成 $Cu(OH)_2$沉淀，振摇后即溶解。把配制好的 Fehling 试剂分置于 2 支洁净的试管中，再分别加入乙醛、丙酮各 5 滴，将试管放在水浴中温热，观察两支试管各有什么现象产生[7]，写出反应式。

5. 胺的性质[8]

（1）胺的碱性 在 2 支试管中分别加入甲胺水溶液、苯胺 3~4 滴，振摇下逐渐加入 1.5 mL 水，加热，观察是否溶解。若不溶解，缓慢滴加 0.1 g · mL^{-1}硫酸使其溶解，再逐渐滴加 0.1 g · mL^{-1}氢氧化钠溶液，观察现象。

（2）Hinsberg 试验 取 3 支配有塞子的试管，分别加入苯胺、*N*-甲基苯胺、*N*,*N*-二甲苯胺各 0.5 mL，2.5 mL 0.1 g · mL^{-1}氢氧化钠溶液，0.5 mL 苯磺酰氯，塞好塞子，用力振摇 3~5 min。手触试管底部，哪支试管发热，为什么？取下塞子，在温水浴中加热并振摇 1 min，冷却后用 pH 试纸检验，溶液若不呈碱性，可加几滴 0.1 g · mL^{-1}氢氧化钠溶液，观察现象；加入 6 mol · L^{-1}盐酸酸化后，再观察现象。

6. 氨基酸的性质——氨基酸与茚三酮的反应

在滤纸片上滴加 0.005 g · mL^{-1}谷氨酸溶液 1 滴，风干后，在原处滴加 1 g · L^{-1}茚三酮乙醇溶液 1 滴。风干后，将滤纸片隔着石棉网在煤气灯上小火加热 1~2 min（或将滤纸片放入烘箱中加热 5~10 min），观察紫红色或蓝色斑点的出现。

7. 糖类的性质

（1）与 Tollens 试剂的反应 取洁净试管 5 支，各加入 Tollens 试剂 2 mL，再分别

加入葡萄糖、果糖、乳糖、蔗糖和淀粉的 0.05 g · mL^{-1}水溶液各 5 滴。将 5 支试管同时放入温水浴（60~80 ℃）中加热，观察哪些试管有银镜反应发生，为什么？

（2）与 Fehling 试剂（碱性酒石酸铜试液）的反应　在 5 支试管中分别加入 Fehling 试剂 A、B 各 0.5 mL，振摇溶解后，再分别加入葡萄糖、果糖、乳糖、蔗糖和 0.05 g · mL^{-1}淀粉溶液各 3 滴。将 5 支试管同时放入温水浴（60~80 ℃）中加热，观察哪些试管有红色氧化亚铜生成，为什么？

（3）淀粉与碘的反应　试管中加入 2 mL 淀粉溶液，再加碘-碘化钾溶液 1 滴，则显深蓝色。小火加热，颜色褪去，冷却后又显蓝色。为什么？

［实验记录及结果］

记录实验数据及结果于表 4-28 中。

表 4-28　有机化合物的性质鉴定

实验内容	实验现象	方程式	结论

［实验思考］

1. 能发生卤仿反应的化合物具有什么样的结构特征？乙醇能发生卤仿反应吗？为什么？

2. 不饱和烃和卤素的加成反应，一般不用溴水而用溴的四氯化碳溶液，为什么？

［注释］

［1］Lucas 试剂是 27 g（23 mL）浓盐酸与 34 g 熔融过的无水氯化锌配制而成的溶液。配制时应同时冷却以防止氯化氢气体逸出。

［2］此法适用于含六个碳以内的低分子醇类，因它们均能溶解于此试剂中。反应后生成的卤烃不溶于试剂中，使反应液呈浑浊状，放置后有分层现象。

［3］低级醇沸点较低，故应在较低温度下加热以免挥发。

［4］碘-碘化钾溶液：10 g 碘和 20 g 碘化钾溶于 100 mL 水中。

［5］该试剂久置后，将析出黑色的氮化银（Ag_3N）沉淀，容易爆炸，故必须现配现用。反应时勿用直火加热，以免发生危险。实验完毕，应加入少许硝酸，煮沸洗去银镜。

［6］Fehling 试剂 A 为 $CuSO_4$溶液，Fehling 试剂 B 为酒石酸钾钠和 NaOH 的水溶液。因酒石酸钾钠和氢氧化铜混合后生成的配合物不稳定，先分别配制，实验时将二者混合。

［7］脂肪族醛及 α-羟基酮易被 Fehling 试剂氧化，故为正反应，而芳香醛及酮类不易被氧化，则为负反应。

［8］胺类不要接触皮肤并避免吸入蒸气；液体的芳胺类最好在通风良好的情况下处理。低相对分子质量的胺类有一种非常不愉快的气味。

（海军军医大学　林美玉）

实验二十一　葡萄糖变旋现象及糖的性质

［实验目的］

1. 熟悉 D-葡萄糖溶液的变旋光现象。

2. 掌握糖类的主要化学性质。

3. 熟悉旋光仪的使用方法。

［实验原理］

葡萄糖在溶液中不仅有旋光性，还具有变旋光现象。D-葡萄糖有 α 和 β 两种构型的晶体，其比旋光度分别为 $[\alpha]_D^{20}=+112°$ 和 $+[\alpha]_D^{20}=+18.7°$。实验发现新配制的 α 型或 β 型 D-葡萄糖溶液的比旋光度都随着时间的变化而发生改变，最终达到 $[\alpha]_D^{20}=+52°$ 而维持恒定。这种自行改变比旋光度的现象称为变旋光现象。这主要是由于在糖的溶液中 α 和 β 两种环状构型逐渐地相互转变，最终达到平衡。

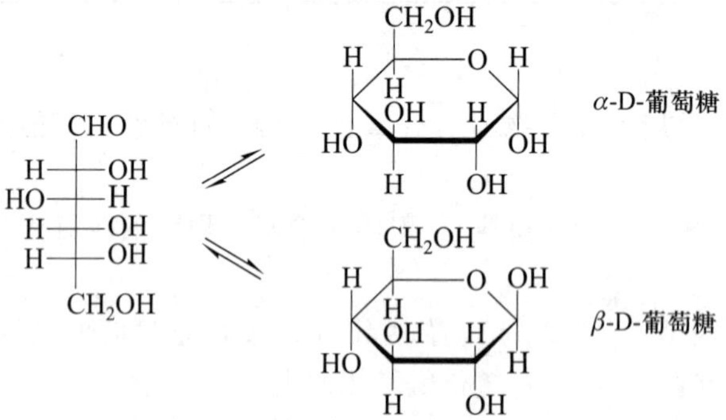

α-D-葡萄糖

β-D-葡萄糖

通过旋光度的测定，可以观察到新鲜配制的葡萄糖溶液旋光度值随着时间变化发生改变，由此验证葡萄糖的变旋光现象。

［仪器与试剂］

仪器：圆盘旋光仪，托盘天平，量筒（100 mL），烧杯（250 mL），pH 试纸

试剂：α-D-葡萄糖，0.02 $g \cdot mL^{-1}$ 葡萄糖溶液，0.02 $g \cdot mL^{-1}$ 果糖溶液，0.02 $g \cdot mL^{-1}$ 蔗糖溶液，0.02 $g \cdot mL^{-1}$ 麦芽糖溶液，0.02 $g \cdot mL^{-1}$ 淀粉溶液，班氏试剂，0.01 $g \cdot mL^{-1}$ 碘液，0.1 $g \cdot mL^{-1}$ Na_2CO_3 溶液，3 $mol \cdot L^{-1}$ 硫酸，浓盐酸。

［实验步骤］

1. 熟悉仪器结构及使用方法

圆盘旋光仪的结构及使用方法见教材第三章第八节中的旋光度测定部分。

2. 葡萄糖的变旋光现象

（1）溶液配制　称取 D-葡萄糖 10 g 于烧杯中，加入少量蒸馏水溶解，转移至 100 mL 容量瓶中，定容。

（2）旋光仪零点的校正　开启电源开关，约 5 min 后钠光灯发光正常，开始工作。将装满蒸馏水的旋光管放入旋光仪中，旋转视度调节螺旋，直到三分视场变得清晰，达

到聚焦为止。旋动盘转动手轮,直至出现亮度一致的三分暗视场,即零度视场,记录旋光度读数。重复3次,取平均值。由此得到旋光仪的零点校正值。

(3) 旋光度的测定　将待测液的样品管放入旋光仪内,此时三分视场的亮度与零点校正时相比会发生变化。旋转度盘手轮,直至出现亮度一致的三分暗视场。记录旋光度读数。重复3次,取平均值。同样操作,分别在30 min、60 min、90 min后再次测定,记录旋光度读数。

3. 糖的性质

(1) 糖的还原性——与斑氏试剂的反应　取1支干净的试管,分别加入1 mL 0.02 g · mL^{-1}的葡萄糖溶液和1 mL 班氏试剂,混合均匀后置于沸水浴中加热5 min,观察并记录现象。然后分别用果糖、麦芽糖、蔗糖溶液代替葡萄糖溶液进行相同的实验,观察并记录实验现象。

(2) 糖的水解　在1支干净试管中,分别加入1 mL 0.02 g · mL^{-1}蔗糖溶液和3 mol · L^{-1}硫酸3滴,将试管放在沸水浴中加热10 min,使其水解,冷却后,加入0.1 g · mL^{-1} Na_2CO_3溶液,调节pH呈碱性,然后再加入班氏试剂1 mL,继续放入沸水浴中加热3~4 min,观察并记录实验现象。

4. 淀粉的性质

(1) 在一支试管中加入0.02 g · mL^{-1}淀粉溶液5滴,然后加0.01 g · mL^{-1}碘液1滴。观察并记录实验现象。

(2) 在另一只试管中加入0.02 g · mL^{-1}淀粉溶液10滴,加班氏试剂10滴,在沸水浴中加热数分钟,取出试管,观察并记录实验现象。

(3) 取0.02 g · mL^{-1}淀粉溶液3 mL加入试管中,加浓盐酸5滴,在沸水浴中加热约20 min使其水解。冷却后,取此水解液数滴,加0.01 g · mL^{-1}碘液1滴,待反应液对碘液不再呈现蓝色反应后,继续加热煮沸数分钟。冷却后,加入0.1 g · mL^{-1} Na_2CO_3溶液,调节pH呈现碱性,然后加班氏试剂10滴,把试管放入沸水浴中加热数分钟,取出试管观察实验现象,并与(2)比较。

[**实验记录及结果**]

记录实验数据及结果于表4-29、表4-30和表4-31中。

表4-29　葡萄糖溶液的变旋光现象

	$\alpha_1/(°)$	$\alpha_2/(°)$	$\alpha_3/(°)$	$\bar{\alpha}/(°)$	$[\alpha]_D^t$
第一次(0 min)					
第二次(30 min)					
第三次(60 min)					
第四次(90 min)					

表 4-30 糖的性质

	葡萄糖	蔗糖	果糖	麦芽糖
糖的还原性				
糖的水解				

表 4-31 淀粉的性质

	碘液	班氏试剂	浓盐酸
淀粉溶液			

[实验思考]

1. 什么叫变旋光现象？产生变旋光现象的原因是什么？通过何种实验方法来研究变旋光现象？

2. 蔗糖及其水解液有无变旋光现象？为什么？

参考文献

张永士，黄志刚. 葡萄糖变旋现象的热力学探讨[J]. 化学工程师，2001(1)：24-25.

（山西医科大学 王浩江）

实验二十二 乙酰水杨酸的制备

[实验目的]

1. 理解酰化反应的原理。

2. 掌握乙酰水杨酸制备、纯化及鉴定的原理方法。

3. 巩固重结晶、抽滤和熔点测定等基本操作。

[实验原理]

乙酰水杨酸为白色针状或片状晶体，熔点为 135 ℃，高温条件下容易潮解，易溶于乙醇、乙醚及氯仿，微溶于水，但不溶于石油醚。医学上又称为阿司匹林(aspirin)，作为一种常用解热镇痛药已应用百余年，可用于治疗感冒、风湿病和关节炎等疾病。近些年来，又发现阿司匹林具有抑制血小板凝聚的作用，在临床上也应用于软化血管，预防血栓生成。

乙酰水杨酸常见的制备方法是将水杨酸与乙酸酐作用，使水杨酸分子中酚羟基上的氢原子被乙酰基取代，发生酰化反应生成乙酰水杨酸。引入酰基的试剂叫酰化试剂，可以选用乙酸酐或乙酰氯作为乙酰化剂，乙酸酐作为酰化剂即经济合理又反应较快。反应中常加入催化剂浓硫酸或磷酸，破坏分子内氢键，降低反应所需温度。本实验以浓硫酸为催化剂，反应式如下：

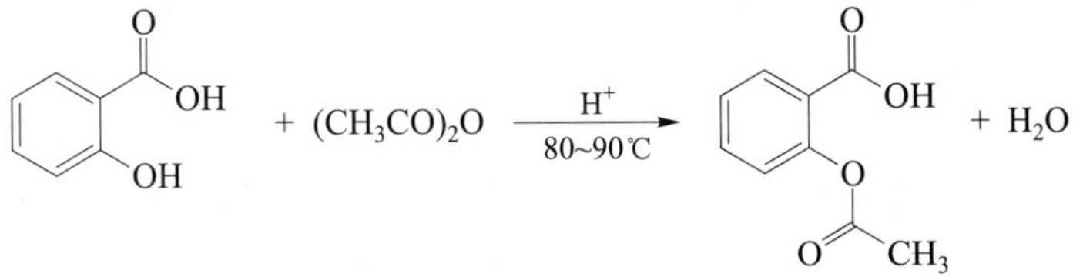

$$\text{水杨酸} + (CH_3CO)_2O \xrightarrow[80\sim90℃]{H^+} \text{乙酰水杨酸} + H_2O$$

由于水杨酸含有羧基(—COOH)和羟基(—OH)双官能团,温度超过 90 ℃容易发生分子间缩合反应,生成少量多聚物:

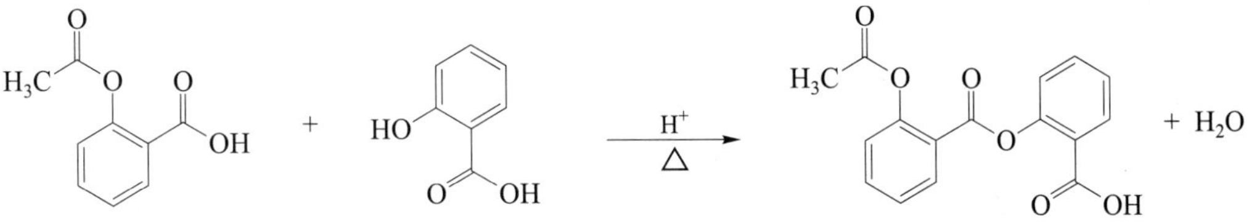

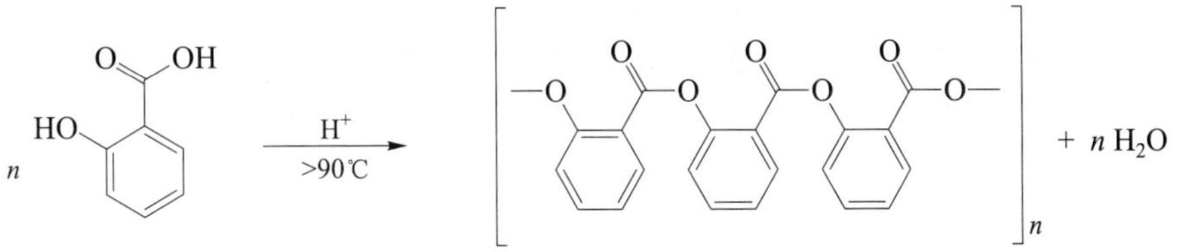

$$\text{乙酰水杨酸} + \text{水杨酸} \xrightarrow[\triangle]{H^+} \text{缩合产物} + H_2O$$

$$n\,\text{水杨酸} \xrightarrow[>90℃]{H^+} [\text{聚合物}]_n + n\,H_2O$$

乙酰水杨酸能与碳酸氢钠反应,生成易溶于水的钠盐,而聚合后副产物不与碳酸氢钠反应,利用这种性质差异可以去除副产物。乙酰水杨酸粗品中还混有未反应的水杨酸,可用乙酸乙酯重结晶进一步纯化。

利用三氯化铁溶液显色反应可以检验产品的纯度。杂质中有未反应的水杨酸及其他含酚羟基的副产物,与三氯化铁溶液反应呈紫色。如果在产品中加入一定量的三氯化铁溶液,无颜色变化,可以认为纯度基本达到要求。

[仪器与试剂]

仪器:电热套,锥形瓶(50 mL),烧杯,温度计(100 ℃),布氏漏斗及抽滤瓶,循环水真空泵,量筒(50 mL),橡胶塞。

试剂:4 $mol \cdot L^{-1}$盐酸,水杨酸(A.R.),乙酸酐(A.R.),浓硫酸(A.R.),饱和碳酸氢钠溶液, 0.01 $g \cdot mL^{-1}$三氯化铁溶液,乙酸乙酯(A.R.),95%乙醇(体积分数)。

[实验步骤]

在 125 mL 干燥的锥形瓶中,加入 2.0 g 水杨酸、5 mL 乙酸酐和 5 滴浓硫酸,用橡胶塞塞住瓶口,旋摇使水杨酸完全溶解[1]。置于 80~90 ℃水浴中加热 5~10 min。取出锥形瓶,冷至室温,放入冰水浴中即有结晶析出[2]。加入 50 mL 水于锥形瓶中至结晶完全。真空抽滤,用少量冷水洗涤锥形瓶,把晶体全部转移到布氏漏斗中。继续用少量冷水洗涤结晶几次,压实、抽干,得乙酰水杨酸粗品。

将粗产品转入 150 mL 烧杯中,慢慢加入 25 mL 饱和碳酸氢钠溶液,并不断搅拌直至无二氧化碳气泡产生[3]。真空抽滤,滤出聚合物。用滴管将滤液滴加至盛有 15 mL 4 $mol \cdot L^{-1}$盐酸的烧杯中,并不断搅拌至有晶体析出。冰水浴冷却至结晶完全。真空抽滤,用少量水洗涤2次,继续抽滤、压干。将晶体转移至表面皿上,红外灯下烘干,得到乙酰水杨酸较纯品,称重。

为了得到纯度更高的产品,可取上述少量晶体溶于最少量的乙酸乙酯中(2~3 mL),水浴上加热。若有不溶物出现,可用预热过的玻璃漏斗趁热过滤。滤液冷至室温,即有乙酰水杨酸纯品析出。若不析出晶体,可在水浴上浓缩,并将滤液置于冰水浴中冷却,抽滤收集产物,烘干,得到乙酰水杨酸纯品,称重。

鉴定:

① 熔点测定:测定方法参照第三章第八节熔点测定部分[4]。

② 性质鉴定:取几粒晶体加入试管中,用5 mL体积比为1∶1的乙醇-水混合液溶解,加入1~2滴0.01 $g \cdot mL^{-1}$三氯化铁溶液,摇匀,观察颜色并记录现象。

纯净的乙酰水杨酸为白色针状晶体,熔点为135~136 ℃。

[实验记录及结果]

记录实验数据及结果于表4-32中。

表4-32　乙酰水杨酸的制备

	颜色	晶形	较纯品质量/g	纯品质量/g	熔点/℃
乙酰水杨酸					

[实验思考]

1. 阿司匹林粗品若用水作为重结晶的溶剂加热溶解,产物与三氯化铁反应呈紫色,为什么?发生了什么反应?请写出反应式。

2. 反应中有哪些副产品生成?如何除去?

3. 反思实验中哪些不当操作导致产率较低。

[注释]

[1] 乙酸酐具有挥发性和刺激性,遇水易分解产生醋酸,因此应使用新蒸的乙酸酐,取用时要在通风橱里进行。

[2] 如果没有晶体析出,可以用玻璃棒摩擦瓶壁或加入晶种等促结晶的方法帮助晶体析出。有机物在冷却结晶过程中若冷却速度过快,可能会产生油状物或包裹溶剂析出。

[3] 饱和碳酸氢钠溶液最好滴加,并且边加边搅拌,否则会有大量二氧化碳产生,使溶液溢出导致产品的损失。

[4] 乙酰水杨酸受热易分解,正确的熔点测定方法是先加热至120 ℃,再放入样品管测定。

参考文献

李其华,冯志明,雷春华.乙酰水杨酸制备实验“小窍门”[J].科技视界,2019(5):132.

(温州医科大学　谢夏丰)

实验二十三　乙酸乙酯的制备

［**实验目的**］

1. 理解酯化反应的原理。

2. 掌握乙酸乙酯制备、纯化的原理和方法。

3. 学习蒸馏、萃取等操作技术。

［**实验原理**］

乙酸乙酯又称醋酸乙酯，低毒性，易挥发，具有良好的溶解性，是一种用途广泛的精细化工产品，也是制药工业和有机合成的重要原料。乙酸乙酯为无色透明液体，沸点77.1 ℃，相对密度0.902，折射率1.372 3，能与氯仿、乙醇、丙酮和乙醚混溶，微溶于水。

乙酸乙酯的合成方法有乙醛缩合法、乙醇氧化法、乙烯加成法等。本实验是在浓硫酸催化下，由乙酸和乙醇直接进行酯化反应生成乙酸乙酯。反应式如下：

$$CH_3COOH+C_2H_5OH \underset{120\ ℃}{\overset{浓\ H_2SO_4}{\rightleftharpoons}} CH_3COOC_2H_5+H_2O$$

浓硫酸除了起催化剂作用外，还吸收反应生成的水，有利于乙酸乙酯的生成。如果温度过高，可能发生副反应：

$$2\ CH_3CH_2OH \xrightarrow[140\ ℃]{浓\ H_2SO_4} CH_3CH_2OCH_2CH_3+H_2O$$

$$CH_3CH_2OH \xrightarrow[170\ ℃]{浓\ H_2SO_4} CH_2=CH_2+H_2O$$

酯化反应是一个可逆反应，为了提高产率，可以使某一原料过量，也可以不断分离出反应产物，或是二者并用，本实验采用乙醇过量。

本实验用分馏代替了传统的蒸馏，不仅减少了浓硫酸的用量，同时馏出液中也几乎不含乙酸，使纯化步骤更加简化。馏出液中除含乙酸乙酯外，主要是少量的水、乙醇、乙醚等，用饱和氯化钙溶液洗去乙醇，用无水硫酸镁干燥除去水，通过蒸馏除去乙醚。

［**仪器与试剂**］

仪器：圆底烧瓶（100 mL，50mL），分液漏斗（150 mL），量筒（10 mL，50 mL），锥形瓶（100 mL），韦氏分馏柱，直形冷凝管，蒸馏头，尾接管，温度计套管，温度计（100 ℃），阿贝折射仪，电子天平。

试剂：冰醋酸（A.R.），无水乙醇（A.R.），浓硫酸（A.R.），饱和氯化钙溶液，无水硫酸镁（A.R.）。

数字资源4－23－1 课件：乙酸乙酯制备关键实验技术

［**实验步骤**］

1. 熟悉仪器结构及使用方法

分馏原理及装置安装见第三章第六节简单分馏部分。

2. 乙酸乙酯制备

在100 mL圆底烧瓶中加入15 mL冰醋酸和25 mL无水乙醇，再小心加入2 mL浓硫酸,旋摇至混合均匀[1],加入几粒沸石。安装分馏装置,接通冷凝水,电热套加热。温度控制在 70 ~72 ℃,反应 30 min。

将馏出液移入分液漏斗中,乙醇用 10 mL 饱和氯化钙溶液洗涤除去,共洗涤两次。弃去下层液体,酯层倒入干燥的锥形瓶中,加入无水硫酸镁[2],振摇,塞好塞子静置 20 min。

将干燥好的乙酸乙酯滤入 50 mL 圆底烧瓶中,加入沸石。安装蒸馏装置,接通冷凝水,在水浴上蒸馏,收集 73~78 ℃馏分。称重,测定折射率。

[实验记录及结果]

记录实验数据及结果于表 4-33 中。

表 4-33 乙酸乙酯的制备

	外观性状	质量/g	沸点/℃	折射率 n_D^{20}(校正)
乙酸乙酯				

[实验思考]

1. 水的密度与乙酸乙酯的密度接近,两者混合容易分层吗?在去除杂质的过程中,都用饱和溶液来洗涤,为什么这样操作?

2. 从可逆反应角度来考虑,要想进一步提高产率,应当如何设计乙酸乙酯的合成步骤?本实验为什么不采用类似乙酸丁酯制备中的简单分水装置来分离产物?

[注释]

[1] 加浓硫酸时,必须慢慢加入,并不断振摇,使其混合均匀,以免在加热时因局部浓度过大引起有机化合物碳化。

[2] 无水硫酸镁遇水会结块,若硫酸镁较多以粉末状存在,则表示加入的量已足够。

(温州医科大学 谢夏丰)

第五章　综合性实验

实验二十四　药用氯化钠的制备及杂质限量检查

［实验目的］

1. 熟悉产品纯度检验的方法。
2. 掌握由粗食盐制备药用氯化钠的原理和方法。
3. 掌握称量、溶解、沉淀、过滤、蒸发、重结晶等基本操作。

［实验原理］

氯化钠俗称食盐，是一种无色、透明的立方形结晶或白色结晶性粉末，它是生活中最常用和最重要的物质。从自然界中直接得到的海盐、湖盐、井盐等通常称为粗盐。氯化钠试剂或医药用的氯化钠都是以粗盐为原料进行提纯而得到的。粗盐中含有多种杂质，去除杂质的方法包括如下几个方面：

（1）可能含有的有机物可以通过爆炒碳化的方法除去，爆炒碳化的直火加热实验装置如图 5-1 所示。

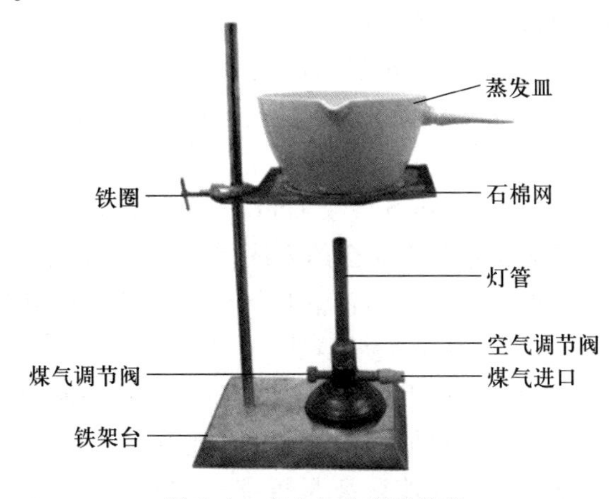

图 5-1　直火加热实验装置

数字资源 5－24－1 课件：粗盐提纯的原理

（2）不溶性杂质（如泥沙等）可采用过滤的方法除去。

（3）一些可溶性杂质可根据其性质的不同借助于化学方法除去。

加入 $BaCl_2$ 溶液，使 SO_4^{2-} 生成 $BaSO_4$ 沉淀从而除去：

$$Ba^{2+}+SO_4^{2-} = BaSO_4\downarrow$$

加入 Na_2CO_3 溶液，使 Ca^{2+}、Fe^{3+}、Ba^{2+} 等离子生成难溶性的碳酸盐或氢氧化物：

$$CO_3^{2-}+Ca^{2+} = CaCO_3\downarrow$$

$$3CO_3^{2-}+2Fe^{3+}+3H_2O = 2Fe(OH)_3\downarrow+3CO_2$$

$$CO_3^{2-}+Ba^{2+} = BaCO_3\downarrow$$

加入 NaOH 溶液，使 Mg^{2+} 生成氢氧化物沉淀：

$$Mg^{2+}+2OH^- = Mg(OH)_2\downarrow$$

加入 Na_2S 或 H_2S 溶液，使其他重金属离子生成硫化物沉淀，生成的沉淀可以采用过滤方法除去。

（4）少量可溶性杂质如 Br^-、I^-、K^+ 等离子，可利用与钠盐溶解度的差异，在重结晶时，使之残留在母液中除去。

［**仪器与试剂**］

仪器：托盘天平，循环水真空泵，烧杯，量筒，玻璃漏斗、漏斗架（或自制简易漏斗），布氏漏斗，抽滤瓶，蒸发皿，石棉网，铁架台，刻度吸管等。

试剂：粗食盐，0.25 $g\cdot mL^{-1}$ $BaCl_2$ 溶液，0.2 $mol\cdot L^{-1}$ Na_2S 溶液，饱和碳酸钠溶液，HCl 溶液（6 $mol\cdot L^{-1}$，0.02 $mol\cdot L^{-1}$），溴麝香草酚蓝试液，NaOH 溶液（2 $mol\cdot L^{-1}$，0.02 $mol\cdot L^{-1}$），2.0 $mol\cdot L^{-1}$ 硫酸，2.0 $mol\cdot L^{-1}$ HAc 溶液，0.03 $g\cdot mL^{-1}$ 四苯硼钠溶液[1]，标准硫酸钾溶液[2]。

［**实验步骤**］

数字资源 5－24－2 视频：检查沉淀是否完全的简便方法

1. 氯化钠的纯化

称取食盐 25 g 于 500 mL 蒸发皿中，小火加热炒至无爆裂声为止（注意：加热时，蒸发皿不能骤冷骤热，否则容易炸裂），稍冷，转移至 250 mL 烧杯中，加入 80 mL 蒸馏水，加热至沸，同时搅拌促使其溶解。搅拌下滴加 0.25 $g\cdot mL^{-1}$ $BaCl_2$ 溶液至不再有沉淀生成（检查沉淀是否完全的方法：过滤出溶液约 1 mL 于小试管中，加 1～2 滴沉淀剂，若无白色浑浊产生即表示已沉淀完全）。记录所用氯化钡溶液的体积，用减压过滤法过滤，滤渣弃去。

向滤液中加入 0.2 $mol\cdot L^{-1}$ Na_2S 溶液 1 mL，充分搅拌后，逐滴加入饱和碳酸钠溶液至不再有沉淀生成（检查沉淀是否完全的方法同前）。记录所用饱和碳酸钠溶液的体积。用 2 $mol\cdot L^{-1}$ NaOH 溶液调节溶液 pH 为 10～11，记录所用 NaOH 溶液的体积。加热溶液至沸，放冷，减压过滤溶液，滤渣弃去。

将所得滤液转移至蒸发皿内，用 6 $mol\cdot L^{-1}$ HCl 溶液将滤液的 pH 调至 3～4，记录所用 HCl 溶液的体积，滤液用小火加热蒸发、浓缩（注意要不断搅拌）至糊状稠液时趁热减压过滤（注意：减压过滤时的滤液要尽可能少，仅几滴即可，以减少 NaCl 的损失），得氯化钠粗品。

2. 氯化钠的精制

将氯化钠粗品转移至蒸发皿中，加适量蒸馏水重结晶。将重结晶所得的 NaCl 晶体转移至蒸发皿中，用小火慢慢烘干。称重，按下式计算产率：

$$产率=\frac{m}{25\ g}\times 100\%（m\ 为烘干后氯化钠晶体的质量）$$

数字资源 5-24-3 课件：实验技术关键点及注意事项

3. 杂质限量检查（部分项目）

杂质的限度检查按照现行中国药典规定的标准进行。根据显色反应测定酸碱度；根据沉淀反应原理，样品管和标准管在相同条件下进行比浊试验，样品管不得比标准管更浊，以检查杂质限量是否达标。

（1）溶液澄明度与颜色　称取 NaCl 晶体 5.0 g，加入新煮沸过的冷蒸馏水 25 mL 溶解，溶液应澄明无色。

数字资源 5-24-4 课件：药用氯化钠限量检查方法与实验注意事项

（2）酸碱度　在澄明度检查完毕的溶液中加入蒸馏水 25 mL，再加溴麝香草酚蓝指示剂 2 滴。若溶液显黄色，用刻度吸管加入 0.02 $mol\cdot L^{-1}$ NaOH 溶液 0.10 mL，应变为蓝色；若溶液显蓝色或绿色，用刻度吸管加入 0.02 $mol\cdot L^{-1}$ HCl 溶液 0.20 mL，应变为黄色。

（3）钡盐　称取 NaCl 晶体 4.0 g，加入蒸馏水 20 mL，溶解后将溶液分为两等份（澄明度检查不合格者需先过滤），一份加入 2.0 $mol\cdot L^{-1}$ 硫酸 2 mL，另一份中加入蒸馏水 2 mL，静置 15 min 后观察，两份溶液应同样澄清。

（4）钾盐　称取 NaCl 晶体 5.0 g，加入蒸馏水 20 mL 溶解，再加入 2.0 $mol\cdot L^{-1}$ HAc 溶液 1 滴、0.03 $g\cdot mL^{-1}$ 四苯硼钠溶液[1] 2 mL，加蒸馏水至 50 mL，混匀；精密量取标准硫酸钾溶液[2] 12.3 mL 按上述同样的操作配制成 50 mL 的对照液。两者比较，样品液不得比对照液更浑浊。

［实验记录及结果］

记录实验数据及结果于表 5-1 和表 5-2 中。

表 5-1　药用氯化钠的制备

	外观性状	产品质量/g	产率/%
药用氯化钠			

表 5-2　杂质的限量检验

检验项目	检验方法	实验现象	结论

［实验思考］

1. 在除去 Ca^{2+}、Mg^{2+}、SO_4^{2-} 等离子时，能否先加入 Na_2CO_3 溶液，然后再加入 $BaCl_2$

溶液？

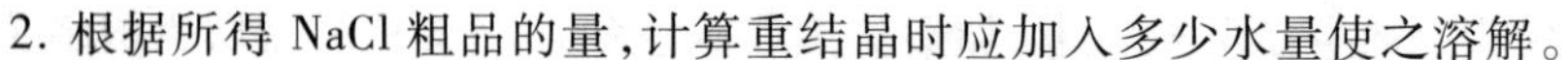

2. 根据所得 NaCl 粗品的量，计算重结晶时应加入多少水量使之溶解。

3. 根据实验体会，总结本实验中提高 NaCl 精品产率和质量的关键技术。

数字资源 5-24-5 拓展：如何进行重结晶

［注释］

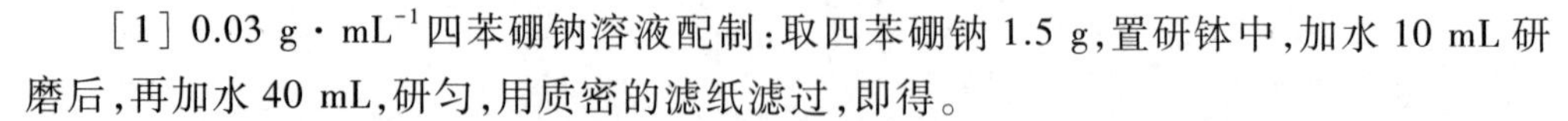

［1］0.03 g · mL^{-1}四苯硼钠溶液配制：取四苯硼钠 1.5 g，置研钵中，加水 10 mL 研磨后，再加水 40 mL，研匀，用质密的滤纸滤过，即得。

［2］标准硫酸钾溶液的配制：准确称取硫酸钾 0.181 g，于小烧杯中溶解后，转移到 1 000 mL 容量瓶中，加水至刻度，摇匀即得。该标准硫酸钾溶液每 1 mL 相当于 100 μg SO_4^{2-}。

（空军军医大学　高越）

实验二十五　分光光度法测定血清中葡萄糖含量

［实验目的］

1. 理解邻甲苯胺法测定血清中葡萄糖含量的原理。

2. 掌握邻甲苯胺法测定血清中葡萄糖含量的实验方法。

［实验原理］

血清中葡萄糖含量的测定方法分为酶法和非酶法两大类，邻甲苯胺法属于非酶测定法，是 1959 年由 Hultman 发明。由于其特异性较高，多应用于手工法测定血清及尿液中的葡萄糖含量。其原理是：血清中的葡萄糖在热的冰醋酸溶液中可脱水生成 5-羟甲基-2-呋喃甲醛（或称羟甲基糠醛），产物再与邻甲苯胺缩合，产生蓝绿色的化合物（吸收峰在 630 nm）。反应方程式如图 5-2 所示。

$HOH_2C—(CHOH)_4—CHO$ → 5-羟甲基-2-呋喃甲醛 + $3H_2O$

葡萄糖　　5-羟甲基-2-呋喃甲醛

5-羟甲基-2-呋喃甲醛 + 邻甲苯胺 → 蓝绿色化合物 + H_2O

邻甲苯胺　　蓝绿色化合物

图 5-2　由葡萄糖生成蓝绿色化合物的化学反应方程式

实现发现，在 630 nm 的测定波长下，只有蓝绿色化合物对光有吸收。根据 Lambert-Beer 定律 $A=\varepsilon bc$，在吸收层厚度 b 和摩尔吸光系数 ε 一定时，吸光度 A 与 c 成正比。在相同实验条件下，分别测定标准葡萄糖溶液及血清液的吸光度，根据标准曲线，即可求出血清液中的葡萄糖含量。

［仪器与试剂］

仪器:721E 型可见分光光度计,吸量管(1 mL,10 mL),容量瓶(100 mL),刻度磨口试管。

试剂:葡萄糖(A.R.),邻苯甲胺(A.R.),干血清样品(使用前加 5.00 mL 去离子水溶解并混匀)

［实验步骤］

1. 溶液的配制

(1) 配制 10.00 mg · mL^{-1}标准葡萄糖储备液:精确称取葡萄糖 1.000 g,加去离子水溶解并定容至 100 mL;

(2) 配制系列标准溶液:按照表 5-3 配制一系列不同浓度的葡萄糖标准溶液。

表 5-3　葡萄糖标准溶液配制

标准系列	浓度	制备
标 1	0.50 mg · mL^{-1}	取 5.00 mL 储备液稀释至 100.00 mL
标 2	1.00 mg · mL^{-1}	取 10.00 mL 储备液稀释至 100.00 mL
标 3	2.00 mg · mL^{-1}	取 20.00 mL 储备液稀释至 100.00 mL
标 4	3.00 mg · mL^{-1}	取 30.00 mL 储备液稀释至 100.00 mL

2. 血清中葡萄糖含量的测定

在 8 支试管中分别加入 10.00 mL 邻甲苯胺(其中 4 支为标准系列,3 支为血清试样,1 支为空白),分别用吸量管移取 0.10 mL 标准系列、0.10 mL 血清试样和 0.10 mL H_2O 到相应的试管中,塞好玻璃塞,混匀,将试管置于沸水浴中放置 7.5 min,迅速用冰水冷却 2 min,从冰水中取出,放置 5 min,以水为空白在 630 nm 处测量相应的吸光度 A。

［实验记录及结果］

1. 记录所测吸光度 A(表 5-4)

表 5-4　标准溶液及样品液吸光度

编号	1	2	3	4	5	6	7
样品	标 1	标 2	标 3	标 4	样品 1	样品 2	样品 3
吸光度 A							

2. 标准曲线的绘制

以葡萄糖浓度为横坐标,吸光度为纵坐标,通过软件拟合得到通过原点的标准曲线,并列出函数关系式和线性相关系数,要求线性相关系数不小于 0.995。

标准曲线线性方程____________________,相关系数 R^2__________。

3. 待测血清中葡萄糖含量的测定

在相同条件下,分别测量三个样品溶液的吸光度,根据标准曲线的函数关系计算得到样品溶液中葡萄糖含量,再换算成原未知溶液葡萄糖的含量。

样品葡萄糖的浓度为________ $mg \cdot mL^{-1}$。

原血清中葡萄糖的含量为________ mg。

［**实验思考**］

1. 除邻甲苯胺法外，还有哪些方法可以测定血清中葡萄糖的含量？

2. 所绘制的标准曲线通过坐标原点吗？为什么？

参考文献

徐署东，李卫东，许娴，等. 基于聚多巴胺球负载 Cu 纳米粒子的催化作用分光光度法测定人血中葡萄糖含量［J］. 理化检验：化学分册，2018，54（1）：18-23.

（上海交通大学　何伟娜）

实验二十六　荧光分析法测定血清中镁的含量

［**实验目的**］

1. 了解荧光分析法基本原理及测定血清中镁含量的意义。

2. 掌握荧光分析法实验技术。

3. 学习荧光分析法测定血清中镁含量的实验方法。

［**实验原理**］

某些物质受到光照射时，吸收某种波长的光后，会发射出比原来吸收波长更长的光，当激发光停止照射，这种光线也随之消失，此种光称为荧光（fluorescence）。

数字资源 5-26-1 微课：荧光分析

在 pH=6.5 的醋酸铵-乙醇溶液中，镁与 8-羟基喹啉反应生成强荧光性配合物，在激发波长 440 nm 时发出特异性荧光。由于在同样条件下，镁与 8-羟基喹啉自身的荧光强度都很弱，实验中可将其作为空白而扣除。与镁标准溶液的荧光强度对比，即可求得血清镁的含量。一般地，血清中的其他物质不干扰此测定。

镁与 8-羟基喹啉的反应如下：

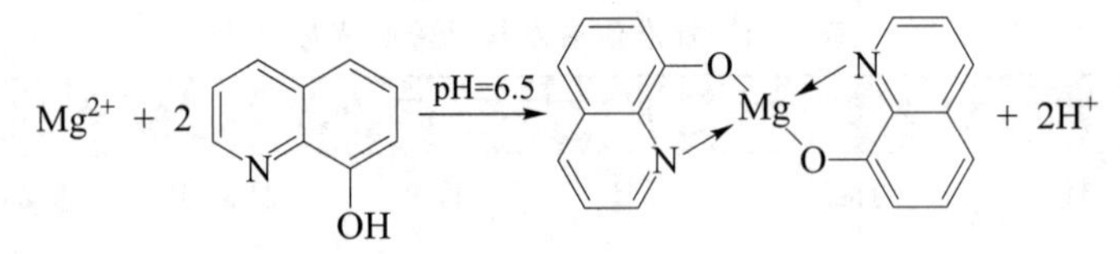

［**仪器与试剂**］

仪器：LS-55 型荧光光度计，pH 计，离心机，电子天平，离心管，比色皿，吸量管（1 mL，5 mL），容量瓶（100 mL，500 mL），量筒（20 mL）

试剂：8-羟基喹啉（A.R.），无水乙醇（A.R.），冰醋酸（A.R.），醋酸镁（A.R.），醋酸铵（A.R.），血清样品。

［**实验步骤**］

1. 溶液的配制

（1）pH=6.5 的醋酸铵-乙醇溶液：称取 3.854 g 醋酸铵，加入乙醇 450 mL，使其溶

解完全，然后在 pH 计的监测下，滴加适量冰醋酸调节 pH 至 6.5，加入乙醇定容至 500 mL。

(2) 8-羟基喹啉乙醇溶液：在 1.0 g 8-羟基喹啉中加入 20 mL 上述溶液(1)中，使其溶解完全(此液应新鲜配制)。

(3) 20 $\mu g \cdot mL^{-1}$ Mg^{2+}溶液：精确称取醋酸镁 0.200 0 g，加去离子水溶解并定容至 100 mL，再取 1 mL 该溶液，加去离子水定容至 100 mL。

(4) 空白溶液：在干燥的磨口试管中分别加入 0.10 mL 去离子水和 3.90 mL 8-羟基喹啉乙醇溶液，摇匀。

(5) 标准溶液：在干燥的磨口试管中分别加入 0.10 mL Mg^{2+}溶液和 3.90 mL 8-羟基喹啉乙醇溶液，摇匀。

(6) 待测溶液：在干燥的磨口试管中分别加入 0.10 mL 待测血清样品和 3.90 mL 8-羟基喹啉乙醇溶液，充分振荡 2 min，8 000 r/min 离心 10 min，取上层清液作测定用。

2. 用上述标准溶液绘制激发光谱和发射光谱

先固定发射波长为 510 nm，在 350~450 nm 范围内扫描激发光谱，确定最大激发波长 λ_{ex}；再固定激发波长于 λ_{ex}处，在 450 nm~600 nm 范围内扫描发射光谱，确定最大发射波长 λ_{em}。

3. 测定并记录各溶液的对应荧光强度

在激发波长 λ_{ex}下，分别测定空白溶液、标准溶液和待测溶液于 λ_{em}处的荧光强度 $F_{空白}$、$F_{标准}$和 $F_{待测}$。

4. 计算待测血清样品中 Mg^{2+}含量

$$c_{待测}=\frac{F_{待测}-F_{空白}}{F_{标准}-F_{空白}}\times c_{标准}$$

式中，$c_{待测}$为血清样品中 Mg^{2+}浓度，$c_{标准}$为标准溶液中 Mg^{2+}浓度，即 20 $\mu g \cdot mL^{-1}$。

［**实验记录及结果**］

记录实验数据及结果于表 5-5 中。

表 5-5　荧光光度法测定血清中镁含量

	λ_{ex}	λ_{em}	$F_{空白}$	$F_{标准}$	$F_{待测}$	$c_{待测}$

［**注意事项**］

1. 荧光在室温下放置 4 h 稳定，6 h 后荧光强度读数呈逐渐增加的趋势。因此，测定最好在 4 h 内完成。

2. 标本应避免溶血，因红细胞内含镁量为血清的 3 倍，血红蛋白大于 7 $g \cdot L^{-1}$时出现正干扰。

3. 所用器材要防止镁的污染。

4. 所用试管应经稀盐酸处理及去离子水清洗、干燥。

［实验思考］

1. 比较 8-羟基喹啉与镁形成的配合物的激发光谱和发射光谱的区别与联系。

2. 试从分子结构的角度分析 8-羟基喹啉及其金属配合物的荧光性质。

3. 检测血清中镁的含量有什么临床意义？

参考文献

曾红燕，马静，黎源倩. 荧光法测定水和血清中的镁[J]. 中华预防医学杂志，2002，36(4)：274-276.

（上海交通大学　何伟娜）

实验二十七　分光光度法测定磺基水杨酸合铁(Ⅲ)的组成和稳定常数

［实验目的］

1. 理解分光光度法测定溶液中配合物组成及稳定常数的原理。

2. 掌握磺基水杨酸合铁(Ⅲ)的组成和稳定常数的测定方法。

3. 熟悉分光光度计的使用。

［实验原理］

磺基水杨酸($C_7H_6O_6S \cdot 2H_2O$，简式为 H_3R)结构如下所示：

HOOC

HO—　—SO_3H

磺基水杨酸可与 Fe^{3+} 形成稳定的配合物(FeR_n，略去所带电荷)。不同 pH 下所形成的配合物组成不同，其颜色也不同：

在 pH = 2.00～3.00 时，配位数 $n = 1$，为紫红色配合物

在 pH = 4.00～9.00 时，配位数 $n = 2$，为红色配合物

在 pH = 9.00～11.00 时，配位数 $n = 3$，为黄色配合物

本实验将测定 pH 在 2.00～3.00 范围时所形成的配合物稳定常数，并验证其配位数是否为 1。溶液的 pH 可通过加入一定量的 $HClO_4$ 溶液来控制。

分光光度法是基于物质粒子对光的选择性吸收而建立起来的分析方法。实验发现，在本实验确定的显色体系中，在确定的测定波长下，只有磺基水杨酸合铁(Ⅲ)配离子对光有吸收，显色剂磺基水杨酸及 Fe^{3+} 均无吸收。根据 Lambert-Beer 定律 $A = \varepsilon bc$，在吸收层厚度 b 和摩尔吸光系数 ε 一定时，吸光度 A 与 c 成正比。

用分光光度法测定配合物的组成及稳定常数，常用的方法有连续变化法、等摩尔

系列法、平衡移动法等。本实验采用等摩尔系列法,即配制一系列溶液(保持溶液中金属离子 Fe^{3+} 和配体 H_3R 的浓度之和不变,而同时改变两者的相对含量),在确定的波长下,测定溶液的吸光度。显然,在这一系列溶液中,有一些溶液中的金属离子是过量的,而另一些溶液中,配体是过量的。在这两部分溶液中,配离子的浓度都不可能达到最大值,只有溶液中金属离子与配体的摩尔比与配合物离子的组成一致时,溶液中配离子的浓度才能最大。以吸光度 A 对 Fe^{3+} 的摩尔分数 $x(Fe^{3+})$ 作图,可得到如图 5-3 所示的曲线图。将两侧直线部分延长,相交于 B 点,B 点对应的吸光度 A_B 最大,所以 B 点相对应的溶液组成即是配离子中心原子 Fe^{3+} 与配体 R 的组成,由此可以确定配合物 FeR_n 中的配位数 n。

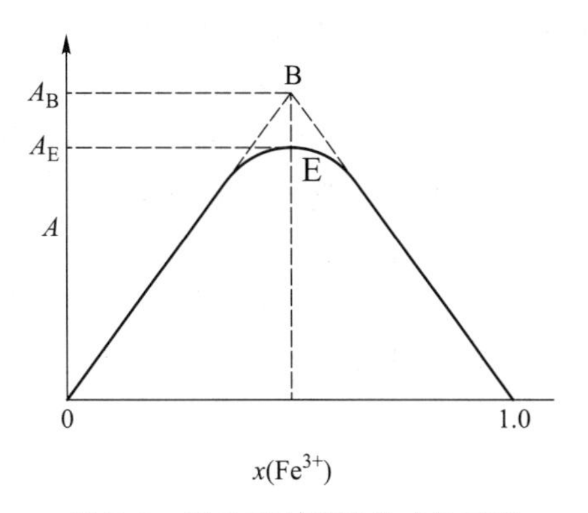

图 5-3　吸光度与溶液组成关系图

图 5-3 中 B 点具有最大的吸光度值 A_B,它是假定配离子完全不解离,配离子浓度最大时溶液所具有的吸光度值。但实际上配离子总有部分解离,真实浓度要稍小一些,实测的最大吸光度值是 E 点所对应的吸光度 A_E 值。所以,配合物的解离度应为

$$\alpha=(A_B-A_E)/A_B$$

在一定温度和 pH 条件下,Fe^{3+} 和 R 之间只形成配合物 FeR_n,当达到平衡时:

$$FeR_n \longrightarrow Fe^{3+}+nR\text{(略去所带电荷)}$$

$$\text{平衡浓度}\quad c(1-\alpha)\quad c\alpha\quad nc\alpha$$

配合物 FeR_n 的稳定常数为

$$K_S^{\ominus}=\frac{[FeR_n]}{[Fe^{3+}][R]^n}=\frac{c(1-\alpha)}{c\alpha\,(nc\alpha)^n}=\frac{1-\alpha}{n^n c^n \alpha^{n+1}}$$

式中,c 为 B 点或 E 点所对应的 Fe^{3+} 的浓度,α 为解离度。

[仪器与试剂]

仪器:721E 型分光光度计,烧杯(50 mL),容量瓶(100 mL),吸量管(10 mL)。

试剂:$NH_4Fe(SO_4)_2\cdot 12H_2O$(A.R.),磺基水杨酸(A.R.),$HClO_4$(A.R.)。

数字资源 5-27-1 动画:单光束分光光度计主要部件及原理

[实验步骤]

1. 溶液的配制

(1) 配制 0.001 $mol\cdot L^{-1}$ Fe^{3+} 溶液　准确称取 0.482 0 g $NH_4Fe(SO_4)_2\cdot 12H_2O$,用 0.01 $mol\cdot L^{-1}$ $HClO_4$ 溶液溶解并定容至 100 mL 容量瓶中,配成 0.01 $mol\cdot L^{-1}$ Fe^{3+} 溶液。取上述溶液 10.00 mL,加入 0.01 $mol\cdot L^{-1}$ $HClO_4$ 溶液定容至另一 100 mL 容量瓶中,配成 0.001 $mol\cdot L^{-1}$ Fe^{3+} 溶液,待用。

(2) 配制 0.001 $mol\cdot L^{-1}$ 磺基水杨酸溶液　准确称取 0.254 0 g 磺基水杨酸,用 0.01 $mol\cdot L^{-1}$ $HClO_4$ 溶液溶解并定容至 100 mL 容量瓶中,配成 0.01 $mol\cdot L^{-1}$ 磺基水杨酸溶液。取上述溶液 10.00 mL,加入 0.01 $mol\cdot L^{-1}$ $HClO_4$ 溶液定容至另一 100 mL 容

量瓶中，配成 0.001 mol·L^{-1} 磺基水杨酸溶液，待用。

（3）配制系列溶液　分别用 3 支 10 mL 吸量管按照表 5-7 所示移取相应溶液的体积，分别注入 11 个 50 mL 的干燥烧杯中，摇匀。

2. 配合物吸收曲线的测定

用表 5-7 中的 6 号溶液，以 0.01 mol·L^{-1} $HClO_4$ 为空白，在波长 450～550 nm 范围，每隔 10 nm 测量一次吸光度，记录于表 5-6 中，以波长为横坐标、吸光度为纵坐标作图，得到吸收曲线，找出最大吸收波长 λ_{max}。

3. 系列溶液吸光度测定

以最大波长为测定波长，0.01 mol·L^{-1} $HClO_4$ 溶液为空白溶液，选用 1 cm 比色皿，在相同条件下分别测定系列溶液的吸光度。

4. 作图并求得配合物组成及稳定常数

以 Fe^{3+} 的摩尔分数 $x(Fe^{3+})$ 为横坐标、吸光度 A 为纵坐标作图，求得磺基水杨酸合铁配离子的组成，并计算出室温下该配合物的稳定常数。$x(Fe^{3+})$ 的计算方法为

$$x(Fe^{3+})=\frac{V(Fe^{3+})}{V(Fe^{3+})+V(H_3R)}$$

［**实验记录及结果**］

1. 吸收曲线测定。记录实验数据于表 5-6 中。

表 5-6　吸收曲线测定

波长 λ/nm	450	460	470	480	490	500	510	520	530	540	550
吸光度 A											

2. 系列溶液吸光度测定。记录实验数据于表 5-7 中。

表 5-7　系列溶液吸光度测定

序号	$HClO_4$ 溶液/mL	Fe^{3+} 溶液/mL	H_3R 溶液/mL	$x(Fe^{3+})$	吸光度 A
1	10	10	0		
2	10	9	1		
3	10	8	2		
4	10	7	3		
5	10	6	4		
6	10	5	5		
7	10	4	6		
8	10	3	7		
9	10	2	8		
10	10	1	9		
11	10	0	10		

3. 数据处理

(1) 以 λ 为横坐标，对应的吸光度 A 为纵坐标作出磺基水杨酸合铁配离子吸收曲线图，找出最大吸收波长 λ_{max}________ nm。

(2) 从图中的有关数据，确定本实验条件下，磺基水杨酸合铁(Ⅲ)配离子的配位数 n=________；

(3) 解离度 α ________，稳定常数 $K_S^{\ominus}$ ________。

[实验思考]

1. 当金属离子或配体存在一定的光吸收时，还可以采用分光光度法测定配合物组成吗？实验方案应该如何调整？

2. 为什么溶液的酸度对配合物的生成会有影响？

参考文献

李杰. 光度法对磺基水杨酸铁配合物的组成及稳定常数的实验研究[J]. 赤峰学院学报：自然科学版，2007，23(5)：39-41，50.

（上海交通大学　何伟娜）

实验二十八　高效液相色谱法测定盐酸小檗碱片含量

[实验目的]

1. 了解高效液相色谱仪的构成和正确使用方法。

2. 掌握高效液相色谱仪的分析软件的使用方法。

3. 掌握用高效液相色谱仪测定盐酸小檗碱片中盐酸小檗碱含量。

[实验原理]

盐酸小檗碱片的主成分为盐酸小檗碱。盐酸小檗碱为季铵盐类生物碱，采用高效液相色谱法进行含量测定时，常选用反相离子对色谱法进行分析。其结构式见图 5-4。

数字资源 5-28-1 微课：高效液相色谱法测定盐酸小檗碱片含量

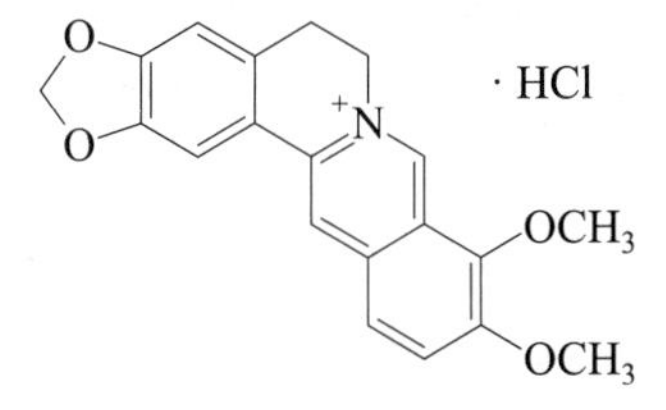

图 5-4　盐酸小檗碱结构式

盐酸小檗碱为黄色结晶性粉末，在热水中溶解，在水或乙醇中微溶，小檗碱对溶血性链球菌、金黄色葡萄球菌、淋球菌和弗氏、志贺氏痢疾杆菌均有抗菌作用，并有增强白细胞吞噬作用。小檗碱的盐酸盐（俗称盐酸黄连素）已广泛用于治疗胃肠炎、细菌性痢疾等，对肺结核、猩红热、急性扁桃腺炎和呼吸道感染也有一定疗效。盐酸小檗碱片为黄色片，糖衣片或薄膜衣片，含盐酸小檗碱应为标示量的 0.93～1.07 $g \cdot mL^{-1}$，需遮光密封保存。

［**仪器与试剂**］

仪器：高效液相色谱仪，电子分析天平，超声波清洗器，容量瓶（100 mL，50 mL）等。

试剂：甲醇（G.R.），乙腈（G.R.），盐酸小檗碱对照品（A.R.），盐酸小檗碱片（市售），磷酸二氢钾（A.R.），三乙胺（A.R.），磷酸（A.R.），超纯水（实验室自制）。

［**实验步骤**］

1. 供试品溶液的制备

取本品 20 片，如为糖衣片，除去糖衣，精密称定，研细，备用，并计算平均片重。取本品细粉适量（约相当于盐酸小檗碱 40 mg），精密称定，置于 100 mL 容量瓶中，加沸水适量使盐酸小檗碱溶解，放冷，用水稀释至刻度，摇匀，经 0.45 μm 滤膜滤过，弃去初滤液约 8 mL，精密量取续滤液 5 mL，置于 50 mL 量瓶中，用水稀释至刻度，摇匀，取适量溶液经 0.45 μm 滤膜过滤，取续滤液作为供试品溶液。

2. 对照品溶液的制备

精密称定盐酸小檗碱对照品 2 mg，置于 50 mL 容量瓶中，用适量沸水溶解，放冷，用水稀释至刻度，摇匀，制成每 1 mL 含 40 μg 的溶液作为含量测定用对照品溶液。

3. 色谱条件及系统适用性试验

采用十八烷基硅烷键合硅胶为填充剂，以磷酸盐缓冲液［0.05 $mol \cdot L^{-1}$磷酸二氢钾溶液和 0.05 $mol \cdot L^{-1}$庚烷磺酸钠溶液（体积比 1∶1），含 0.2%三乙胺（体积分数），并用磷酸调节 pH 至 3.0］-乙腈（体积比 60∶40）为流动相，检测波长分别为 263 nm。理论塔板数按小檗碱峰计算不得低于 3 000，小檗碱峰和相邻杂质峰的分离度应符合要求。

4. 测定

精密量取供试品溶液，盐酸小檗碱对照品溶液各 20 μL，分别注入高效液相色谱仪，记录色谱图。按外标法以峰面积计算供试品中盐酸小檗碱的含量。

［**注意事项**］

（1）流动相配制好后，需超声脱气 3～5 min，以避免流动相中溶解的气体对实验的影响，同时流动相需过 0.45 μm 滤膜，以防止流动相中的颗粒对色谱柱造成影响。

（2）开机后，先以 1 $mL \cdot min^{-1}$流速，先用 10%（体积分数）甲醇-水溶液冲洗色谱系统 15 min，再用流动相平衡 30 min 后进样分析。

（3）对照品溶液需进样 2 针。供试品需配制平行溶液 2 份，每份溶液进样 2 针，分别计算，取平均值作为测定结果。

［**实验记录及结果**］

记录对照品溶液与供试品溶液的峰面积，按下式计算含量：

$$w=\frac{A_{样}\ c_{对}}{A_{对}}\times\frac{V_{样}}{取样量}\times100\%$$

式中：$A_{样}$、$A_{对}$分别为样品和对照品的峰面积；

$c_{对}$：对照品溶液的质量浓度，$\mu g \cdot mL^{-1}$；

$V_{样}$：样品定容体积，mL。

［实验思考］

1. 总结高效液相色谱仪的主要构造及工作原理。

2. 高效液相色谱法的系统试验性实验包括哪些？目的是什么？何种类型的化合物可以采用反相离子对色谱法。

（四川大学　杨舒）

实验二十九　复方阿司匹林片剂中有效成分含量的测定

［实验目的］

1. 理解光度法测定混合物多组分样含量的原理。

2. 掌握紫外分光光度法测定复方阿司匹林片剂中三种主要成分含量的原理和方法。

3. 熟悉紫外分光光度计的使用方法。

［实验原理］

紫外-可见分光光度法是利用物质对光的选择性吸收满足 Lamber-Beer 定律，即 $A=\varepsilon bc$，对物质进行定量分析的方法。光度法测定单一组分时较为简单（如实验八分光光度法测定水溶液中铁离子含量），当测定混合物中多个组分浓度时，如果各个组分的 λ_{max} 互相没有重叠，可以逐一在其不同的 λ_{max} 下测定其含量；如果不同组分的 λ_{max} 有重叠，这时可利用吸光度具有加和性的特点，通过求解联立方程的方法测定其浓度。假如某样品中含有三个有效组分，分别设为 A、B、C，首先用三个样品的标准品配制一定浓度的标准溶液并测得其最大吸收峰所对应的波长为 λ_1、λ_2、λ_3，然后在这三个波长下分别求得三种组分的比吸光系数 $K_{\lambda_1}^{A}$、$K_{\lambda_2}^{A}$、$K_{\lambda_3}^{A}$、$K_{\lambda_1}^{B}$、$K_{\lambda_2}^{B}$、$K_{\lambda_3}^{B}$、$K_{\lambda_1}^{C}$、$K_{\lambda_2}^{C}$和 $K_{\lambda_3}^{C}$，测得待测溶液在这三个波长处的吸光度分别为 $A_{\lambda_1}^{M}$、$A_{\lambda_2}^{M}$和 $A_{\lambda_3}^{M}$，则待测样品中三种组分的质量浓度 ρ^{A}、ρ^{B}和 ρ^{C} 由以下方程组可求出（假定吸收层厚度为 1 cm）：

$$A_{\lambda_1}^{M}=K_{\lambda_1}^{A}\rho^{A}+K_{\lambda_1}^{B}\rho^{B}+K_{\lambda_1}^{C}\rho^{C}$$

$$A_{\lambda_2}^{M}=K_{\lambda_2}^{A}\rho^{A}+K_{\lambda_2}^{B}\rho^{B}+K_{\lambda_2}^{C}\rho^{C}$$

$$A_{\lambda_3}^{M}=K_{\lambda_3}^{A}\rho^{A}+K_{\lambda_3}^{B}\rho^{B}+K_{\lambda_3}^{C}\rho^{C}$$

复方阿司匹林，一种主要由阿司匹林、非那西丁、咖啡因制成的解热镇痛药，用于缓解发热、头痛、神经痛、牙痛、月经痛、肌肉痛、关节痛。阿司匹林、非那西丁、咖啡因的结构式及最大吸收峰波长如下：

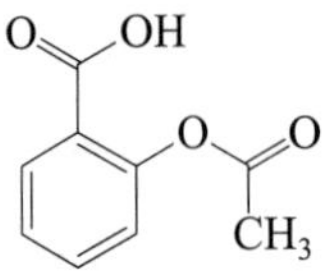

阿司匹林　　aspirin（A）　　$\lambda_{max}=277$ nm

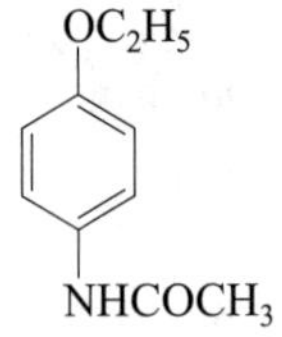

非那西丁　　phenacetin（P）　　$\lambda_{max}=250$ nm

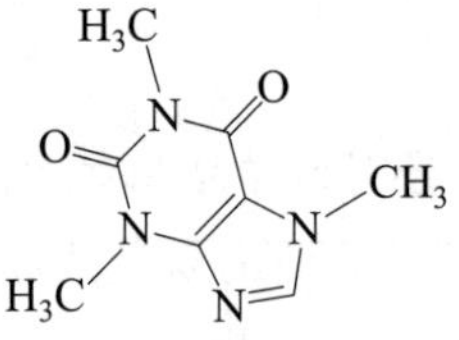

咖啡因　　caffeine（C）　　$\lambda_{max}=275$ nm

复方阿司匹林中各组分的含量差异较大，而阿司匹林与咖啡因的 λ_{max} 相互重叠，若用以上联立方程的方法求解其浓度，误差太大，所以必须预先将两种物质分离，本实验采用氯仿萃取方法分离两者。非那西丁与阿司匹林、咖啡因的 λ_{max} 没有重叠，可采用解联立方程的方法求得浓度。

［**仪器与试剂**］

仪器：UV-1800 型紫外-可见分光光度计，石英比色皿，容量瓶（250 mL，100 mL），电子分析天平，量筒（10 mL），吸量管（1 mL）。

试剂：阿司匹林标准溶液，咖啡因标准溶液（10 mg · L^{-1}），非那西丁标准溶液（10 mg · L^{-1}），氯仿（A.R.），0.04 g · mL^{-1} Na_2CO_3 溶液，3 mol · L^{-1} 硫酸，待测样品溶液。

［**实验步骤**］

1. 熟悉仪器原理及使用

紫外分光光度计的原理及使用见第二章第二节分光光度计部分。

2. 标准溶液吸光度的测定

（1）阿司匹林的标准溶液（氯仿为溶剂，质量浓度为 10 mg · L^{-1}）：在 λ_{max} = 277 nm 下测定其吸光度，记为 $A_{\lambda_1}^{A}$。

（2）非那西丁的标准溶液（氯仿为溶剂，质量浓度为 10 mg · L^{-1}）：在 λ_{max} = 250 nm 下测定其吸光度，记为 $A_{\lambda_2}^{P}$。

（3）咖啡因的标准溶液（氯仿为溶剂，质量浓度为 10 mg · L^{-1}）：在 λ_{max} = 275 nm 下测定其吸光度，记为 $A_{\lambda_3}^{C}$。

3. 样品测定

阿司匹林含有羧基，可溶于碳酸钠水溶液中，而非那西丁和咖啡因不溶于碳酸钠水溶液中，通过萃取方法可分离出阿司匹林。步骤如下：首先将待分离的复方阿司匹林药片粉碎并溶于氯仿中，用 0.04 g · mL^{-1} 的碳酸钠水溶液萃取 2 次，然后用水洗涤 2 次后合并水层。阿司匹林的钠盐进入水层，而非那西丁和咖啡因进入氯仿层，再用氯仿洗涤水层 3 次，提取残留在水层的非那西丁和咖啡因后，合并氯仿层，过滤并转移到 250 mL 的容量瓶中，用氯仿稀释到刻度备用。

取上述溶液 1.00 mL 到 100 mL 的容量瓶中，用氯仿稀释到刻度，分别测定其在 250 nm 和 275 nm 吸光度，分别记为 $A_{\lambda_2}^{M}$ 和 $A_{\lambda_3}^{M}$。另水层用 3 mol · L^{-1} 稀硫酸酸化后，使

用氯仿萃取 3 次后转入 100 mL 容量瓶中，用氯仿稀释至刻度后，测定其在 277 nm 处的吸光度，记为 $A_{\lambda_1}^{M}(x)$。

［**实验记录及结果**］

1. 吸光度的测定。记录实验数据于表 5-8 中。

表 5-8　标准溶液和样品溶液的吸光度

λ	$A_{\lambda_1}^{A}$	$A_{\lambda_2}^{P}$	$A_{\lambda_3}^{C}$	$A_{\lambda_1}^{M}(x)$	$A_{\lambda_2}^{M}$	$A_{\lambda_3}^{M}$
250 nm						
275 nm						
277 nm						

2. 各组分质量浓度的确定

非那西丁和咖啡因的质量浓度分别记为 $\rho^{P}(x)$ 和 $\rho^{C}(x)$，通过以下联立方程组解得

$$A_{\lambda_2}^{M}=K_{\lambda_2}^{P}\rho^{P}(x)+K_{\lambda_2}^{C}\rho^{C}(x)$$
$$A_{\lambda_3}^{M}=K_{\lambda_3}^{P}\rho^{P}(x)+K_{\lambda_3}^{C}\rho^{C}(x)$$

阿司匹林的质量浓度记为 $\rho^{A}(x)$，计算公式为 $\rho^{A}(x)=\dfrac{A_{\lambda_1}^{A}(x)\rho^{A}}{A_{\lambda_1}^{A}}$。

［**实验思考**］

1. 为什么先分离阿司匹林后再测定吸光度？

2. 分离后的水层为什么用稀硫酸酸化？

参考文献

王晓燕，崔福德，马汝敏. 高效液相色谱法测定复方阿司匹林片剂的含量[J]. 沈阳药科大学学报，2002，19(1)：31-34.

（山西医科大学　刘文）

实验三十　过二硫酸铵碘化反应的级数和活化能测定

［**实验目的**］

1. 验证浓度、温度对反应速率的影响。

2. 掌握过二硫酸铵碘化反应级数和活化能测定的原理和方法。

3. 巩固作图法处理实验数据。

［**实验原理**］

在水溶液中，$(NH_4)_2S_2O_8$与 KI 会发生如下反应：

$$S_2O_8^{2-}+3I^- = 2SO_4^{2-}+I_3^- \quad (\text{I})$$

该反应的速率方程式可表示为

$$v=k[S_2O_8^{2-}]^m[I^-]^n \quad (5-1)$$

式中，v 为瞬时速率，k 为反应速率常数，$[S_2O_8^{2-}]$与$[I^-]$分别为两种离子的浓度，$(m+n)$为反应级数。

实际上瞬时速率是难于测定的。由于本实验在 Δt 时间内反应物浓度变化较小，因此可以近似地用 Δt 时间内的平均速率代替瞬时速率，即

$$v \approx \bar{v}=-\frac{\Delta[S_2O_8^{2-}]}{\Delta t}=k[S_2O_8^{2-}]^m[I^-]^n \quad (5-2)$$

为了能测定出在一定时间(Δt)内$(NH_4)_2S_2O_8$的改变量$\Delta[S_2O_8^{2-}]$，在$(NH_4)_2S_2O_8$溶液与 KI 溶液混合前，先加入一定体积已知浓度的 $Na_2S_2O_3$溶液和淀粉溶液。这样在反应（Ⅰ）进行的同时，还进行如下反应

$$2S_2O_3^{2-}+I_3^- = S_4O_6^{2-}+3I^- \quad (\text{II})$$

反应（Ⅱ）比反应（Ⅰ）快得多，几乎瞬间完成。由于反应（Ⅰ）生成的I_3^-立即与$S_2O_3^{2-}$作用，生成无色的 $S_4O_6^{2-}$ 和 I^-，因此，在反应开始的一段时间内看不到碘与淀粉作用所显示的蓝色。但是，一旦当 $Na_2S_2O_3$耗尽，由反应（Ⅰ）继续生成的微量碘就迅速与淀粉作用而呈现蓝色。

由于在 Δt 时间内 $S_2O_3^{2-}$ 全部耗尽，浓度为零，所以此时消耗的 $Na_2S_2O_3$浓度$\Delta[S_2O_3^{2-}]$实际上就是 $Na_2S_2O_3$的初始浓度。又从反应（Ⅰ）和（Ⅱ）可知，$\Delta[S_2O_8^{2-}]:\Delta[S_2O_3^{2-}]=1:2$，所以有下列关系：

$$\Delta[S_2O_8^{2-}]=\frac{\Delta[S_2O_3^{2-}]}{2}=\frac{[S_2O_3^{2-}]}{2} \quad (5-3)$$

将速率方程式 $v=k[S_2O_8^{2-}]^m[I^-]^n$ 两边取对数，得

$$\lg v=m\lg[S_2O_8^{2-}]+n\lg[I^-]+\lg k \quad (5-4)$$

当$[I^-]$一定时，改变 $S_2O_8^{2-}$ 的浓度，以 $\lg v \sim \lg[S_2O_8^{2-}]$作图得一直线，其斜率为 m，即 $S_2O_8^{2-}$ 的反应级数。同理，当$[S_2O_8^{2-}]$一定时，改变 I^-的浓度，以 $\lg v \sim \lg[I^-]$作图也得一直线，其斜率为 n，即 I^-的反应级数，由此测得该反应的总反应级数为$(m+n)$。

根据 Arrhenius 方程式，反应速率常数 k 与反应温度 T 有如下关系：

$$\lg k=-\frac{E_a}{2.303RT}+\lg A \quad (5-5)$$

式中，E_a为活化能，R 为摩尔气体常数$(8.314\ J\cdot K^{-1}\cdot mol^{-1})$，$T$ 为绝对温度。测出在不同温度下的 k 值，以 $\lg k \sim 1/T$ 作图可得一直线，其斜率为$-\frac{E_a}{2.303RT}$，从而可以求出反应的活化能 E_a。

［**仪器与试剂**］

仪器：数显恒温水浴箱，温度计，秒表，锥形瓶（100 mL），量筒（10 mL），吸量管（5 mL），大试管。

试剂：0.2 mol · L^{-1} $(NH_4)_2S_2O_8$溶液，0.2 mol · L^{-1} KI 溶液，0.01 mol · L^{-1} $Na_2S_2O_3$溶液，0.002 g · mL^{-1}淀粉溶液，0.2 mol · L^{-1} KNO_3溶液，0.2 mol · L^{-1} $(NH_4)_2SO_4$溶液，0.1 mol · L^{-1} $Cu(NO_3)_2$溶液。

［**实验步骤**］

1. 浓度的影响

在室温下，用量筒量取 0.2 mol · L^{-1} KI 溶液 10 mL、0.002 g · mL^{-1}淀粉溶液 2 mL 于 100 mL 锥形瓶中，用吸量管加入 0.01 mol · L^{-1} $Na_2S_2O_3$溶液 4.00 mL，混匀，然后再用量筒量取 0.2 mol · L^{-1} $(NH_4)_2S_2O_8$溶液 10 mL，迅速加到锥形瓶中，同时按动秒表，开始计时，并不断摇动溶液（水平旋转摇动），当溶液刚刚出现蓝色时，立即停止计时。记录反应时间 Δt 和室温。

同样方法按表 5-9 中Ⅱ ~ Ⅴ所列用量重复上述实验。为了使溶液的离子强度和总体积保持不变，KI 或 $(NH_4)_2S_2O_8$不足的用量，分别用 0.2 mol · L^{-1} KNO_3溶液、0.2 mol · L^{-1} $(NH_4)_2SO_4$溶液补充。

表 5-9　反应级数的测定

实验编号		Ⅰ	Ⅱ	Ⅲ	Ⅳ	Ⅴ
试剂用量 /mL	0.2 mol · L^{-1} $(NH_4)_2S_2O_8$溶液	10.0	5.0	2.5	10.0	10.0
	0.2 mol · L^{-1} KI 溶液	10.0	10.0	10.0	5. 0	2. 5
	0.01 mol · L^{-1} $Na_2S_2O_3$溶液	4. 00	4. 00	4. 00	4. 00	4. 00
	0.002 g · mL^{-1}淀粉溶液	2. 0	2. 0	2. 0	2. 0	2. 0
	0.2 mol · L^{-1} KNO_3溶液	—	—	—	5. 0	7. 5
	0.2 mol · L^{-1} $(NH_4)_2SO_4$溶液	—	5. 0	7. 5	—	—
起始浓度 /(mol · L^{-1})	$(NH_4)_2S_2O_8$溶液					
	KI 溶液					
	$Na_2S_2O_3$溶液					
反应时间 Δt/s						
$S_2O_8^{2-}$ 浓度的变化 $\Delta[S_2O_8^{2-}]$/(mol · L^{-1})						
反应速率 v/(mol · L^{-1} · s^{-1})						
lg v						
lg$[S_2O_8^{2-}]$						
lg$[I^-]$						
m						
n						
总反应级数 $m+n$						

2. 温度的影响

按表 5-9 中实验Ⅳ的用量，把 KI、$Na_2S_2O_3$、KNO_3和淀粉溶液加到 100 mL 锥形瓶中，并把$(NH_4)_2S_2O_8$溶液加入大试管中，然后将它们都放入比室温高 10 ℃的恒温水浴中加热 5~10 min，迅速将$(NH_4)_2S_2O_8$溶液加到锥形瓶中，立即启动秒表计时，并小心摇动锥形瓶，当溶液刚出现蓝色时迅速按停秒表，记录反应时间和温度。

用同样方法，将恒温水浴箱的温度加热到高于室温 20 ℃，重复上述实验，记录反应时间 Δt 和温度。

3. 催化剂的影响

按浓度对反应速率的影响实验数据Ⅳ的用量，把 KI、$Na_2S_2O_3$、KNO_3和淀粉溶液加到 100 mL 锥形瓶中，再加入 2 滴 $Cu(NO_3)_2$溶液，摇匀，然后迅速加入$(NH_4)_2S_2O_8$溶液，摇动、计时，将此实验的反应速率与表 5-9 中实验Ⅳ的反应速率进行比较。

［**实验记录及结果**］

1. 计算反应级数和速率常数

按表 5-9 记录实验数据并进行数据处理，用作图法求出反应级数 m、n。

2. 计算反应活化能

按表 5-10 记录实验数据及进行数据处理，计算反应的活化能。

表 5-10 活化能测定

实验编号	Ⅰ	Ⅱ	Ⅲ
反应温度/℃			
反应时间 Δt/s			
反应速率 $v/(mol \cdot L^{-1} \cdot s^{-1})$			
反应速率常数 k			
$\lg k$			
$\frac{1}{T}$/K			
$E_a/(kJ \cdot mol^{-1})$			

3. 归纳总结浓度、温度及催化剂对反应速率、速率常数以及活化能影响的规律和特点。

［**实验思考**］

1. 为什么可以由反应溶液出现蓝色的时间长短来计算反应速率？溶液出现蓝色后，反应是否终止了？

2. 本实验的误差来源主要是什么？如何减小？

参考文献

［1］马伟，张持，李倩，等. 反应活化能与反应级数的测定［J］. 化工高等教育，2015(4)：63-66.

[2] 李玥，周文吉，陈新丽，等. 化学反应速率与活化能测定实验改进[J]. 科技创新导报，2019，16(22)：105-107，109.

（陆军军医大学　周勉）

实验三十一　旋光法测定蔗糖水解反应速率常数

［**实验目的**］

1. 理解蔗糖水解体系中各物质的浓度与旋光度之间的关系。
2. 掌握利用旋光法测定蔗糖水解反应速率常数和半衰期的原理和方法。

［**实验原理**］

蔗糖在酸性条件下发生水解反应，生成葡萄糖和果糖：

$$C_{12}H_{22}O_{11}(\text{蔗糖})+H_2O \xrightarrow{H^+} C_6H_{12}O_6(\text{葡萄糖})+C_6H_{12}O_6(\text{果糖})$$

该反应为二级反应，反应速率与蔗糖和水的浓度的乘积成正比，但是由于在反应过程中水是大量的，在反应过程中消耗很少，可近似认为水的浓度没有发生改变。因此，蔗糖的水解反应可当作一级反应来进行处理，其水解的速率方程可简化为

$$-\frac{dc_{\text{蔗糖}}}{dt}=k_1 c_{\text{蔗糖}} \tag{5-6}$$

对式(5-6)积分，可得

$$\ln\frac{c_{\text{蔗糖},0}}{c_{\text{蔗糖}}}=k_1 t \tag{5-7}$$

式中，$c_{\text{蔗糖},0}$为蔗糖溶液的初始浓度，$c_{\text{蔗糖}}$为时刻 t 时蔗糖溶液的浓度，t 为反应时间，k_1 为水解反应的速率常数。式(5-7)也可以改写为

$$\ln c_{\text{蔗糖}}=-k_1 t+\ln c_{\text{蔗糖},0} \tag{5-8}$$

从式(5-8)可以看出，在不同时刻测定蔗糖的浓度，以 $\ln c_{\text{蔗糖}}$ 对 t 作图，可以得到一条直线，由直线的斜率即可求得反应速率常数 k_1。

同时，当反应物蔗糖的浓度消耗到一半时，$t=t_{1/2}$，可以得出蔗糖水解反应的半衰期：

$$t_{1/2}=\frac{\ln 2}{k_1}=\frac{0.693}{k_1} \tag{5-9}$$

然而，由于蔗糖水解反应是在不断进行的，直接测定不同时间点反应体系中的蔗糖浓度是比较困难的。考虑到蔗糖及其水解产物葡糖糖、果糖都具有旋光性，且不同物质的旋光性存在差异，因此，可以通过测定反应过程中体系的旋光度(α)的变化来量度反应的进程。

由于旋光度与溶液浓度、温度、溶剂性质、液层厚度等因素有关，因此常用比旋光度$[\alpha]_D^t$表示物质的旋光性。当温度、光源和溶剂固定时，比旋光度等于单位长度、单位浓度物质的旋光度，它与旋光度的关系为

$$[\alpha]_{\mathrm{D}}^{t}=\frac{\alpha}{l\cdot\rho}$$

式中，$[\alpha]_{\mathrm{D}}^{t}$ 表示旋光物质在温度为 t、光源为钠光灯 D 线(589 nm)时的比旋光度；α 为旋光度；l 为旋光管的长度，单位为 dm；ρ 为被测物质的质量浓度，单位为 $g\cdot mL^{-1}$。

在蔗糖水解反应中，反应物蔗糖为右旋性物质，其 $[\alpha]_{\mathrm{D}}^{20}=+66.6°$。产物葡萄糖是右旋性物质，果糖是左旋性物质，比旋光度分别为 $[\alpha]_{\mathrm{D}}^{20}=+52.5°$ 和 $[\alpha]_{\mathrm{D}}^{20}=-91.9°$。由于果糖和葡萄糖的旋光性不同，并且果糖的旋光能力强于葡萄糖，水解反应生成的葡萄糖和果糖是等量的，因此，随着反应的进行，体系的旋光度将逐渐从右旋变为左旋，直至蔗糖转化完全，此时体系达到最大的左旋旋光度 α_{∞}。

设体系最初的旋光度为 α_0，此时，蔗糖还未发生水解，溶液的旋光度即为 $t=0$ 时刻蔗糖溶液(c_0)的旋光度：

$$\alpha_0=k_{蔗糖}c_0 \tag{5-10}$$

当蔗糖完全水解时，生成的葡萄糖和果糖的浓度均等于蔗糖的初始浓度 c_0，此时体系最终的旋光度为

$$\alpha_{\infty}=k_{葡萄糖}c_0+k_{果糖}c_0=k_{产物}c_0 \tag{5-11}$$

式中，$k_{产物}=k_{葡萄糖}+k_{果糖}$。

当反应处于任意时刻 t 时，设蔗糖的浓度为 c，葡萄糖和果糖的浓度均为 c_0-c，此时体系的旋光度为

$$\alpha_t=k_{蔗糖}c+k_{葡萄糖}(c_0-c)+k_{果糖}(c_0-c)=k_{蔗糖}c+k_{产物}(c_0-c) \tag{5-12}$$

由式(5-10)和式(5-11)联立可得

$$c_0=\frac{\alpha_0-\alpha_{\infty}}{k_{蔗糖}-k_{产物}}=k'(\alpha_0-\alpha_{\infty}) \tag{5-13}$$

由式(5-11)和式(5-12)联立可得

$$c=\frac{\alpha_t-\alpha_{\infty}}{k_{蔗糖}-k_{产物}}=k'(\alpha_t-\alpha_{\infty}) \tag{5-14}$$

将式(5-11)和式(5-12)代入式(5-14)得

$$\ln(\alpha_t-\alpha_{\infty})=-k_1t+\ln(\alpha_0-\alpha_{\infty}) \tag{5-15}$$

由式(5-15)可知，通过旋光仪测定得到 α_t 和 α_{∞} 的值，以 $\ln(\alpha_t-\alpha_{\infty})-t$ 作图，通过直线的斜率即可求得蔗糖水解反应的速率常数 k_1，再由式(5-9)，可计算得出该反应的半衰期。

[仪器与试剂]

仪器：自动旋光仪，旋光管(1 dm)，秒表，电子天平，锥形瓶，恒温水浴箱，烧杯，量筒，球形冷凝管。

试剂：蔗糖(A.R.)，2.0 $mol\cdot L^{-1}$ HCl 溶液。

[实验步骤]

1. 熟悉仪器结构及使用方法

自动旋光仪的结构及使用方法见教材第三章第八节中的旋光度测定部分。

2. 蔗糖溶液配制

用电子天平称取 6 g 蔗糖，置于 150 mL 锥形瓶中，并加入 30 mL 蒸馏水充分溶解。

3. 旋光仪的校正

打开仪器电源及钠灯光源，预热 20 min 使光源发光稳定，将装有蒸馏水的旋光管置入旋光仪的暗室内，盖好箱盖，待显示读数稳定后，按下清零键即可完成校正。

4. 蔗糖水解过程中旋光度的测定

量取 2.0 $mol \cdot L^{-1}$ HCl 溶液 30 mL，迅速倒入蔗糖溶液中，并在 HCl 溶液倒入一半时开始计时。将反应液摇匀，立即用该反应液快速洗涤旋光管两次，然后将反应液装满旋光管，用滤纸擦净管外的溶液后，快速放入旋光仪中进行测定。在蔗糖水解反应开始的 2 min 之内测定第一个时间点的旋光度，然后每隔 5 min 测定一次数据，在反应 30 min 之后，每隔 10 min 测定一次数据，测定 60 min 后结束[1]。

5. 蔗糖完全水解时 α_∞ 的测定

将恒温水浴箱温度设置到 50~60 ℃，待温度稳定后，将锥形瓶中剩余的反应液置于水浴锅内加热 30 min，使其快速反应完全[2]。待反应液反应完全并冷却至室温后，测定其旋光度，平行测定 5 次，取平均值，即为蔗糖完全水解时的 α_∞[3]。

［**实验记录及结果**］

1. 实验数据记录于表 5-11 中。

实验温度：________，α_∞：________。

表 5-11　蔗糖水解旋光度测定数据

t/min	α_t	$\alpha_t-\alpha_\infty$	$\ln(\alpha_t-\alpha_\infty)$
2			
5			
10			
15			
20			
25			
30			
40			
50			
60			

2. 以 t 为横坐标，$\ln(\alpha_t-\alpha_\infty)$ 为纵坐标作图，通过直线的斜率求得蔗糖水解反应的速率常数 k_1。线性方程____________________，相关系数 R^2________。

3. 计算蔗糖水解反应的半衰期。

［**实验思考**］

1. 配制蔗糖溶液时，称取蔗糖质量的精度只需到整数位，为什么？

2. 配制反应液时为什么要加盐酸？配制时能否反过来将蔗糖溶液倒入盐酸中，为什么？

3. 反应测定的时间晚了一些，是否影响 k 值的测定？

［注释］

［1］先精确记录时间再读取旋光度，注意测量的时间与旋光度严格一一对应。

［2］注意水浴箱的温度不可过高，以免使体系发生副反应，溶液变黄。同时要避免水分的挥发，改变反应液的浓度，可在锥形瓶上加一球形冷凝管。

［3］实验结束后，立即清洗仪器，以免盐酸腐蚀旋光管。

参考文献

［1］张鹏．蔗糖水解反应速度常数测定的研究［J］．大庆石油学院学报，1990，14（3）：65-70.

［2］赵金和，兰翠玲，苏钦芳，等．酸催化蔗糖水解的动力学研究［J］．应用化工，2013，42（12）：2191-2193.

［3］艾佑宏，吴慧敏，吴琼．蔗糖水解实验数据处理方法的改进［J］．化学研究，2007，18（1）：80-83.

（陆军军医大学　李兰兰）

实验三十二　从茶叶中提取咖啡因

［实验目的］

1. 了解咖啡因的化学结构和理化性质。

2. 学习利用脂肪提取器提取有机物的原理和方法。

3. 巩固萃取、蒸馏、升华、凝华等实验操作。

［实验原理］

茶叶中含有多种生物碱，咖啡因是其中之一，含量为 0.01～0.05 $g \cdot mL^{-1}$。另外还含有 0.11～0.12 $g \cdot mL^{-1}$ 的单宁酸（鞣酸）、0.006 $g \cdot mL^{-1}$ 的色素纤维素和蛋白质等。咖啡因的化学名称为 1，3，7-三甲基-2，6-二氧嘌呤，结构如图 5-5 所示。含有结晶水的咖啡因是无色针状结晶体，味苦，在 100 ℃时失去结晶水，并开始升华，在 120 ℃升华显著，178 ℃升华很快，熔点为 234.5 ℃。

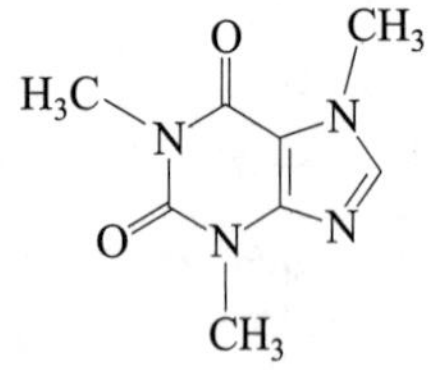

图 5-5　咖啡因结构式

咖啡因具有刺激心脏、兴奋大脑神经和利尿等作用，因此可以作为中枢神经兴奋药，它也是复方阿司匹林的重要组分之一。

从茶叶中提取咖啡因，需要选择适当的溶剂（如乙醇）在脂肪提取器中连续萃取，蒸馏除去溶剂，得到咖啡因粗品。粗品中还含有其他的生物碱及杂质，可利用加入生石灰焙炒，以及升华、凝华等操作，进一步纯化。

［仪器与试剂］

仪器：电子分析天平，电热套，烧瓶（100 mL），索氏提取器，球形冷凝管，蒸发皿，漏斗，量筒（100 mL），研钵，水浴锅。

试剂：95%乙醇（体积分数），茶叶，氧化钙。

［实验步骤］

1. 熟悉仪器原理及使用

（1）萃取和升华、凝华原理见第三章第六节萃取和升华部分。

（2）实验装置安装见第三章第六节图 3-39[1]。

数字资源 5-32-1 视频：咖啡因提取装置演示

2. 实验操作

称取干燥茶叶末 10 g，用滤纸包成圆柱形纸包，小心放入索氏提取器中[2]，装好提取装置。将约 70 mL 95%乙醇经冷凝管上端加入[3]。打开冷凝水，水浴加热回流，连续提取 1~1.5 h 至提取液颜色为浅绿色。待冷凝液刚好虹吸下去时，停止加热。稍冷，改成蒸馏装置，回收提取液中的大部分乙醇。趁热把将瓶中的残留液导入蒸发皿中，拌入 2~3 g 生石灰粉，使成糊状，在热水浴上蒸干，其间应不断搅拌，并压碎块状物。最后把蒸发皿置于电热套上用小火慢慢焙炒，至水分全部除去，并研成粉末。冷却后，将固体粉末转移至另一干净的蒸发皿内，罩一张刺有许多小孔的滤纸，在滤纸上倒扣一只口径合适的玻璃漏斗，用沙浴小心加热。控制沙浴温度在 220 ℃左右[4]。当滤纸上出现许多白色毛刺状结晶时，停止加热，让其自然冷却到 100 ℃。小心取下漏斗，揭开滤纸，将滤纸上及器皿周围的咖啡因刮下。残渣经拌和后，用较第一次稍大的升温速度再次加热片刻，使升华完全。合并两次收集的咖啡因，称量并测定熔点。

［实验记录及结果］

记录实验数据及结果于表 5-12 中。

表 5-12　从茶叶中提取咖啡因

	性状	质量/g	熔点/℃	产率/%
咖啡因				

［实验思考］

1. 咖啡因在氯仿、水和乙醇中的溶解度分别为 0.12 g · mL^{-1}、0.02 g · mL^{-1}、0.02 g · mL^{-1}，为什么本实验选择乙醇为提纯溶剂？

2. 选择索氏提取器提取咖啡因的优点有哪些？

3. 在本实验中，可以优化哪些步骤以获得更多的产品？

［注释］

［1］索氏提取器的虹吸管容易折断，手持和安装仪器时要小心。

［2］装好的茶叶筒放入提取器内，其高度不应超过虹管上端的高度。

［3］由此加入可在加热回流前先浸泡茶叶至乙醇沸腾，可缩短回流提取时间。

［4］升华过程是实验失败的关键，温度过高会使咖啡因变黄。

参考文献

任小雨，张琴芳，王天利. 从茶叶中提取咖啡因实验方法的改进[J]. 实验室科学，2020，23(2):9-11.

（山西医科大学　刘文）

实验三十三　从橙皮里提取柠檬烯

［实验目的］

1. 了解柠檬烯的化学结构和理化性质。
2. 掌握水蒸气蒸馏法提取有机物的原理和方法。
3. 巩固萃取、蒸馏等实验操作。
4. 了解气相色谱法的原理与应用。

［实验原理］

水蒸气蒸馏的原理见第三章第六节水蒸气蒸馏部分；气相色谱分析原理见第三章第七节色谱法简介。

精油（又称挥发油）是植物组织经水蒸气蒸馏得到的挥发性成分的总称，其主要成分为萜类，柠檬烯是其中的一种。柠檬烯是从柠檬、橙子和柚子等水果的果皮中提取得到，化学名称是1-甲基-4-(1-甲基乙烯基)环己烯，属脂环族中萜类化合物中的单环单萜，其基本骨架为萜烷，结构如图5-6所示。

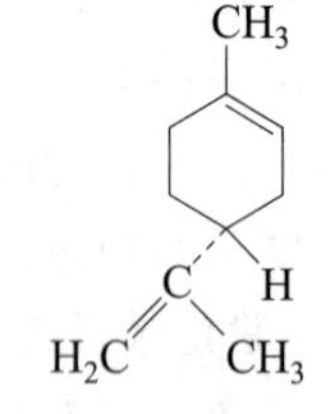

图5-6　柠檬烯结构式

柠檬烯分子中有一个手性中心。其*S*-(-)异构体存在于松针油、薄荷油，*R*-(+)异构体存在于柠檬油、橙皮油中；外消旋体存在于香茅油中。

由于柠檬烯具有令人愉快的香味，所以常用作添加剂用于饮料、食品和化妆品中。此外，柠檬烯还有较高的药用价值，可用于祛痰、止咳、抗炎、抑菌，最新的文献报道，柠檬烯还具有抗肿瘤作用。

通过水蒸气蒸馏得到产品，经过分离、干燥、过滤后，可得到纯度较高的柠檬烯。分离得到的产品可通过测定折光率和比旋光度等参数进行定性分析，通过气相色谱法对含量进行定量测定。

数字资源5-33-1　视频：从柠檬中提取柠檬烯和柠檬酸

［仪器与试剂］

仪器：水蒸气蒸馏装置，分液漏斗，锥形瓶，气相色谱仪。

试剂：橙皮，无水硫酸钠。

［实验步骤］

1. 熟悉装置安装

水蒸气蒸馏装置的安装及操作见第三章第六节水蒸气蒸馏部分。

2. 实验操作

将2~3个新鲜橙皮剪成细碎的碎片[1]，装入250 mL圆底烧瓶瓶中，加入约30 mL水，安装水蒸气蒸馏装置，如图5-7所示。

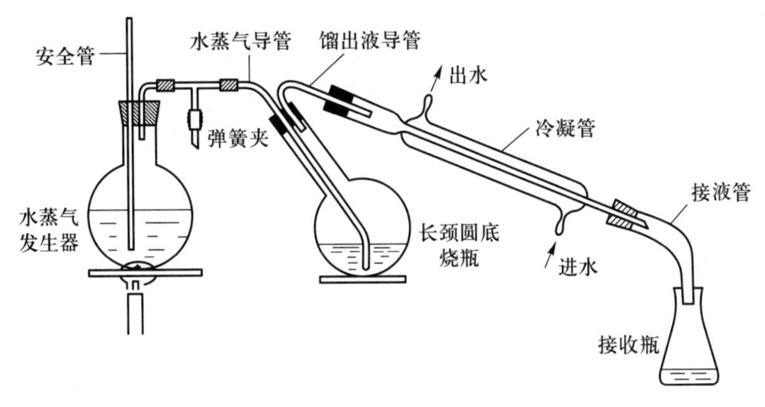

图5-7　水蒸气蒸馏装置图

松开弹簧夹，加热水蒸气发生器至水沸腾，T形管的支管口有大量水蒸气冒出时夹紧弹簧夹，打开冷凝水，开始进行水蒸气蒸馏，可观察到在馏出液的水面上有一层很薄的油[2]。当收集馏出液60~70 mL时，松开弹簧夹，然后停止加热，将馏出液转移至分液漏斗中，静置，上层少量橙黄色液体即为橙油。弃去下层水相，将上层油相倒入干燥的50 mL锥形瓶中，加入适量的无水硫酸钠干燥0.5 h，过滤即得到纯度较高的柠檬烯。

测定所得产品的折射率，并用气相色谱法测定柠檬烯的含量。

纯净的柠檬烯沸点为176 ℃，折光率$n_D^{20}=1.4727$，比旋光度$[\alpha]_D^{20}=+126.6°$。

[实验记录及结果]

记录实验数据及结果于表5-13中。

表5-13　从橙皮提取柠檬烯

	性状	体积/mL	保留时间/min	纯度/%
柠檬烯				

[实验指导]

橙皮提取物的气相色谱分析如下：

1. 开启仪器，设定实验操作条件。操作条件为：柱温120 ℃，汽化温度200 ℃，检测器温度200 ℃，载气流量30~40 mL · min^{-1}。

2. 开启色谱工作站，进入“样品采集”窗口。

3. 当色谱仪温度达到设定值后，氢火焰电离检测器点火。待仪器的电路、气路平衡，工作站采样窗口显示的基线平直后即可进样。

4. 测定橙皮提取物。将实验中得到的橙皮提取物用乙醇稀释数倍，用微量进样器吸取0.1~0.2 μL进样，用色谱工作站采集记录色谱数据并记录谱图。重复进样两次。

5. 测定柠檬烯标准样品。在相同的条件下,吸取 0.3 μL 已稀释的柠檬烯标准样品进样测定,用色谱工作站采集色谱数据并记录谱图。重复进样两次。

6. 数据处理和记录。进入色谱工作站的数据处理系统,依次打开色谱图文件并对色谱图进行处理,同时记下各色谱峰的保留时间和峰面积。

7. 实验完毕,用乙醚抽洗微量进样器数次,并关闭仪器和计算机。

[**实验思考**]

1. 如何判断水蒸气蒸馏装置是否发生堵塞现象?如何排除?

2. 请结合水蒸气蒸馏的原理,并查阅资料,计算常压下 100 g 水可以蒸馏多少柠檬烯。

[**注释**]

[1] 选择比较新鲜的橙皮,取表面橙黄色薄皮部分,橙皮剪成约 1 cm×1 cm 的碎片,安装时注意橙皮碎片勿将蒸气导管堵住。

[2] 蒸馏时注意观察安全管水位高度,若迅速上升,立即打开弹簧夹通大气,移去热源,待排除堵塞后继续实验。

参考文献

[1] 董毅,陈维金,杨绍雄,等. 柠檬烯提取实验研究[J]. 亚太传统医药,2019,15(5):91-93.

[2] 钟观林,林琴,林尊贤,等. 赣南脐橙皮中有效成分的提取与结构鉴定[J]. 赣南师范学院学报,2020,41(3):65-67.

(陆军军医大学 周勉)

实验三十四 从槐花米中提取芦丁

[**实验目的**]

1. 了解黄酮类化合物的结构特点。

2. 掌握碱溶-酸沉法提取黄酮类化合物的原理与操作。

[**实验原理**]

芦丁(rutin),又名芸香苷,属于豆科植物槐的干燥果实,广泛存在于植物界。现已发现含芦丁的植物在 70 种以上,如烟叶、槐花、荞麦和蒲公英等均含有。尤以槐花米(为植物 sophora japonica 的未开放花蕾)和荞麦叶中含量最高,其在槐花米中的含量可达 0.12~0.16 $g \cdot mL^{-1}$,荞麦叶中含量可达 0.08 $g \cdot mL^{-1}$。由于芦丁具有降低毛细血管通透性和脆性的作用,临床常作为治疗脑卒中和高血压的辅助药物。而且芦丁对紫外线具有较强的吸收作用,作为天然防晒剂,添加 0.1 $g \cdot mL^{-1}$的芦丁,紫外线的吸收率可达 98%以上。

芦丁属于黄酮类化合物,黄酮类化合物的基本结构如图 5-8 所示。

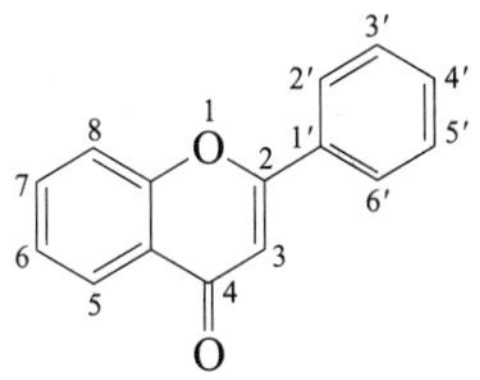

图 5-8　2-苯基色原酮

黄酮类化合物结构中常连有一个以上羟基，还可能有甲氧基、甲基、异戊烯基等。虽然黄酮类化合物结构中所含羟基较多，但大多数情况下黄酮类化合物以一元苷的形式存在，少数黄酮类化合物也有形成二元苷的。芦丁是黄酮一元苷，是由槲皮素(Quercetin)3 位上的羟基与芸香糖(Rutinose)脱水形成的苷，其化学名称是槲皮素-3-*O*-葡萄糖-*O*-鼠李糖，结构如图 5-9 所示。

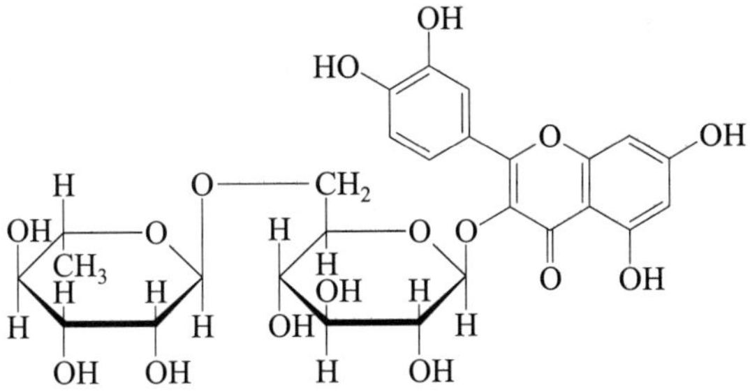

图 5-9　芦丁结构式

芦丁为浅黄色粉末或极细的针状结晶，含有三分子结晶水的芦丁熔点为 174～178 ℃，无水芦丁的熔点为 188～190 ℃。芦丁可在稀酸水溶液中加热水解生成槲皮素及葡萄糖、鼠李糖，反应式见图 5-10。

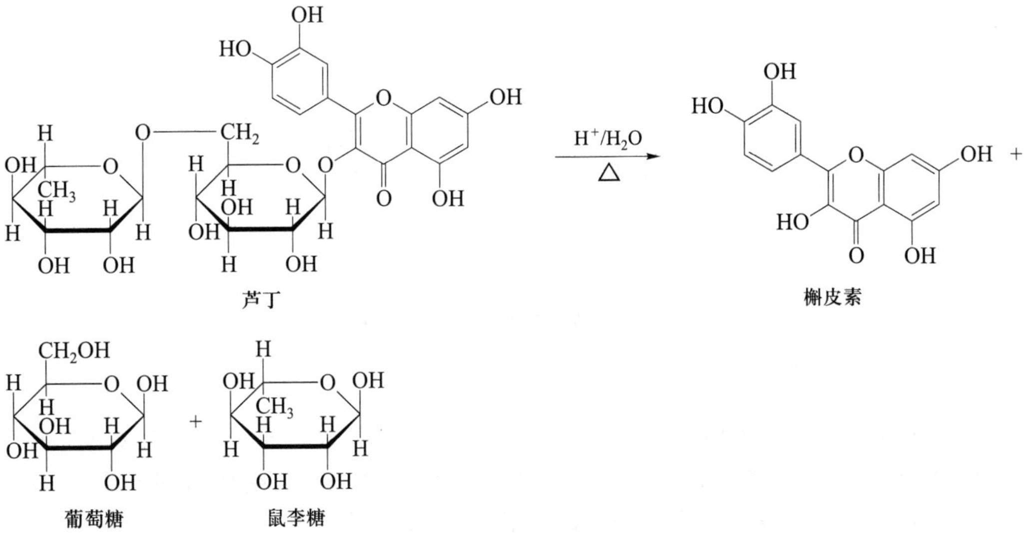

芦丁　$\xrightarrow[\triangle]{H^+/H_2O}$　槲皮素 + 葡萄糖 + 鼠李糖

图 5-10　芦丁水解反应式

由于芦丁分子中含有较多的酚羟基，具有一定的弱酸性，易溶于碱而呈黄色，酸化之后重新析出。芦丁也溶于浓硫酸和浓盐酸呈棕黄色，加水稀释之后再析出。因此，本实验采用碱溶-酸沉法提取芦丁，最后利用其在冷水中的溶解度差异进行重结晶纯化。

［**仪器与试剂**］

仪器：电热套、烧瓶（250 mL）、烧杯（250 mL）、研钵、布氏漏斗、滤纸、电子天平、pH 试纸、脱脂棉、滤纸、减压过滤装置。

试剂：槐花米、饱和石灰水、0.15 $g\cdot mL^{-1}$ HCl 溶液、3 $mol\cdot L^{-1}$ 硫酸、浓盐酸、0.01 $g\cdot mL^{-1}$ 芦丁乙醇溶液、0.01 $g\cdot mL^{-1}$ 芦丁水溶液、广范 pH 试纸、斐林试剂Ⅰ和斐林试剂Ⅱ、镁粉、0.1 $g\cdot mL^{-1}$ Na_2CO_3 溶液。

［**实验步骤**］

1. 粗提

称取槐花米 15 g，在研钵中研碎，放入 250 mL 烧瓶中，加入 100 mL 饱和石灰水[1]，在电热套上煮沸 15 min 后抽滤，滤渣再用 100 mL 饱和石灰水煮沸 10 min，抽滤，合并两次滤液。用 0.15 $g\cdot mL^{-1}$ HCl 溶液中和（约需要 3 mL），调节 pH 为 3~4[2]。放置 1~2 h 析出沉淀，抽滤，沉淀用去离子水洗涤两至三次，得到芦丁粗产物。操作流程如图 5-11 所示。

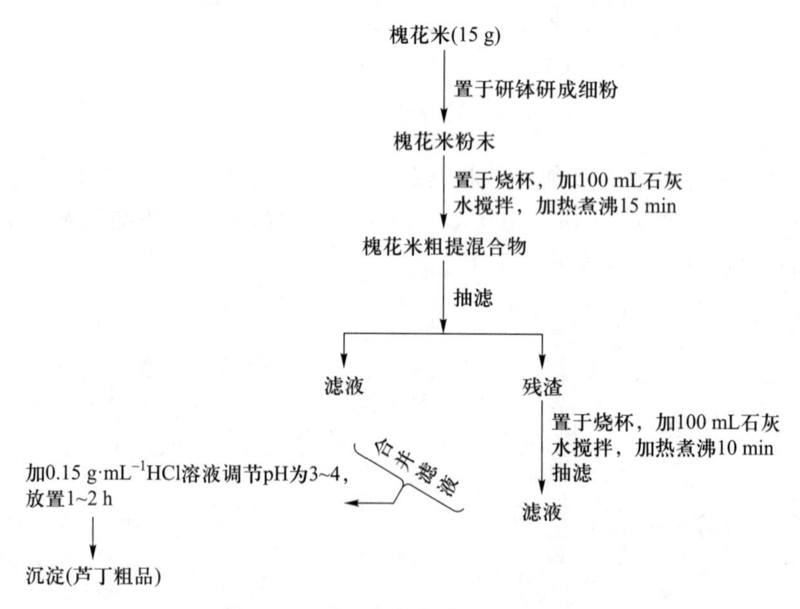

图 5-11　芦丁粗提操作流程示意图

2. 精制

将粗制芦丁置于 250 mL 烧杯中，加入 100 mL 去离子水，于电热套中加热至全部溶解，加少量活性炭，煮沸 5~10 min，趁热抽滤，冷却后即可析出结晶，抽滤至干，在电热套上于 50~60 ℃条件下干燥，得精制芦丁，称重，计算产率。

3. 芦丁性质实验

（1）水解反应　在 10 mL 试管中，加入 1 mL 饱和芦丁水溶液及 5 滴 3 mol · L^{-1} 硫酸，然后置于电热套上加热煮沸 15～20 min，及时用蒸馏水补充蒸发掉的水分。冷却之后，加入 0.1 g · mL^{-1} Na_2CO_3 溶液中和至中性（用 pH 试纸检验）。

取两支 10 mL 试管，分别加入斐林试剂 Ⅰ 和 Ⅱ 各 0.5 mL，混合均匀之后分别加入 1 mL 上述水解溶液和 1%芦丁水溶液，振荡之后于沸水浴中加热 3～4 min。观察实验现象。

（2）还原显色反应[3]　取 1 支 10 mL 试管，加入 1 mL 0.01 g · mL^{-1} 芦丁乙醇溶液，再加镁粉约 50 mg（大约牛角勺的 1/3），振摇，滴加浓盐酸 2 滴，观察并记录颜色变化。

［**实验记录及结果**］

记录实验数据及结果于表 5-14 中。

表 5-14　从槐花米中提取芦丁

	颜色	晶型	质量/g	熔点/℃
芦丁				

［**实验思考**］

1. 影响芦丁提取的关键因素有哪些？
2. 根据芦丁的性质还可采用何种方法进行提取？简要说明理由。
3. 怎样鉴定芦丁？

［**注释**］

［1］加入石灰水既可以起到溶解提取芦丁的作用，也可以使槐花中含的大量多糖黏液质生成钙盐沉淀除去。pH 应严格控制在 8～9，不得超过 10。因为在强碱条件下煮沸，时间稍长可促使芸香苷水解破坏，使提取率明显下降。

［2］酸沉一步 pH 为 3～4，不宜过低，否则会使芸香苷形成盐溶于水，降低产率。

［3］芦丁可以被镁粉-盐酸还原而显红色，反应过程如下：

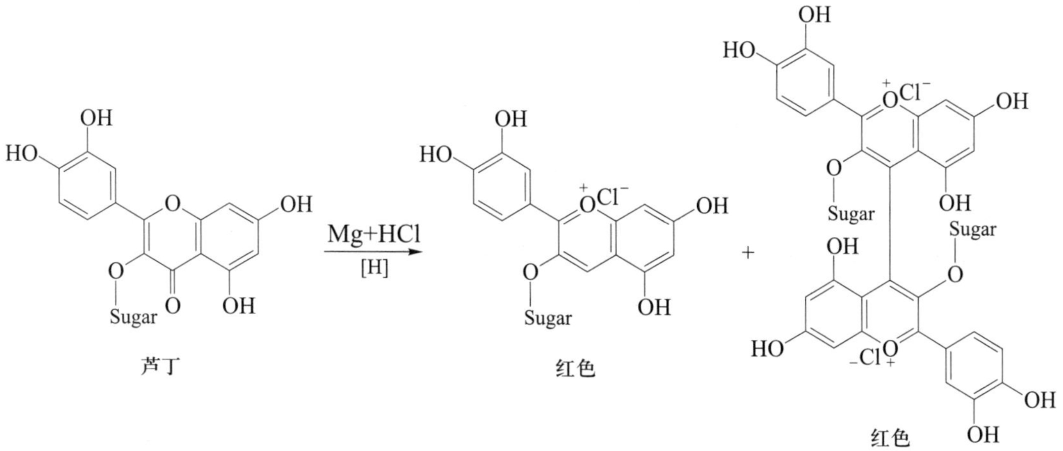

芦丁 $\xrightarrow[\text{[H]}]{\text{Mg+HCl}}$ 红色 + 红色

如将反应产物 pH 调至碱性，则产物颜色从红色转变为绿色。

［4］本实验也可利用芸香苷在冷水及沸水中的溶解度不同,采用沸水提取法。在提取前应注意将槐米捣碎,使芦丁易于被热水溶出。

参考文献

［1］陈红英, 李良春, 黄毅,等. 槐米中芦丁提取、精制与鉴定的创新实验教学［J］. 大学化学, 2018, 33(10):75-78.

［2］涂清波, 孙振翰, 徐晓芳,等. 四种芦丁提取方法的比较研究［J］. 海峡药学, 2019, 31(1):28-29.

（空军军医大学　秦向阳）

实验三十五　青蒿素提取与纯化

［实验目的］

1. 了解从植物中提取、鉴定天然产物的过程。
2. 掌握青蒿素提取、纯化和鉴定的原理和方法。
3. 巩固减压蒸馏、重结晶、柱色谱和薄层色谱及熔点测定等实验操作技术。

［实验原理］

青蒿素(artemisinin)是 20 世纪 70 年代我国药物化学家屠呦呦教授从菊科植物黄花蒿中分离得到的抗疟疾药物,其特点是对疟原虫无性体具有迅速的杀灭作用。这一医药史上的伟大发现,每年在全世界特别是发展中国家挽救了数以百万计疟疾患者的生命,屠呦呦教授也因此获得了 2015 年诺贝尔生理学或医学奖。

青蒿素的分子式为 $C_{15}H_{22}O_5$,属于倍半萜内酯的过氧化合物,其结构式如图 5-12 所示。

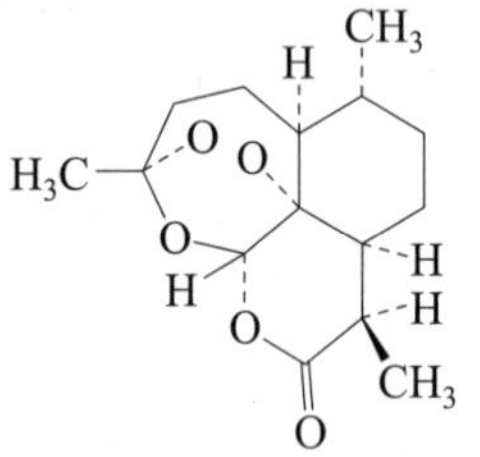

图 5-12　青蒿素结构式

研究发现,青蒿素对疟原虫红内期超微结构的影响主要是改变了疟原虫的膜系结构,该药首先作用于食物泡膜、表膜、线粒体、内质网,此外对核内染色质也有一定的影响。提示青蒿素的作用方式主要是干扰表膜-线粒体的功能。体外培养的恶性疟原虫对氚标记的异亮氨酸的摄入情况也显示其起始作用方式可能是抑制原虫蛋白合成。

青蒿素在黄花蒿叶中的含量因地域不同差异很大,例如广西、贵州、重庆和湖南等省市区野生青蒿中青蒿素的平均含量均高于 0.006 $g \cdot mL^{-1}$,而山西、陕西、内蒙古和黑龙江等省区均低于 0.002 $g \cdot mL^{-1}$。青蒿素不溶于水,易溶于多种有机溶剂,在石油醚中有一定的溶解度,且其他脂溶性成分溶出较少,所得粗品纯度高。粗品可以进一步用重结晶或柱色谱的方式进行纯化。

［仪器与试剂］

仪器:索氏提取器,分液漏斗(250 mL),色谱柱(46 mm×203 mm),圆底烧瓶(25 mL,100 mL,250 mL),蒸馏头,直形冷凝管,玻璃漏斗,抽滤瓶,恒温水浴,布氏漏

斗,锥形瓶(250 mL)。

试剂:石油醚(30~60 ℃, A.R.),色谱硅胶(80~100 目),硅胶板(硅胶 G),青蒿叶,脱脂棉。

[**实验步骤**]

1. 从青蒿叶中提取青蒿素粗品

称取干燥的青蒿叶粗粉 40 g,装入索氏提取器的滤纸套中,先倒入 20 mL 石油醚浸泡。在 150 mL 烧瓶中加入 80 mL 石油醚,用水浴锅于 60 ℃条件下加热回流,连续提取至产生虹吸 10 次,即可停止加热。稍冷,减压除去溶剂,浓缩至 10 mL 左右,转移至干燥的锥形瓶中,静置,使青蒿素晶体析出。倾倒出结晶母液,得到青蒿素结晶粗品。

2. 青蒿素的纯化

(1) 色谱柱的装填:取 20 cm 长的色谱柱,从上口装入一小团脱脂棉,用玻璃棒推至管底部,塞紧。将色谱柱固定在铁架台上,管口放玻璃漏斗,将硅胶通过玻璃漏斗均匀转入色谱管内,用洗耳球轻敲色谱柱,使硅胶填充紧密。将储液球用卡子固定在色谱柱上方,然后将石油醚倒入储液球中,用空气泵加压,让石油醚通过硅胶从下口留出,进一步压实硅胶。石油醚刚好浸润硅胶上端,取下储液球。

(2) 展开剂的配置:配制乙酸乙酯-石油醚(1∶4,体积比)作为洗脱剂。

(3) 样品上柱:将青蒿素粗品约 1 mg 溶于 1 mL 二氯甲烷溶液中,用一次性滴管吸取并滴加在硅胶上,再用二氯甲烷 1 mL 洗涤样品瓶,洗液也滴加在硅胶上,再用展开剂洗涤样品瓶 1 次,同样加在硅胶上。每次上样后需待液体浸润入硅胶,露出硅胶表面后再进行下次上样。

(4) 洗脱:重新装好储液球,将展开剂加入储液球中,用空气泵加压洗脱。用 10 mL 试管收集洗脱液,每管收集大约 5 mL,直到青蒿素全部洗下。

(5) 产物收集与重结晶:将含青蒿素的试管合并、浓缩至约 3 mL,放置 24 h,使结晶析出,抽滤,烘干得到青蒿素纯品。

3. 青蒿素的鉴定

(1) 薄层色谱

① 样品配制:取小于 1 mg 青蒿素标准品、制备得到的青蒿素纯品和青蒿素粗品置于 1 mL 的样品管中,然后加入 0.5 mL 二氯甲烷溶解备用。

② 色谱展开:取硅胶板,裁成 5 cm×2 cm 大小,用 0.3 mm 毛细管蘸取上述制备得到的样品液,在硅胶板上点样。在展开槽中加入 5 mL 洗脱剂乙酸乙酯-石油醚(1∶4),然后将硅胶板置于展开槽中展开,用碘蒸气显色。

根据 R_f 值及斑点数目,鉴别青蒿素的纯度。

(2) 熔点测定　纯净青蒿素的熔点为 152~153 ℃。

[**实验记录及结果**]

记录实验数据及结果于表 5-15 中。

表 5-15 青蒿素提取与纯化

	颜色	晶形	粗品质量/g	纯品质量/g	熔点/℃
青蒿素					

1. 青蒿素的颜色、晶形、粗品和纯品的质量并计算提取产率。
2. 提取实验过程中主要的实验现象,分析每一步的目的及注意事项。
3. 总结提高青蒿素提取产率的关键因素。

[**实验思考**]

1. 画出青蒿素提取纯化的流程图。
2. 青蒿素提取纯化的注意事项。

[**注释**]

[1] 青蒿素的含量随青蒿的地域不同,有很大的差异。重庆酉阳地区的黄花蒿为青蒿的主要品种,可联系当地药材公司购买。

[2] 柱色谱过程中使用的溶剂为易燃性液体,应该在通风良好的条件下开展实验。

[3] 除浸泡时间外,本实验约需要 6 h,分两次进行。

参考文献

[1] 刘佳. 青蒿素的药理学作用及提取工艺的研究状况[J]. 化学工程与装备, 2019(2):219-220,229.

[2] 刘美琴, 任石苟. 野生青蒿中青蒿素的提取和条件优化[J]. 煤炭与化工, 2018, 41(12):123-125.

(空军军医大学 秦向阳)

实验三十六 对氨基苯磺酰胺的制备

[**实验目的**]

1. 了解氯磺化、氨解、水解反应的原理。
2. 掌握对氨基苯磺酰胺的制备原理及方法。
3. 掌握回流、脱色、重结晶等基本操作。

[**实验原理**]

磺胺类药物(sulfonamides,SAs)是具有对氨基苯磺酰胺结构的合成抗菌药物的总称,能抑制革兰氏阳性菌及一些阴性菌的生长和繁殖,临床常用于预防和治疗细菌感染性疾病。

对氨基苯磺酰胺是一种最简单的磺胺药,俗称 SN。它是以乙酰苯胺为原料,然后

再氯磺化[1]和氨解,最后在酸性介质中水解除去乙酰基而制得,其合成路线如图 5-13 所示。

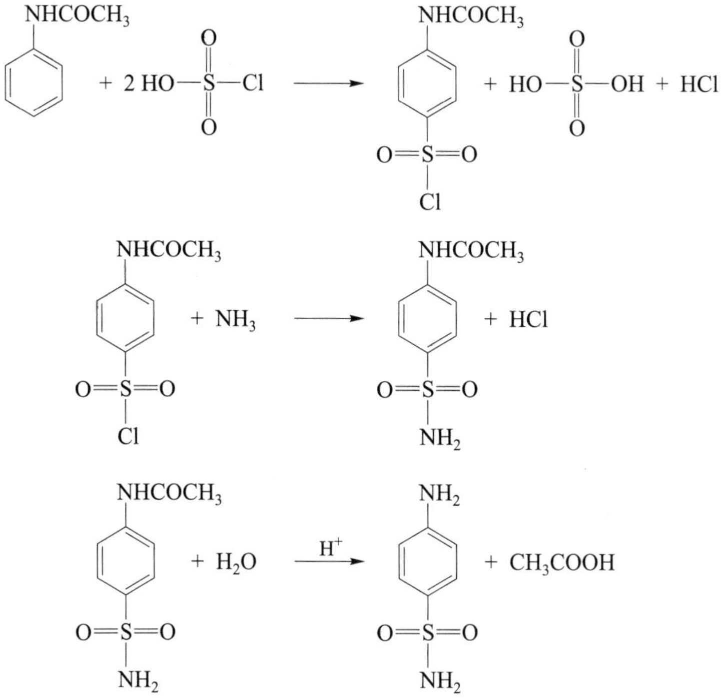

$$\text{NHCOCH}_3\text{-C}_6\text{H}_5 + 2\,\text{HO—SO}_2\text{—Cl} \longrightarrow \text{NHCOCH}_3\text{-C}_6\text{H}_4\text{-SO}_2\text{Cl} + \text{HO—SO}_2\text{—OH} + \text{HCl}$$

$$\text{NHCOCH}_3\text{-C}_6\text{H}_4\text{-SO}_2\text{Cl} + \text{NH}_3 \longrightarrow \text{NHCOCH}_3\text{-C}_6\text{H}_4\text{-SO}_2\text{NH}_2 + \text{HCl}$$

$$\text{NHCOCH}_3\text{-C}_6\text{H}_4\text{-SO}_2\text{NH}_2 + \text{H}_2\text{O} \xrightarrow{\text{H}^+} \text{NH}_2\text{-C}_6\text{H}_4\text{-SO}_2\text{NH}_2 + \text{CH}_3\text{COOH}$$

图 5-13　对氨基苯磺酰胺的合成路线示意图

［**仪器与试剂**］

仪器:锥形瓶(100 mL),圆底烧瓶(50 mL),循环水真空泵,抽滤瓶,烧杯,布氏漏斗,气体吸收装置,加热套。

试剂:乙酰苯胺(A.R.),氯磺酸(A.R.),浓氨水(A.R.),浓盐酸(A.R.),碳酸钠(A.R.)。

［**实验步骤**］

1. 对乙酰氨基苯磺酰氯的制备

在 100 mL 干燥的锥形瓶中,加入 5.4 g 干燥的乙酰苯胺,微热使其熔化。若瓶壁上有少量水汽凝结,应用干净的滤纸吸去。冷至室温,使乙酰苯胺凝结成块,再将锥形瓶置于冰水浴中。冷至室温,迅速倒入 12.5 mL 氯磺酸[2],立即塞上带有氯化氢导气管的塞子,如图 5-14 所示。若反应过于剧烈,可用冰水浴冷却。待反应缓和后,旋摇锥形瓶使固体全部溶解,然后在约 60 ℃的温水浴中加热 10 min 使反应完全。将反应瓶在冰水浴中充分冷却后,在充分搅拌下,将反应液慢慢倒入盛有 75 g 碎冰的烧杯中[3],用约 10 mL 冷水洗涤反应瓶,洗涤液并入烧杯中。搅拌数分钟,使其形成颗粒细小均匀的白的固体。抽滤,用少量冷水洗涤、压紧抽干,立即进行下一步反应。

2. 对乙酰氨基苯磺酰胺的制备

将上述粗产物移入 50 mL 圆底烧瓶中,在搅拌下缓慢加入 17.5 mL 浓氨水(在通

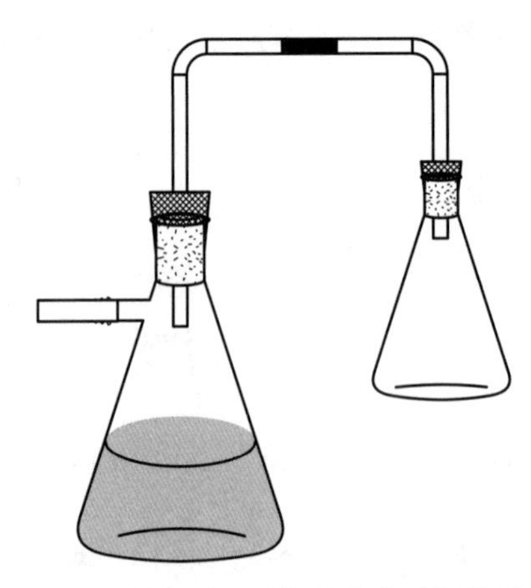

图 5-14　制备对乙酰氨基苯磺酰氯装置图

风橱中进行)，立即发生放热反应生成白色糊状物。加完浓氨水后继续搅拌 15 min，使反应完全。然后加入 10 mL 水，用加热套加热 10 min，控制温度在 70 ℃左右，并不断搅拌，以除去多余的氨。如不能完全赶净，可加入微量的盐酸中和(pH 试纸检测)。

3. 对氨基苯磺酰胺的制备

将上述反应物放入圆底烧瓶中，加入 3.5 mL 浓盐酸(在通风橱中进行)，加入沸石后装上冷凝管，加热回流 0.5 h。冷却后，应得到几乎澄清的溶液，若有固体析出，应继续加热，使反应完全。如溶液呈黄色，并有极少量不溶物存在时，需加入少量活性炭脱色，趁热过滤，在滤液中小心加入碳酸钠至恰呈碱性(约 4 g)。在冰水浴中冷却，抽滤收集固体，用少量冰水洗涤，压紧抽干，得到磺胺粗品。用水重结晶(每克产物约需 12 mL 水)后得到 3~4 g 产品，测熔点。

纯净的对氨基苯磺酰胺为白色针状晶体，熔点 163~164 ℃。

[实验记录及结果]

记录实验数据及结果于表 5-16 中。

表 5-16　对氨基苯磺酰胺的制备

	颜色	晶形	质量/g	熔点/℃
对氨基苯磺酰胺				

[实验思考]

1. 为什么苯胺要乙酰化后再氯磺化？可以直接氯磺化吗？

2. 在实验步骤的 3 中“应得到几乎澄清的溶液，若有固体析出，应继续加热”。什么情况下会导致有固体析出？

[注释]

[1] 乙酰苯胺的氯磺化需要用过量的氯磺酸，1 mol 乙酰苯胺至少要用 2 mol 的氯磺酸，否则会有磺酸生成。过量氯磺酸的作用是将磺酸转变成磺酰氯。

［2］氯磺酸对皮肤和衣服有强烈的腐蚀性，遇水会发生强烈的放热反应，取用时一定多加小心。

［3］反应液的加入速度必须缓慢，并充分搅拌，以避免局部过热造成对乙酰氨基苯磺酰氯的水解。

参考文献

熊非，李晋，陈圣赟，等. 磺胺类抗菌素药物的合成方法改进［J］. 广州化工，2016，44(10)：192-193.

（上海交通大学　何伟娜）

实验三十七　盐酸普鲁卡因的制备

［**实验目的**］

1. 了解缩合、还原、成盐等化学反应的原理和操作方法。
2. 熟悉水与二甲苯共沸脱水酯化的原理和操作方法。
3. 掌握普鲁卡因的成盐条件及其盐酸盐分离精制的方法。

［**实验原理**］

盐酸普鲁卡因，又称“奴佛卡因”，化学名称为对氨基苯甲酸-2-（二乙氨基）乙酯盐酸盐，是一种常见的局部麻醉药品。局部麻醉药是指能在用药局部可逆性阻断感觉神经作用的一类药品，常见的局麻药分为对氨基苯甲酸酯类（包括普鲁卡因和苯佐卡因等）、酰胺类（包括利多卡因和布比卡因等）和氨基醚及氨基酮等四大类。盐酸普鲁卡因的化学结构式如图 5-15 所示。

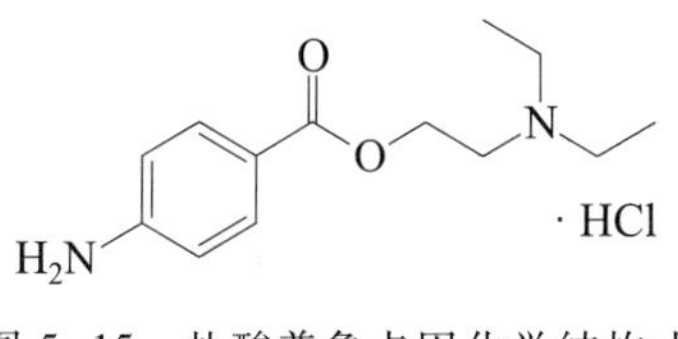

图 5-15　盐酸普鲁卡因化学结构式

盐酸普鲁卡因为白色细微针状固体，味苦而麻，熔点 154～157 ℃，易溶于水和乙醇，微溶于氯仿。其合成路线如图 5-16 所示。

以对硝基苯甲酸为原料，与 β-二乙胺基乙醇脱水缩合成酯，酯化所生成的水通过与二甲苯共沸回流而分出，使反应正向进行。再用铁粉在盐酸中将硝基还原成氨基，得到最终产物盐酸普鲁卡因，并用盐析法分离精制。

［**仪器与试剂**］

仪器：三颈瓶（500 mL），分水器，布氏漏斗，抽滤瓶，循环水真空泵，电子天平，量筒，恒温水浴锅，锥形瓶（500 mL），圆底烧瓶（500 mL），直形冷凝管，蒸馏头，尾接管，温度计，温度计套管，搅拌子，球形冷凝管，酸度计，滴液漏斗，烧杯。

试剂：对硝基苯甲酸（A.R.），二甲苯（A.R.），β-二乙胺基乙醇（A.R.），浓盐酸

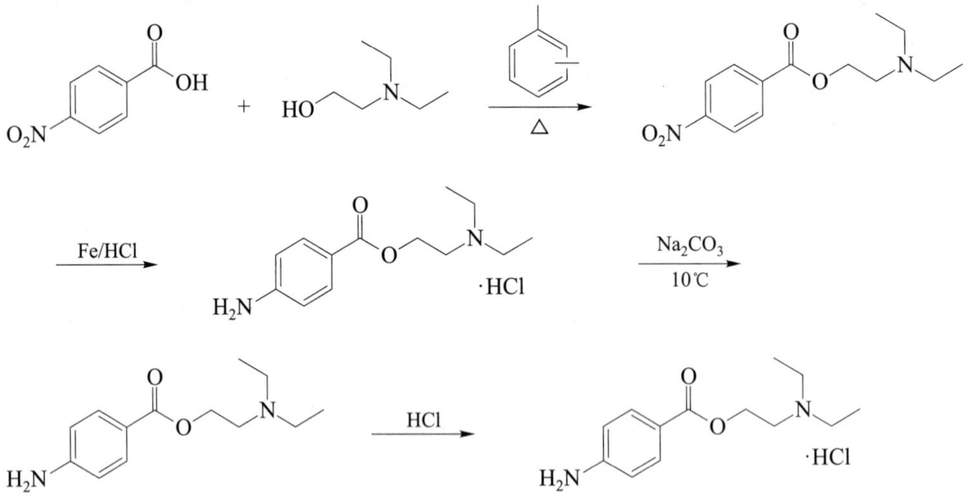

图 5-16　盐酸普鲁卡因合成路线示意图

(A.R.),活性炭,饱和碳酸钠溶液,95%乙醇(体积分数),Fe 粉,氯化钠(A.R.),饱和硫化钠溶液,连二亚硫酸钠(保险粉)。

[**实验步骤**]

1. p-硝基苯甲酸-β-二乙氨基乙酯盐酸盐的制备

在 500 mL 三颈瓶中加入对硝基苯甲酸 38 g(0.227 mol)和二甲苯 240 mL,再在搅拌下加入 β-二乙氨基乙醇 25 g(0.213 mol)[1]。在三颈瓶上分别装上温度计、球形冷凝管和分水器(图 5-17),先加热至 110~120 ℃反应 30 min。继续搅拌,升温至145 ℃,反应 6 h 后停止反应。冷至室温,减压过滤分离析出的沉淀,将滤液转移至 500 mL 圆底烧瓶中,收集布氏漏斗中的固体待用。

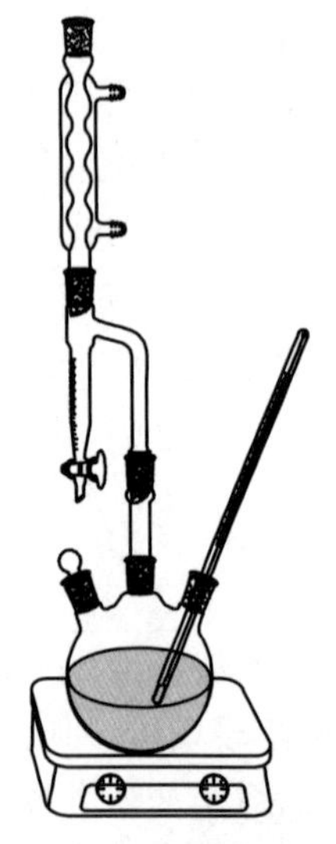

图 5-17　p-硝基苯甲酸-β-二乙氨基乙酯盐酸盐合成反应示意图

将上述圆底烧瓶装上减压蒸馏装置,水浴加热,水泵减压蒸馏除去二甲苯,实验装置见图 5-18。圆底烧瓶中的残留物与布氏漏斗中收集的固体合并,加入 0.03 g·mL^{-1}盐酸 265 mL 搅拌溶解,使未反应完全的对硝基苯甲酸析出,过滤除去。再将滤液移至500 mL 锥形瓶中,用饱和碳酸钠溶液调节滤液的 pH 等于 4.0(酸度计精确测量),得到中间产物 p-硝基苯甲酸-β-二乙氨基乙酯盐酸盐溶液,备用。

2. 盐酸普鲁卡因的制备

在带有温度计的三颈瓶中加入步骤 1 中制备得到的 p-硝基苯甲酸-β-二乙氨基乙酯盐酸盐溶液,室温下充分搅拌,分批加入铁粉 88 g[2]。铁粉加完后,保持反应体系的温度在 40~45 ℃,搅拌继续反应 2 h。反应结束后抽滤,滤渣用少量水洗涤 2 次,洗液合并于滤液中,用少量稀盐酸酸化至 pH=5,再用饱和硫化钠溶液调节 pH 至 8,除去反应中

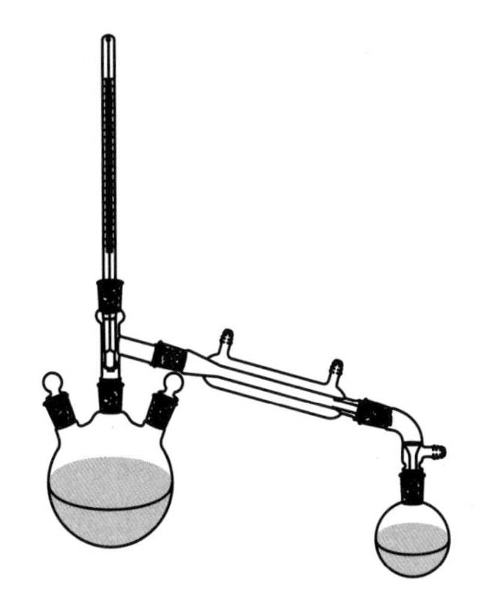

图 5-18　减压蒸馏除去二甲苯的示意图

的铁盐沉淀。再次抽滤，滤渣用少量水洗涤 2 次，合并洗液与滤液，滤液以稀盐酸酸化至 pH=5。加入活性炭 0.5 g[3]，加热到 50～60 ℃脱色 10 min。趁热减压过滤，滤渣用少量水洗涤 1 次，合并洗液与滤液，先冷却至室温，再用冰水浴冷却到 10 ℃以下。充分冷却后的反应液用饱和碳酸钠溶液碱化至 pH=9.5，析出的晶体再次减压过滤，滤饼压实抽干，约 50 ℃干燥后得普鲁卡因粗品[4]。将普鲁卡因粗品称重，转移至 50 mL 烧杯中，冰水浴冷却，缓慢滴加浓盐酸至 pH=5.5[5]。将得到的溶液水浴加热至50 ℃，加氯化钠固体至溶液饱和，继续升温到 60 ℃，再加入连二亚硫酸钠[6]（普鲁卡因投料量的 1%），搅拌后在 65～70 ℃时趁热抽滤，滤液移至锥形瓶中，冷却结晶，抽滤，约 50 ℃干燥，得到盐酸普鲁卡因的粗品。

3. 盐酸普鲁卡因的精制

将盐酸普鲁卡因的粗品移至 100 mL 圆底烧瓶中，加蒸馏水至恰好溶解，加入少量活性炭与连二亚硫酸钠[7]，加热至 65～70 ℃，趁热抽滤，将得到的滤液冰水浴冷却，待晶体充分析出后抽滤.用少量乙醇洗涤，抽干，得盐酸普鲁卡因纯品。纯净盐酸普鲁卡因的熔点为 154～157 ℃。

［**实验记录及结果**］

记录实验数据及结果于表 5-17 中。

表 5-17　盐酸普鲁卡因的制备

	颜色	晶形	质量/g	熔点/℃
盐酸普鲁卡因				

［**实验思考**］

1. 硝基还原成氨基有哪些常用方法？

2. 请归纳水溶性盐类的常用精制方法。

［注释］

［1］利用二甲苯能够与水形成共沸体系的原理，采用分水器除去反应生成的水，达到使酯化反应正向进行更加完全的目的。因此，反应所涉及的原料、试剂和仪器均需干燥无水。

［2］该反应为放热反应，控制反应温度在 70 ℃以下，且铁粉需分次加入，以免反应剧烈而暴沸。若反应液没有转变为棕黑色，则表明反应没有进行完全，需补加适量铁粉。

［3］加入过量的硫化钠除去未反应的铁粉；过量的硫化钠通过加酸使其生成胶体硫析出，再加入活性炭减压过滤除去。

［4］控制干燥温度，避免普鲁卡因的水解和氧化。

［5］成盐时注意控制溶液的 pH 至 5.5，避免普鲁卡因结构中的芳氨基成盐，以便形成脂氨基单盐酸盐。

［6］连二亚硫酸钠为强还原剂，可防止产物中游离的芳氨基氧化，同时可除去有色杂质。

［7］再次除去粗品中的有色杂质，以便得到纯净的产物。

参考文献

［1］胡安身，秦定英，张金堂，等. 盐酸普鲁卡因国内外合成工艺概述［J］. 医药工业，1982(2)：34-37.

［2］王开贞. 影响局麻药作用的因素及其临床意义［J］. 中国药理学通报，1987，3(1)：50.

（陆军军医大学　李兰兰）

实验三十八　苯妥英的制备

［实验目的］

1. 学习苯妥英的制备方法。
2. 掌握用三氯化铁作氧化剂制备联苯甲酰的方法。
3. 巩固回流、抽滤、产品脱色等实验操作技术。

［实验原理］

苯妥英，化学名为 5,5-二苯基乙内酰脲。性状为白色粉末，熔点为 293~295 ℃（分解），微溶于水，不溶于乙醇、氯仿、乙醚。化学结构式如图 5-19 所示。其钠盐（苯妥英钠，化学名 5,5-二苯基乙内酰脲钠）在临床上有着广泛的应用，可用于癫痫和心律失常等疾病的治疗。

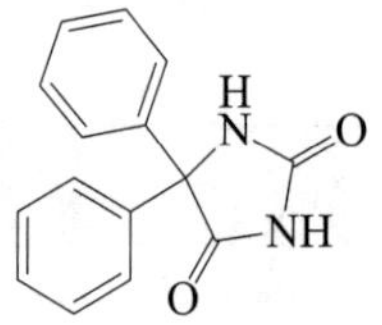

图 5-19　苯妥英化学结构式

本实验以天然产物安息香作为起始原料，通过两步合成法合成目标产物苯妥英。合成路线如图 5-20 所示。

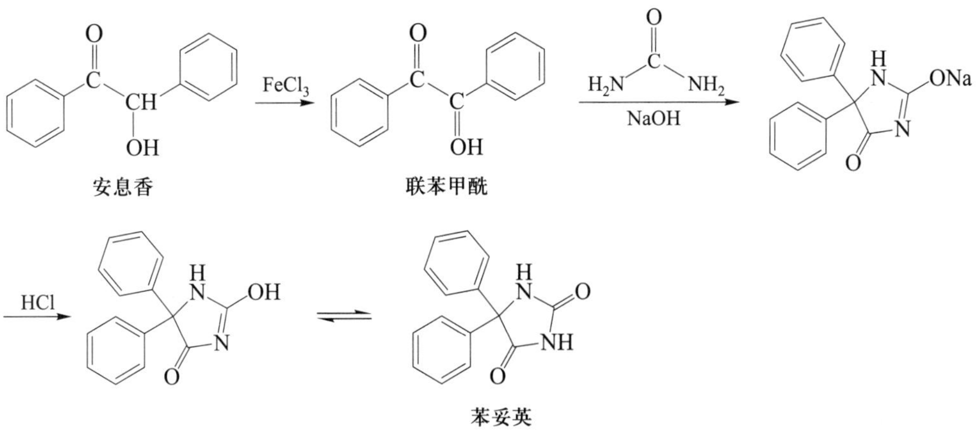

安息香　联苯甲酰　苯妥英

图 5-20　苯妥英合成路线示意图

[**仪器与试剂**]

仪器：圆底烧瓶(250 mL)，球形冷凝管，布氏漏斗，抽滤瓶，烧杯，电子天平，循环水真空泵，磁力搅拌电热器。

试剂：$FeCl_3 \cdot 6H_2O$(A. R.)，冰醋酸(A. R.)，安息香(A. R.)，尿素(A. R.)，0.2 g· mL^{-1}氢氧化钠溶液，50%乙醇(体积分数)，10%(体积分数)盐酸，氨水(A. R.)，$ZnSO_4 \cdot 7H_2O$(A.R.)，活性炭。

[**实验步骤**]

1. 联苯甲酰的制备

(1) 在装有球形冷凝器的 250 mL 圆底烧瓶中，加入 14 g $FeCl_3 \cdot 6H_2O$[1]，15 mL 冰醋酸，6 mL 去离子水及磁力搅拌子 1 枚，并将烧瓶置于磁力搅拌电热套上加热回流搅拌，当固体 $FeCl_3$溶解后，升起烧瓶，加入安息香 2.5 g，继续加热回流搅拌 40 min。

(2) 从冷凝管上口加入 50 mL 去离子水，立刻出现黄色固体，继续加热至固体熔化，待出现油状物后，将烧瓶中的反应液倾倒入 200 mL 烧杯中，搅拌、冷却，待析出黄色固体后，抽滤、洗涤、压干，将样品转移到大滤纸上，于电热套(40°C)上烘干，收集样品，称量。

2. 苯妥英的制备

(1) 在装有球形冷凝器的 100 mL 圆底烧瓶中加入上一步实验制备得到的联苯甲酰 2 g，尿素 0.7 g，0.2 g · mL^{-1}氢氧化钠溶液 6 mL[2]，50% g · mL^{-1}乙醇 30 mL 及磁力搅拌子 1 枚，加热搅拌回流 30 min。

(2) 向反应瓶中加入 60 mL 沸水，0.15 g 活性炭，继续煮沸脱色 10 min，冷却，用布氏漏斗过滤，滤液用 10 %盐酸调至 pH 为 6 左右，析出结晶后，抽滤、洗涤，红外灯下烘干，称重，测定熔点。

[**实验记录及结果**]

记录实验数据及结果于表 5-18 中。

表 5-18　苯妥英的制备

	颜色	晶形	质量/g	熔点/℃
苯妥英				

[实验思考]

1. 氧化剂为什么用 $FeCl_3$,能否用其他试剂代替?

2. 三氯化铁催化安息香氧化的机理是什么?

3. 如何制备得到苯妥英钠?

[注释]

[1] 目前文献中制备二苯乙二酮采用的催化剂主要有 $FeCl_3 \cdot 6H_2O$ 或硝酸作氧化剂,$FeCl_3 \cdot 6H_2O$ 作氧化剂可以使反应在较为温和的条件下进行,同时产率也有所提高。若产物呈油状析出,应重新加热溶解,然后静置冷却,必要时可用玻璃棒摩擦瓶壁,或放入晶种以诱发结晶。而用硝酸作氧化剂,会产生大量腐蚀性的棕黄色 NO_2 气体。使用 $FeCl_3 \cdot 6H_2O$ 作氧化剂,可避免上述污染。

[2] 在苯妥英的合成中,应分批加入 $0.2\ g \cdot mL^{-1}$ NaOH 溶液,若一次性加入,则会产生副反应,使溶液颜色过深,若脱色不完全所得产物呈黄色,且降低产率。本反应直接酸化得到苯妥英,如果是无定形的泥状,则难以烘干,而且不纯。此时可用 80% 乙醇进行重结晶,再用乙醇洗涤、纯化,得到白色针状晶体的苯妥英。

(空军军医大学　秦向阳)

第六章　设计性实验

实验三十九　光度法测定血清总胆固醇

［实验目的］

1. 查阅资料，了解测定血清中总胆固醇的临床意义和常见的方法。

2. 掌握分析方法的选择、分析流程的实施以及结果的处理等一般分析方法的流程。

3. 设计分光光度法测定血清中总胆固醇的实验方法。

［实验背景］

胆固醇是一种环戊烷多氢菲的衍生物，广泛存在于动物体内，它不仅参与细胞膜的形成，也是合成胆汁酸、维生素 D_3 及肾上腺皮质激素的原料。人体所需的胆固醇有一半以上是由机体自身合成，另一部分主要是由外源性摄入，然而，过量摄入胆固醇会引起高胆固醇血症，进而形成冠状动脉粥样硬化。动脉粥样硬化是心肌梗死、中风、脑卒中等严重致命性心血管疾病的共同病理改变，它也是导致全球范围内心脑血管疾病发病率和死亡率不断上升的最常见因素。目前，心血管疾病的发病率和死亡率居所有疾病首位，严重威胁人类健康，且其发病率和死亡率仍在逐年攀升。因此，检测血清中的胆固醇具有重要的临床意义。

目前，针对胆固醇的检测已有大量的研究，胆固醇的测定方法已超过 200 种，包括化学试剂比色法、荧光法、高效液相色谱法、生物传感器等一系列的方法。胆固醇在硫酸存在的条件下能够与邻苯二甲醛作用生成紫红色物质，该物质在 553 nm 处有最大吸收，因此，可利用分光光度法进行定量检测。这种方法操作简便、灵敏度高、稳定性好。

数字资源 6－39－1 课件：分光光度法原理及应用

［仪器与试剂］

请根据实验设计提出所需的各种仪器和试剂。

［实验要求］

1. 根据上述实验室提供的条件设计分光光度法测定血清中胆固醇的实验方案，

包括实验原理、实验仪器与试剂、实验步骤、数据记录等要素。

2. 统筹安排实验流程，规范实验操作，顺利完成实验并测出血清中胆固醇的含量。

3. 对实验数据进行处理，对实验过程中的问题进行讨论和分析，最后以小论文形式撰写实验报告（格式参考中文科技论文）。

参考文献

魏好. 动脉粥样硬化性心血管疾病的降胆固醇治疗及进展[J]. 中国临床医生杂志，2019，47(4):379-381.

（陆军军医大学　李兰兰）

实验四十　饮料中山梨酸和苯甲酸的测定

［实验目的］

1. 熟悉专业文献资料的查阅，了解测定饮料中苯甲酸和山梨酸的方法。
2. 熟悉饮料样品的处理方法。
3. 提高设计实验方案的能力。

［实验背景］

食品防腐剂是能防止由微生物引起的腐败变质、延长食品保质期的添加剂。它的主要作用是抑制食品中微生物的繁殖。世界各国应用的食品防腐剂种类有所不同，苯甲酸及其钠盐、山梨酸及其钾盐是其中应用较广泛的，在各种饮料中都可以发现它们的踪迹。

山梨酸（sorbic acid）化学式 $C_6H_8O_2$，又称为清凉茶酸、2，4-己二烯酸、2-丙烯基丙烯酸。与其他天然脂肪酸类似，山梨酸在人体内参与新陈代谢，最终代谢生成二氧化碳和水。山梨酸作为国际公认的、安全有效的食品防腐剂，能有效抑制霉菌、酵母菌和好氧性细菌的活性，广泛用于奶酪、面包点心、饮料和鱼制品等食品的防腐。但是消费者长期服用山梨酸超标的食物，在一定程度上会抑制骨骼生长，危害肾、肝的健康。我国食品安全国家标准《食品添加剂使用标准》（GB 2760—2014）规定，山梨酸及其钾盐（以山梨酸计）在碳酸饮料中最大使用量为 0.5 $g \cdot kg^{-1}$。

苯甲酸又称安息香酸，在酸性条件下，对霉菌、酵母和细菌均有抑制作用，也是国际上应用广泛的防腐剂。由于苯甲酸的水溶性较差，故实际多使用的是其钠盐。食品安全国家标准《食品添加剂使用标准》（GB 2760—2014）规定，苯甲酸及其钠盐（以苯甲酸计）在果蔬汁（浆）类饮料、风味饮料、蛋白饮料、茶、咖啡、植物（类）饮料中最大使用量为 1.0 $g \cdot kg^{-1}$，在碳酸饮料、特殊用途饮料中最大使用量为 0.2 $g \cdot kg^{-1}$。

测定饮料中山梨酸和苯甲酸的方法有多种，包括高效液相色谱法、气相色谱法、紫外分光光度法等。

［仪器与试剂］

请根据所设计的实验方案提出所需要的仪器和试剂。

［实验要求］

1. 查阅文献资料,选择实验方法,设计并提交初步实验方案。

2. 预实验,修改完善实验方案(包括仪器、试剂的选用,标准溶液和样品溶液的合理浓度,实验方案操作细则,仪器使用条件,定量方法)。

3. 完成测定工作,计算结果,提交分析报告。报告内容应该包括:实验设计思路,方案选择,仪器试剂,实验操作步骤,结果记录,分析讨论,操作注意事项,参考文献。

参考文献

[1] 赵艳霞,程晓平,李宁,等. 饮料中苯甲酸和山梨酸的高效液相色谱测定法[J]. 职业与健康,2009,25(10):1044-1045.

[2] 桑宏庆,蔡华珍,王大勇. 紫外分光光度法同时测定饮料中山梨酸钾和苯甲酸钠[J]. 饮料工业,2006,9(8):34-37.

(温州医科大学　谢夏丰)

实验四十一　牛奶中酪蛋白和乳糖的分离及含量测定

［实验目的］

1. 查阅文献,了解牛奶中分离酪蛋白和乳糖的原理和方法。

2. 查阅并学习酪蛋白和乳糖的性质及含量测定的一般方法。

3. 设计酪蛋白和乳糖的含量测定方法。

［实验背景］

牛奶是一种乳状液,主要由水、乳糖、蛋白质、脂肪等组成。牛奶中主要的蛋白质是酪蛋白,其含量约为 35 $g \cdot L^{-1}$,是含磷蛋白质的复杂混合物。蛋白质是两性物质,溶液的酸碱性直接影响蛋白质分子所带的电荷。当调节牛奶的 pH 达到酪蛋白的等电点(pI)4.8 时,蛋白质所带正、负电荷相等,呈电中性,此时酪蛋白的溶解度最小,将以沉淀的形式从牛奶中析出,以此分离酪蛋白。另外,酪蛋白不溶于乙醇和乙醚,可用作溶剂除去酪蛋白中的脂肪。通过电泳或蛋白质的颜色反应可以鉴定酪蛋白,用双缩脲法或者考马斯亮蓝等方法使蛋白质呈现特定的颜色,通过光学吸收可以测定酪蛋白的含量。

数字资源 6-41-1 微课:牛奶中酪蛋白和乳糖

牛奶中还含有 0.04~0.06$g \cdot mL^{-1}$的乳糖,乳糖是由半乳糖和葡萄糖组成的二糖,存在于溶液中,不溶于乙醇。在乳糖水溶液中加入乙醇,乳糖会结晶出来从而达到分离的目的。乳糖分子中保留着葡萄糖的半缩醛羟基,所以乳糖是还原性二糖,结构如图 6-1 所示。

乳糖主要以 α-乳糖和 β-乳糖两种型态存在,它的水溶液有变旋光现象,达到平衡时的比旋光度是+53. 5°。乳糖溶液的旋光度与浓度成正比,可以用来测定乳糖的含量。乳糖也可通过基团的特征反应生成糖脎来鉴定。

［仪器与试剂］

请根据实验设计提出所需的各种仪器与试剂。

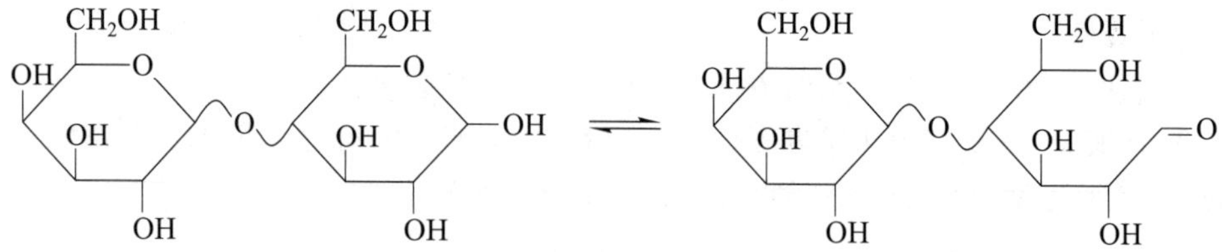

图 6-1 乳糖分子结构图

［实验要求］

1. 查阅相关文献资料，自行设计实验方案。方案包括实验原理、仪器和试剂、牛奶中酪蛋白和乳糖的分离和测定等具体实验步骤等。实验方案需交实验指导教师审核。

2. 根据所设计的实验方案，认真完成实验。实验过程中应仔细观察并如实记录实验现象和实验数据，并注意整个实验的规范性、条理性和流畅性。

3. 牛奶中分离得到的酪蛋白和乳糖的纯度一般在 0.9 $g \cdot mL^{-1}$ 以上。

4. 用标准曲线法定量测定的过程中，至少用五个标准浓度，且线性相关系数 R 不小于 0.995。

5. 实验结束后，对实验结果进行分析和讨论，总结实验数据，最后以小论文的形式撰写报告（格式参考相关科技论文）。

参考文献

储艳秋，林阳辉. 用电喷雾质谱鉴定牛奶中分离的主要成分［J］. 湖南师范大学自然科学学报，2011，34：343-344.

（复旦大学 包慧敏）

实验四十二 氨基酸金属配合物的制备及金属含量测定

［实验目的］

1. 了解氨基酸金属配合物如氨基酸锌、氨基酸铜等的制备方法。

2. 掌握氨基酸配合物中金属含量的测定方法。

3. 学习自主设计实验的一般方法。

［实验背景］

锌是人体中必需的微量元素，具有极其重要的生物功能，主要表现为能增强机体免疫功能、加速创伤组织的愈合和再生，并与智力发育密切相关，等等。缺锌不仅会影响生长发育，还可能导致多种疾病。因此，锌添加剂的研究一直受到人们重视。

氨基酸作为蛋白质的基本结构单元，在人体中有非常重要的生理作用。氨基酸锌为螯合物，Zn(Ⅱ)与氨基酸中氨基 N 原子形成配位键，同时与羧基 O 原子形成五元环或六元环螯合物。氨基酸锌具有以下特点：金属与氨基酸形成的环状结构使分子内电荷趋于中性，在体内 pH 条件下溶解性好，容易被吸收，不损害肠胃，生物利用度高；化

学稳定性和热稳定性好；流动性好，与其他物质易混合，不结块，易于贮存；补锌的同时也补充氨基酸，具有很好的配伍性。

氨基酸锌配合物可通过锌离子与氨基酸在一定条件下反应制得。作为锌离子的原料可以是金属锌、硫酸锌、氧化锌、醋酸锌、碳酸锌、高氯酸锌、氢氧化锌等；氨基酸一般是 α-氨基酸，包括单一氨基酸和复合氨基酸。目前有水体系合成法、非水体系合成法、干粉体系合成法、电解合成法、相平衡合成法等几种制备方法。

［**仪器与试剂**］

请根据所设计的实验方案提出所需要的仪器和试剂。

［**实验要求**］

1. 请使用水体系合成法合成一种锌的氨基酸配合物（如甘氨基酸锌），并测定锌含量。

2. 查阅资料，拟定合理的实验方案并交由实验指导教师审核。

3. 独立完成实验，认真观察并做好实验记录，及时与实验指导老师交流实验中遇到的困惑和出现的异常现象。

4. 认真分析处理实验数据。实验结束，对实验方案、实验过程及实验结果分析讨论，最后以小论文形式撰写实验报告。

［**实验思考**］

1. 制备其他含锌药物如葡萄糖酸锌和氧化锌的方法还有哪些？这些药物的药理作用与甘氨酸锌有何异同？

2. 氨基酸金属配合物药物可分为哪几种类型？常用于临床哪些疾病的治疗？

参考文献

［1］Ahmed M, Qadir M A. Synthesis of Metal Complexes with Amino Acids for Animal Nutrition［J］. *Global Veterinaria*, 2014, 12(6):858-861.

［2］Aiyelabola T O, Ojo I A, Adebajo A C, et al. Synthesis, characterization and antimicrobial activities of some metal(Ⅱ) amino acids' complexes［J］. *Advances in Biological Chemistry*, 2012, 2(3):268-273.

（海军军医大学　林美玉）

实验四十三　枸橼酸铋钾的制备及质量分析

［**实验目的**］

1. 掌握枸橼酸铋钾的制备、定量分析的方法。

2. 学习不同因素对产物质量影响的研究方法。

3. 学习开展简单科研的思路、方法。

［**实验背景**］

枸橼酸铋钾是治疗复合溃疡、多发溃疡、口腔溃疡和糜烂性胃炎的良药，并具有杀灭幽门螺旋杆菌的功效，是丽珠得乐、枸橼酸铋雷尼替丁的主要成分。

文献报道可分别从次硝酸铋、金属铋等为原料制备枸橼酸铋钾。产物中铋的含量可用 EDTA 容量法分析，钾的含量可用苯扎溴铵间接容量法测定。

枸橼酸铋合成的参考方案一：向 35 g 次硝酸铋 100 mL 水混悬液中，滴加 50 g 枸橼酸 100 mL 水溶液，加热回流 2 h。用 25%氨水（体积分数）检查反应完全（反应液与氨水反应无浑浊）。冷至室温后抽滤，水洗至 pH = 5～7，检测无硝酸根后烘干，得枸橼酸铋。

枸橼酸铋合成的参考方案二：将金属铋用硝酸溶解，制得硝酸铋溶液。再加入枸橼酸和氢氧化钾，反应后得枸橼酸铋。

枸橼酸铋钾合成的参考方案：将一定量的枸橼酸和氢氧化钾溶于水中得枸橼酸钾溶液，在加热和不断搅拌下加入前述合成的枸橼酸铋，再缓慢加入 $0.2\ g\cdot mL^{-1}$ KOH 溶液，直至反应液澄清。在 70℃左右蒸发浓缩，冷却后，在剧烈搅拌下加入无水乙醇，获白色固体产物；经液固分离后，用无水乙醇洗涤沉淀 2～3 次，于 70℃下烘干，得到枸橼酸铋钾产品。

［**仪器与试剂**］

请根据所设计的实验方案提出所需要的仪器和试剂。

［**实验要求**］

1. 查阅文献，拟定枸橼酸铋钾的合成和质量分析实验方案并交由实验指导教师审核[1]。

2. 独立完成实验，认真观察并做好实验记录，及时与实验指导老师交流实验中遇到的困惑和出现的异常现象。

3. 认真分析处理实验数据。实验结束，对实验方案、实验过程及实验结果分析讨论，最后以小论文形式撰写实验报告。

［**实验思考**］

1. 讨论不同反应条件对产品产率和纯度的影响。

2. 如何优化制备条件？

［**注释**］

［1］考察因素包括：

① 反应温度：30～80℃；

② 氢氧化钾与枸橼酸铋的配比：2～4；

③ 枸橼酸钾的浓度：$0.3\sim0.7\ g\cdot mL^{-1}$；

④ 沉淀剂乙醇的用量。

参考文献

Naidenko E S, Yukhin Y M, Afonina L I, et al. Obtaining Bismuth－Potassium Citrate. *Chemistry for Sustainable Development*, 2012, 20: 523-528.

（海军军医大学　高越）

实验四十四　电导法测定难溶盐的溶解度

［实验目的］

1. 查阅相关文献，了解电导法测定难溶盐溶解度的原理。

2. 设计电导法测定难溶盐的溶解度的实验方法。

3. 加深对溶液电导概念的理解及电导测定应用的了解。

［实验背景］

难溶盐如 $BaSO_4$、$PbSO_4$、AgCl 等在水中溶解度很小，用一般的分析方法很难精确测定其溶解度。但难溶盐在水中微量溶解的部分是完全电离的，因此，常用测定其饱和溶液电导率来计算其溶解度。难溶盐的溶解度很小，其饱和溶液可近似为无限稀释，因此饱和溶液的摩尔电导率 Λ_m 与难溶盐的无限稀释溶液中的摩尔电导率 Λ_m^∞ 是近似相等的，即

$$\Lambda_m^\infty \approx \Lambda_m$$

在一定温度下，摩尔电导率 Λ_m 与电导率 κ 以及溶液的浓度 c 之间符合下列关系式：

$$\Lambda_m = \kappa \times \frac{10^{-3}}{c} \tag{6-1}$$

式中，Λ_m^∞ 可由手册数据查得，κ 通过电导率测定求得，于是 c 可求得。

必须指出，难溶盐在水中的溶解度极微，其饱和溶液的电导率 $\kappa_{溶液}$ 实际上是盐的正、负离子和溶剂（H_2O）解离的正、负离子（H^+ 和 OH^-）的电导率之和，在无限稀释条件下有

$$\kappa_{溶液} = \kappa_{盐} + \kappa_{水} \tag{6-2}$$

因此，测定 $\kappa_{溶液}$ 后，还必须同时测出配制溶液所用水的电导率 $\kappa_{水}$，才能求得 $\kappa_{盐}$。测得 $\kappa_{盐}$ 后，由式（6-2）即可求得该温度下难溶盐在水中的饱和浓度 c，经换算即得该难溶盐的溶解度。

［仪器与试剂］

请根据实验设计提出所需的各种仪器和试剂。实验室可提供 DDS-307A 型电导率仪、超级恒温槽 1 套及配套的小型和玻璃仪器。

［实验要求］

1. 实验要求用电导法测定常见难溶盐如 $BaSO_4$ 等物质的溶解度。通过查阅文献、书籍等资料拟定详细的实验方案，与实验指导教师充分讨论形成的实验方案，并根据指导教师的意见进行补充和完善，实验指导教师对实验方案进行最终审定。实验方案中需包含的要素：实验原理、试剂和仪器、实验步骤、实验记录、注意事项等。

2. 在实验教师的指导下，按照所设计的实验方案认真进行实验，做好各项实验的原始记录，注意实验的规范性和条理性。

3. 实验结束后，对实验数据进行归纳和处理，对实验方案、实验过程及实验现象

进行分析和讨论,最后以小论文的形式撰写实验报告(参考科技论文的撰写),要求层次清晰、图表规范、数据合理、分析准确。

[**实验思考**]

$BaSO_4$ 是难溶盐,难溶盐的溶解度很小,其饱和溶液可近似无限稀释,饱和溶液的摩尔电导率 Λ_m 与难溶盐的无限稀释溶液中的摩尔电导率 Λ_m^∞ 是近似相等的。试分析强电解质溶液和弱电解质溶液的电导率随浓度的变化关系?

参考文献

任庆云，王松涛，闫娜. 电导法测定难溶盐 $BaSO_4$ 的溶解度实验数据处理程序的研发[J]. 山东化工，2019，48(3):154-157.

(空军军医大学　王海波)

实验四十五　纳米羟基磷灰石的合成及表征

[**实验目的**]

1. 查阅文献,了解羟基磷灰石的合成及表征的一般方法。
2. 根据文献,设计纳米羟基磷灰石的合成及表征方法。
3. 学会从实验数据和理论出发分析纳米羟基磷灰石制备的各影响因素。

[**实验背景**]

羟基磷灰石[hydroxyapatite,简称 HAP,化学分子式 $Ca_{10}(PO_4)_6(OH)_2$],也称羟基磷灰石钙,是一种天然矿物,晶体结构见图 6-2。HAP 是脊椎动物骨骼和牙齿的主要无机组成成分,在人的牙釉质和骨头中所占的质量分数分别约为 96% 和 69% 左右。它能与机体组织在界面上实现化学键结合,其在体内有一定的溶解度,能够释放对机体无害的离子,进而参与体内代谢,对骨质增生有刺激或诱导作用,能促进缺损组织的修复,显示出生物活性。

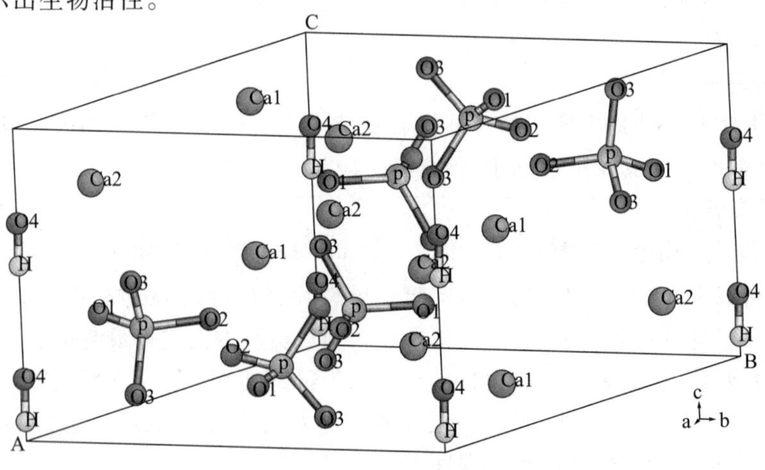

图 6-2　HAP 的晶体结构图

因此,近些年来对其的基础研究和临床应用极其活跃。随着人们对纳米领域的认识和关注,医学界也相继开始了对纳米羟基磷灰石(n-HAP)的研究开发。n-HAP 克服了传统的 HAP 难塑形、脆性大、降解慢等特点,具有更高的化学活性和生物活性,且表面积增加,有利于细胞附着、生长,具有其他材料无法比拟的诱导新骨生成的能力,可作为重要的人体骨仿生再生材料及羟基磷灰石涂层来使用。

数字资源 6-45-1 微课:纳米,医学"万金油"?

目前,n-HAP 的制备方法有溶胶-凝胶法、水热法、化学沉淀法、微乳液法等。其中,溶胶-凝胶(sol-gel)法是以金属无机盐或金属醇盐为前驱体,通过水解/醇解生成稳定的透明溶胶,溶胶经过陈化后,慢慢聚合形成凝胶。此法操作简便、反应温和,但合成耗时较长,并且凝胶干燥过程中易开裂,无法制得形貌完好的 n-HAP 薄膜或块体材料,限制了 n-HAP 材料的应用。水热合成法一般以过饱和水溶液为介质,通过控制反应温度(100~400 ℃)和压力(1~200 MPa),使难溶物溶解并重新组合结晶析出。其制备方法反应条件苛刻,因此合成成本较高。化学沉淀法是各种水溶性化合物经混合、反应生成沉淀,再将沉淀物过滤、洗涤、煅烧,得到 n-HAP 粉体。其优点是工艺简单,操作简便,成本低,制备的 HAP 颗粒细小,但制备出的纳米粒子不均一、分散性差且存在团聚现象。微乳液法是指在表面活性剂的存在下,得到油包水(o/w)体系,促使 HAP 的析出。微乳液法制备工艺简单,制备的 HAP 形貌可控,粒径均一,但由于产量低、表面活性剂种类有限等问题,也限制了其广泛应用。

[**仪器与试剂**]

请根据实验设计提出所需的仪器与试剂。

[**实验要求**]

1. 查阅相关文献资料,自行设计实验方案。实验方案包括实验原理、仪器试剂、合成纳米羟基磷灰石的方法和步骤。

2. 选择合适的实验器材,正确安装实验装置。

3. 对所制备的 n-HAP 的形貌(如针状、晶须、球状、片状以及棒状等)进行表征,并对其结晶度和晶型进行测试。

4. 对不同条件下合成的羟基磷灰石的产量、质量形态等参数进行分析,尝试预测最佳合成条件。

5. 实验结束后,对实验结果进行分析和讨论,总结实验数据,最后以小论文的形式撰写报告(格式参考相关科技论文)。

参考文献

黄嘉琪,郑炜山,颜聪颖,等. 纳米羟基磷灰石制备方法研究进展[J]. 石化技术,2019,26(9):352-354.

(上海交通大学　何伟娜)

实验四十六　从黄连中提取黄连素

［**实验目的**］

1. 查阅文献，了解黄连素的性质和提取原理。
2. 设计黄连素含量的测定方法。
3. 查阅测定提取效率的方法，并用于评价所设计提取方法的提取效率。

［**实验背景**］

黄连是我国名贵药材之一，性味寒苦，具有清热燥湿、泻火解毒的作用，在临床上应用非常广泛。黄连主要含有黄连素、黄连碱、药根碱基、甲基黄连碱等生物碱成分，含量为4%～10%。黄连素是黄连的主要有效成分，其抗菌能力强，对急性结膜炎、口疮、急性肠胃炎、急性细菌性痢疾均有很好的疗效。

黄连素（$C_{20}H_{18}NO_4$，俗称小檗碱）是黄色的针状结晶，微溶于水和乙醇，黄连素较易溶于热水和热乙醇，几乎不溶于乙醚，其结构式见图6-3。

图6-3　黄连素分子结构式

黄连素的盐酸盐（盐酸小檗碱）难溶于冷水，但易溶于热水，利用其溶解度的特点可以提取黄连素，对其进行重结晶，达到纯化目的。

提取黄连素比较成熟的工艺有硫酸法、石灰水法、乙醇法等。从黄连提取黄连素的过程中，要尽量避免黄连素在煎煮、浓缩过程中损失。进行黄连样品处理的工艺流程一般为：烘干粉碎，提取过滤，浓缩盐析，酸提得到粗产物，根据需要可以进一步重结晶纯化。

数字资源6-46-1 微课：黄连素的测定

根据黄连素的分子性质和特点，黄连素的定量测定方法有重量法、氧化还原滴定法、蒸馏法测结晶水，也可以通过紫外分光光度法测定。

［**仪器与试剂**］

请根据实验设计提出所需的各种仪器与试剂。

［**实验要求**］

1. 查阅相关文献资料，自行设计实验方案。方案包括实验原理、仪器和试剂和黄连素提取的具体实验操作步骤等。实验方案需交实验指导教师审核。

2. 根据所设计的实验方案，认真完成实验。实验过程中应仔细观察并如实记录实验现象和实验数据，并注意整个实验的规范性、条理性和流畅性。

3. 黄连素提取效率参考：一般10g黄连中可以得到0.4～0.8g黄连素。

4. 实验结束后,对实验结果进行分析和讨论,总结实验数据,最后以小论文的形式撰写报告(格式参考相关科技论文)。

参考文献

张来新,杨琼,李小卫.黄连中提取黄连素[J].贵州化工,2003,28(002):30-32.

(复旦大学　包慧敏)

实验四十七　微波辅助香豆素-3-羧酸的制备

[**实验目的**]

1. 熟悉微波辐射技术在有机合成中的应用。

2. 掌握利用 Knovengel 反应制备香豆素-3-羧酸的方法。

3. 学习开展简单科研的思路、方法。

[**实验背景**]

香豆素,又名 α-苯并吡喃酮,英文名 coumarin,存在于许多天然植物中。香豆素类化合物具有优良的生物活性,被广泛应用于医药、香料、染料及农业等领域。由于天然植物中香豆素含量很少,大部分香豆素类化合物是通过合成得到的。常用 Knovengel 反应、Perkin 反应等合成方法来制备香豆素类化合物。

数字资源 6-47-1 课件:Knoevenagel 缩合反应、Perkin 反应介绍

香豆素-3-羧酸为白色结晶状固体,分子式为 $C_{10}H_6O_4$,相对分子质量为 190.15,熔点 189~192 ℃,37 ℃时水中溶解度为 13 g·L^{-1}。

水杨醛和丙二酸酯在弱碱(如六氢吡啶)催化及微波辐射条件下,经 Knovengel 反应制得中间体香豆素-3-甲酸乙酯,后者在碱性条件下水解,然后水解产物在酸性条件下再次闭环内酯化即生成香豆素-3-羧酸,合成路线示意图见图 6-4。

数字资源 6-47-2 拓展:微波合成仪的使用方法

图 6-4　香豆素-3-羧酸合成路线示意图

[**仪器与试剂**]

请根据所设计的实验方案提出所需要的仪器和试剂。

[**实验要求**]

1. 查阅资料,拟定合理的实验方案并交由实验指导教师审核。

2. 独立完成实验,认真观察并做好实验记录,及时与实验指导教师交流实验中遇到的困惑和出现的异常现象。

3. 认真分析处理实验数据。实验结束,对实验方案、实验过程及实验结果分析讨论,最后以小论文形式撰写实验报告。

[**实验思考**]

1. 影响微波辐射合成反应的因素有哪些?

2. 写出利用 Knoevenagel 反应制备香豆素-3-羧酸的反应机理。

参考文献

Mouterde L, Allais F. Corrigendum: Microwave-Assisted Knoevenagel-Doebner Reaction: An Efficient Method for Naturally Occurring Phenolic Acids Synthesis[J]. *Frontiers in Chemistry*, 2018, 6:Article426.

(海军军医大学 林美玉)

实验四十八 药物中间体扁桃酸的制备

[**实验目的**]

1. 查阅文献,了解扁桃酸的制备原理和方法;

2. 设计合成扁桃酸的实验方案;

3. 掌握卡宾的形成及应用,理解相转移催化剂的作用原理。

[**实验背景**]

扁桃酸又称苦杏仁酸,其化学名称为(±)-α-羟基苯乙酸,是重要的医药中间体,在医药上用于合成血管舒张药物环扁桃酸酯、抗菌药物头孢羟唑、抗病毒药羟苄唑等。这几种化合物的化学结构分别如图 6-5 所示。

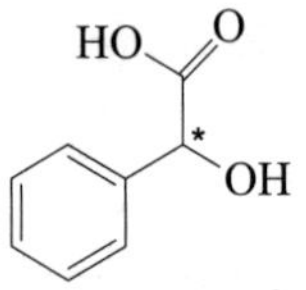

(±)-α-羟基苯乙酸

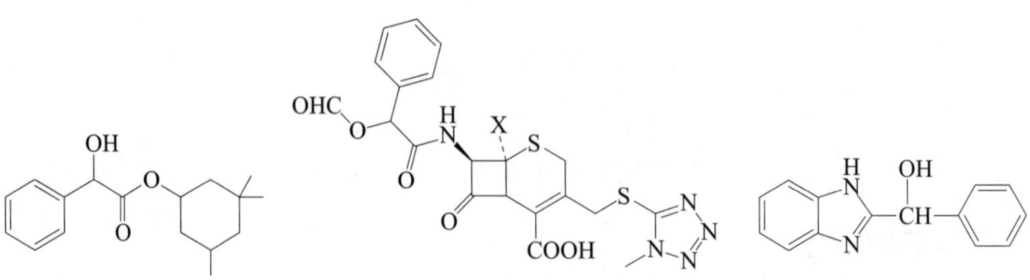

环扁桃酸酯　　头孢羟唑　　羟苄唑

图 6-5 几种化合物的结构式

扁桃酸为白色斜方片状结晶,熔点 119℃。易溶于热水、乙醚和异丙醇,不溶于乙醇。扁桃酸含有一个手性碳原子,化学合成得到的扁桃酸通常为外消旋体。扁桃酸可以用苯甲醛作为起始原料。苯甲醛与亚硫酸氢钠发生亲核加成反应得到 α-羟基磺酸钠,磺酸基团是一个很好离去的基团,在氰离子的作用下,发生亲核取代反应得到 α-羟基腈,然后再水解得到扁桃酸。但是反应合成路线长、操作不方便。本实验采用相转移催化反应,一步得到产物。

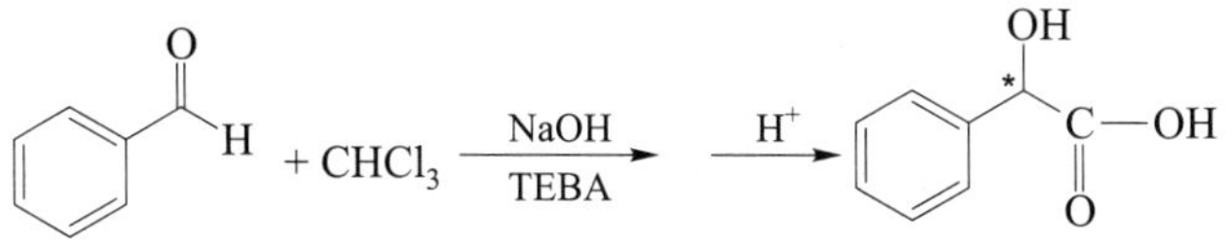

O H + $CHCl_3$ NaOH / TEBA → H^+ → OH * C—OH O

其反应的机理是:氯仿产生的二氯卡宾与苯甲醛的羰基发生亲核加成反应,再经重排及水解生成扁桃酸。

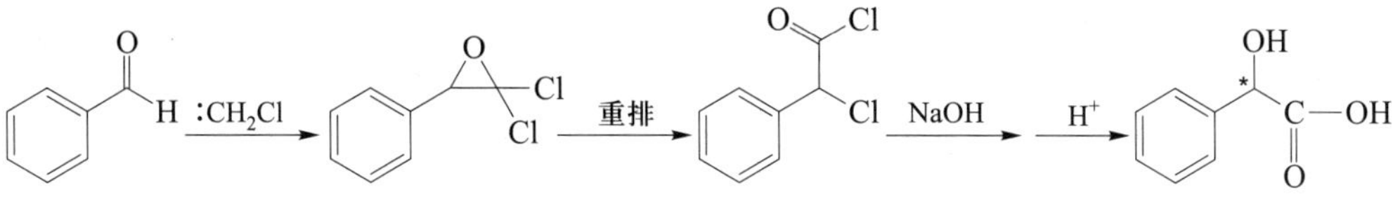

O H :CH_2Cl → O Cl Cl 重排 → O Cl Cl NaOH → H^+ → OH * C—OH O

[**仪器与试剂**]

请根据所设计的实验方案提出所需要的仪器和试剂。

[**实验要求**]

1. 查阅资料,拟定合理的实验方案并交由实验指导教师审核。

2. 独立完成实验,认真观察并做好实验记录,及时与实验指导老师交流实验中遇到的困惑和出现的异常现象。

3. 实验结束之后,通过实验结果和实验过程的实际情况,对实验方案进行反思和讨论,提出相应的改进方案,最后以小论文的形式撰写实验报告。

参考文献

钱晶,徐赛珍,薛亚平,等. (R)-邻氯扁桃酸的制备技术进展[J]. 化工进展,2011, 30(2):396-401,406.

(空军军医大学　秦向阳)

实验四十九　碘酊中主要成分的含量测定及稳定性研究

[**实验目的**]

1. 巩固氧化还原滴定法的原理与操作。

2. 设计容量分析法对混合体系进行含量测定的实验方法。

3. 学习开展简单科研的思路和方法。

[**实验背景**]

碘酊,又称碘酒,具有杀灭病原体作用,是常用外用药品之一。碘酊是碘和碘化钾的酒精溶液，其处方为碘 20 g，碘化钾 15 g，乙醇 500 mL，水适量，配至全量 1 000 mL。中国药典规定碘酊中碘含量应为 0.018 0～0.022 0 g·mL^{-1}，碘化钾含量应为 0.013 5～0.016 5 g·mL^{-1}。

碘酊如果放置时间过久，碘与其中的水作用，产生碘氢酸和次碘酸，后者可进一步氧化乙醇，产生乙醛、乙酸，此时由于游离碘的含量减少，杀菌力下降，刺激性产物增多，对皮肤的刺激性增强，故碘酒的存放时间不宜过长，以防降低消毒作用。

［仪器与试剂］

请根据所设计的实验方案提出所需要的仪器和试剂。

［实验要求］

1. 请查阅中国药典和相关文献资料，设计对碘酊中的主要成分——碘和碘化钾进行含量测定的方法，并与中国药典中收载的方法进行比较。

2. 基于所建立的对碘酊中主要成分的含量测定方法，试设计稳定性实验方案，进一步考察不同放置时间和不同放置环境下碘酊中主要成分的含量。

3. 独立完成实验，认真观察并做好实验记录，及时与实验指导教师交流实验中遇到的困惑和出现的异常现象。

4. 认真分析处理实验数据。实验结束，对实验方案、实验过程及实验结果分析讨论，最后以小论文形式撰写实验报告。

［实验思考］

根据文献报道，采用中国药典收载的方法测出的 I_2 含量偏低而 KI 含量偏高，本实验得出的实验结果如何？将本实验方法与药典方法进行比较，并分析可能的原因。

参考文献

[1] Reed D. Third-Degree Burn by Tincture of Iodine—A Case Study[J]. *Aaohn Journal*, 2007, 55(10): 393-394.

[2] Bulloch M N. Acute Iodine Toxicity From a Suspected Oral Methamphetamine Ingestion[J]. *Clinical Medicine Insights: Case Reports*, 2014, 7:127-129.

（海军军医大学 高越）

实验五十 分子模型

［实验目的］

1. 了解复杂分子结构的创建和显示，复习巩固立体化学的相关内容。

2. 掌握 Newman 投影式和 Fischer 投影式的投影方法。

3. 熟悉常见化学软件的基本操作。

［实验背景］

化合物的结构决定了其性质，研究分子结构具有重要意义。近年来，计算化学蓬勃发展，计算化学主要应用现有的程序方法及大数据对分子的性质、反应活性等特定

的化学问题进行研究。而要进行分子模拟计算，必须先构建出目标分子的三维模型。运用计算机软件来模拟有机分子的三维模型是一种行之有效的可视化研究方法，也可以用来更好地理解立体化学中的构型和构象异构、Newman 投影式和 Fischer 投影式的投影方法等其他复杂抽象的知识点，且利用分子模型软件能够方便地对化合物的结构进行编辑。

数字资源 6-50-1 课件：分子模型

目前使用比较广泛的分子模型软件有 ChemBioOffice、Marvin suite、Pymol、Sybyl、Gaussian 等。其中，ChemBioOffice 由美国 CambrigeSoft 公司研究开发，包括了 ChemBio3DUltra、ChemBioDrawUltra、ChemBioFinderUltra、ChemBioFinder for Office 等一系列软件，被广泛应用于化学的教学和科研之中。

［**实验室提供的条件**］

计算机、ChemBioOffice 等相关软件。

［**实验要求**］

1. 根据提供的软件模拟乙烷分子的 Newman 投影式，并画出其全重叠式、邻位交叉式、部分重叠式和对位交叉式四种典型的构象。

2. 根据提供的软件模拟环己烷及其衍生物分子的船式构象和椅式构象。

3. 根据提供的软件画出互为对映异构体的乳酸分子的 Fischer 投影式，并实现锯架式和 Fischer 投影式的互相转化。

4. 自行设计不同的手性分子，研究其 *R/S* 构型和命名。

5. 对实验过程中的问题进行讨论和分析，总结撰写实验报告。

（陆军军医大学　李兰兰）

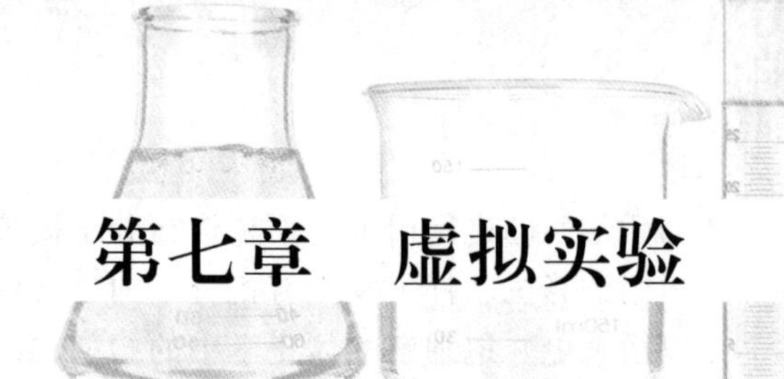

第七章　虚拟实验

实验五十一　综合热分析仪的使用

数字资源 7-51-1 综合热分析仪的使用虚拟仿真实验

（海军军医大学　高越）

附录

附录一　弱酸(弱碱)在水中的解离平衡常数

名称	化学式	温度/℃	$K_a^\ominus$	$pK_a^\ominus$
砷酸	H_3AsO_4	18	$5.6\times10^{-3}(K_{a1}^\ominus)$	2.25
			$1.7\times10^{-7}(K_{a2}^\ominus)$	6.77
			$4.0\times10^{-12}(K_{a3}^\ominus)$	11.60
亚砷酸	H_3AsO_3	25	6.0×10^{-10}	9.23
硼酸	H_3BO_3	20	7.3×10^{-10}	9.14
碳酸	H_2CO_3	25	$4.3\times10^{-7}(K_{a1}^\ominus)$	6.37
			$5.6\times10^{-11}(K_{a2}^\ominus)$	10.25
铬酸	H_2CrO_4	25	$1.8\times10^{-1}(K_{a1}^\ominus)$	0.74
			$3.2\times10^{-7}(K_{a2}^\ominus)$	6.49
氢氟酸	HF	25	3.5×10^{-4}	3.45
氢氰酸	HCN	25	4.9×10^{-10}	9.31
氢硫酸	H_2S	18	$5.1\times10^{-8}(K_{a1}^\ominus)$	7.21
			$1.2\times10^{-15}(K_{a2}^\ominus)$	14.92
过氧化氢	H_2O_2	25	2.4×10^{-12}	11.62
次溴酸	HBrO	25	2.1×10^{-9}	8.69
次氯酸	HClO	18	3.0×10^{-8}	7.53
次碘酸	HIO	25	2.3×10^{-11}	10.64
碘酸	HIO_3	25	1.7×10^{-1}	0.77
高碘酸	HIO_4	25	2.37×10^{-2}	1.64

续表

名称	化学式	温度/℃	$K_a^\ominus$	$pK_a^\ominus$
亚硝酸	HNO_2	12.5	4.65×10^{-4}	3.37
磷酸	H_3PO_4	25	$7.5\times10^{-3}(K_{a1}^\ominus)$	2.12
		25	$6.2\times10^{-8}(K_{a2}^\ominus)$	7.21
		18	$2.2\times10^{-13}(K_{a3}^\ominus)$	12.67
硫酸	H_2SO_4	25	$1.2\times10^{-2}(K_{a2}^\ominus)$	1.92
亚硫酸	H_2SO_3	18	$1.5\times10^{-2}(K_{a1}^\ominus)$	1.81
			$1.0\times10^{-7}(K_{a2}^\ominus)$	6.91
甲酸	HCOOH	25	1.8×10^{-4}	3.75
乙酸	CH_3COOH	25	1.8×10^{-5}	4.75
丙酸	CH_3CH_2COOH	25	1.3×10^{-5}	4.87
一氯乙酸	$CH_2ClCOOH$	25	1.4×10^{-3}	2.85
草酸	$(COOH)_2$	25	$5.9\times10^{-2}(K_{a1}^\ominus)$	1.23
			$6.4\times10^{-5}(K_{a2}^\ominus)$	4.19
枸橼酸	$HOCOCH_2C(OH)(COOH)CH_2COOH$	20	$7.1\times10^{-4}(K_{a1}^\ominus)$	3.14
			$1.7\times10^{-5}(K_{a2}^\ominus)$	4.77
			$4.1\times10^{-7}(K_{a3}^\ominus)$	6.39
巴比妥酸	$C_4H_4N_2O_3$	25	9.8×10^{-5}	4.01
乳酸	$CH_3CHOHCOOH$	25	1.4×10^{-4}	3.86
苯甲酸	C_6H_5COOH	25	6.5×10^{-5}	4.19
苯酚	C_6H_5OH	20	1.3×10^{-10}	9.89
邻苯二甲酸	$o\text{-}C_6H_4(COOH)_2$	25	1.3×10^{-3}	2.89
			3.9×10^{-6}	5.51
氨基乙酸盐酸	$CH_2(NH_2)COOH\cdot HCl$	25	$4.6\times10^{-3}(K_{a1}^\ominus)$	2.35
			$1.6\times10^{-10}(K_{a2}^\ominus)$	9.81
Tris-HCl	$C_4H_{11}NO_3\text{-}HCl$	37	1.4×10^{-8}	7.85
氨水	$NH_3\cdot H_2O$	25	1.8×10^{-5}	4.75
联氨	NH_2NH_2	25	3.0×10^{-6}	5.52
			7.6×10^{-15}	14.12
羟胺	NH_2OH	25	9.1×10^{-9}	8.04
甲胺	CH_3NH_2	25	4.2×10^{-4}	3.38
乙胺	$CH_3CH_2NH_2$	25	5.6×10^{-4}	3.25

续表

名称	化学式	温度/℃	$K_a^{\ominus}$	$pK_a^{\ominus}$
二甲胺	$(CH_3)_2NH$	25	1.2×10^{-4}	3.93
二乙胺	$(CH_3CH_2)_2NH$	25	1.3×10^{-3}	2.89
乙醇胺	$H_2N(CH_2)_2OH$	25	3.2×10^{-5}	4.50
三乙醇胺	$(HOCH_2CH_2)_3N$	25	5.8×10^{-7}	6.24
六次甲基四胺	$C_6H_{12}N_4$	25	1.4×10^{-9}	8.85
乙二胺	$H_2N(CH_2)_2NH_2$	25	8.5×10^{-5}	4.07
			7.1×10^{-8}	7.15
吡啶	C_5H_5N	25	1.7×10^{-9}	8.77

附录二　一些难溶化合物的溶度积(298.15K)

难溶化合物	$K_{sp}^{\ominus}$	难溶化合物	$K_{sp}^{\ominus}$
Ag_2CO_3	8.45×10^{-12}	AgI	8.51×10^{-17}
Ag_2CrO_3	1.12×10^{-12}	AgOH	1.52×10^{-13}
Ag_2S	6.69×10^{-50}	AgSCN	1.03×10^{-12}
AgBr	5.35×10^{-13}	$Al(OH)_3$	1.30×10^{-33}
$AgBrO_3$	5.34×10^{-5}	BaC_2O_4	1.20×10^{-7}(18℃)
AgCl	1.77×10^{-10}	$BaCO_3$	2.58×10^{-9}
AgCN	5.97×10^{-17}	$BaCrO_4$	1.17×10^{-10}
BaF_2	1.84×10^{-7}	MgC_2O_4	8.57×10^{-5}
$BaSO_4$	1.07×10^{-10}	$MgCO_3$	2.38×10^{-5}
$Ca_3(PO_4)_2$	2.05×10^{-35}	MgF_2	7.42×10^{-11}
CaC_2O_4	2.34×10^{-9}	$MgNH_4PO_4$	2.50×10^{-13}
$CaCO_3$	4.96×10^{-9}	$Mn(OH)_2$	2.06×10^{-14}
CaF_2	1.46×10^{-10}	MnS	4.56×10^{-14}
$CaSO_4$	7.10×10^{-5}	$Ni(OH)_2$	5.47×10^{-16}

续表

难溶化合物	$K_{sp}^{\ominus}$	难溶化合物	$K_{sp}^{\ominus}$
CdS	1.40×10^{-29}	$NiCO_3$	1.42×10^{-7}
Cu_2S	2.26×10^{-48}	PbC_2O_4	8.51×10^{-10}
CuBr	6.27×10^{-9}	$PbCl_2$	1.17×10^{-5}
CuCl	1.72×10^{-7}	$PbCO_3$	1.46×10^{-13}
CuI	1.27×10^{-11}	PbF_2	7.12×10^{-7}
CuS	8.50×10^{-45}	PbI_2	8.49×10^{-9}
$Fe(OH)_2$	4.87×10^{-17}	PbS	9.04×10^{-29}
$Fe(OH)_3$	2.64×10^{-39}	$PbSO_4$	1.82×10^{-3}
$FePO_4$	9.92×10^{-22}	$Sn(OH)_2$	5.45×10^{-28}
FeS	1.59×10^{-19}	SnS	3.25×10^{-28}
Hg_2Br_2	6.41×10^{-23}	SrC_2O_4	5.61×10^{-8}
Hg_2Cl_2	1.45×10^{-18}	$SrCO_3$	5.60×10^{-10}
Hg_2I_2	5.33×10^{-29}	SrF_2	4.33×10^{-9}
HgI_2	2.82×10^{-29}	$SrSO_4$	3.44×10^{-7}
HgS	6.44×10^{-53}	$Zn(OH)_2$	6.86×10^{-17}
$KClO_4$	1.05×10^{-2}	ZnC_2O_4	1.37×10^{-9}
$Mg(OH)_2$	5.61×10^{-12}	ZnS	2.93×10^{-23}

附录三　实验室常用酸碱溶液的密度及组成

试剂名称	相对密度	质量分数/%	浓度/($mol\cdot L^{-1}$)
盐酸	1.18~1.19	36.0~38.0	11.6~12.4
硝酸	1.39~1.40	65.0~68.0	14.4~15.2
硫酸	1.83~1.84	95.0~98.0	17.8~18.4
磷酸	1.69	85.0	14.6
高氯酸	1.68	70.0~72.0	11.7~12.0
冰乙酸	1.05	99.8(优级纯) 99.0(分析纯,化学纯)	17.4
氢氟酸	1.13	40.0	22.5
氢溴酸	1.49	47.0	8.6
氨水	0.88~0.90	25.0~28.0	13.3~14.8

附录四　常用缓冲溶液

缓冲溶液组成	pK_a	pH	缓冲溶液的配制方法
氨基乙酸-HCl	2.35（$pK_{a1}^{\ominus}$）	2.3	取 150g 氨基乙酸溶于 100mL 水中后，加 80mL 浓 HCl 溶液，稀释至 1L
H_3PO_4-枸橼酸盐		2.5	取 113g $Na_2HPO_4\cdot12H_2O$ 溶于 200mL 水后，加 387g 枸橼酸，溶解，过滤后，稀释至 1L
一氯乙酸-NaOH	2.86	2.8	取 200g 一氯乙酸溶于 200mL 水中，加 40g NaOH 溶解后，稀释至 1L
邻苯二甲酸氢钾-HCl	2.95（$pK_{a1}^{\ominus}$）	2.9	取 500g 邻苯二甲酸氢钾溶于 500mL 水中，加 80mL 浓 HCl 溶液，稀释至 1L
甲酸-NaOH	3.76	3.7	取 95g 甲酸和 40g NaOH 于 500mL 水中，溶解，稀释至 1L
NH_4Ac-HAc		4.5	取 77g NH_4Ac 溶于 200mL 水中，加 59mL 冰乙酸，稀释至 1L
NH_4Ac-HAc		5.0	取 250g NH_4Ac 溶于水中，加 25mL 冰乙酸，稀释至 1L
NH_4Ac-HAc		6.0	取 600g NH_4Ac 溶于水中，加 20mL 冰乙酸，稀释至 1L
NaAc-HAc	4.74	4.7	取 83g 无水 NaAc 溶于水中，加 60mL 冰乙酸，稀释至 1L
NaAc-HAc		5.0	取 160g 无水 NaAc 溶于水中，加 60mL 冰乙酸，稀释至 1L
六次甲基四胺	5.15	5.4	取 40g 六次甲基四胺溶于 200mL 水中，加 10mL 浓 HCl 溶液，稀释至 1L
NaAc-Na_2HPO_4		8.0	取 50g 无水 NaAc 和 50g $Na_2HPO_4\cdot12H_2O$ 溶于水中，稀释至 1L
Tris-HCl	8.21	8.2	取 25g Tris 试剂溶于水中，加 8mL 浓 HCl 溶液，稀释至 1L
NH_3-NH_4Cl	9.26	9.2	取 54g NH_4Cl 溶于水中，加 63mL 浓氨水，稀释至 1L
NH_3-NH_4Cl		9.5	取 54g NH_4Cl 溶于水中，加 126mL 浓氨水，稀释至 1L
NH_3-NH_4Cl		10.0	取 54g NH_4Cl 溶于水中，加 350mL 浓氨水，稀释至 1L

附录五 酸碱滴定中常用的指示剂

指示剂名称	变色范围 pH	颜色变化	溶剂配制方法
甲基紫（第一变色范围）	0.13~0.5	黄-绿	0.001 g·mL^{-1}或 0.000 5 g·mL^{-1}水溶液
苦味酸	0.0~1.3	无色-黄	0.001 g·mL^{-1}水溶液
甲基绿	0.1~2.0	黄-绿-浅蓝	0.000 5 g·mL^{-1}水溶液
孔雀绿（第一变色范围）	0.13~2.0	黄-浅蓝-绿	0.001 g·mL^{-1}水溶液
甲酚红（第一变色范围）	0.2~1.8	红-黄	0.04g 指示剂溶于 100mL50%（体积分数）乙醇中
甲基紫（第二变色范围）	1.0~1.5	绿-蓝	0.001 g·mL^{-1}水溶液
百里酚蓝（麝香草酚蓝）（第一变色范围）	1.2~2.8	红-黄	0.1g 指示剂溶于 100mL20% 乙醇中
甲基紫（第三变色范围）	2.0~3.0	蓝-紫	0.001 g·mL^{-1}水溶液
茜素黄 R（第一变色范围）	1.9~3.3	红-黄	0.001 g·mL^{-1}水溶液
二甲基黄	2.9~4.0	红-黄	0.1g 或 0.01g 指示剂溶于 100mL90% 乙醇中
甲基橙	3.1~4.4	红-橙黄	0.001 g·mL^{-1}水溶液
溴酚蓝	3.0~4.6	黄-蓝	0.1g 指示剂溶于 100mL20% 乙醇中
刚果红	3.0~5.2	蓝紫-红	0.001 g·mL^{-1}水溶液
茜素红 S（第一变色范围）	3.7~5.2	黄-紫	0.001 g·mL^{-1}水溶液
溴甲酚绿	3.8~5.4	黄-蓝	0.1g 指示剂溶于 100mL20% 乙醇中
甲基红	4.4~6.2	红-黄	0.1g 或 0.2g 指示剂溶于 100mL60% 乙醇中
溴酚红	5.0~6.8	黄-红	0.1g 或 0.04g 指示剂溶于 100mL20% 乙醇中
溴甲酚紫	5.2~6.8	黄-紫红	0.1g 指示剂溶于 100mL20% 乙醇中
溴百里酚蓝	6.0~7.6	黄-蓝	0.05g 指示剂溶于 100mL20% 乙醇中

续表

指示剂名称	变色范围 pH	颜色变化	溶剂配制方法
中性红	6.8~8.0	红-亮黄	0.1g 指示剂溶于 100mL60% 乙醇中
酚红	6.8~8.0	黄-红	0.1g 指示剂溶于 100mL20% 乙醇中
甲酚红	7.2~8.8	亮黄-紫红	0.1g 指示剂溶于 100mL50% 乙醇中
百里酚蓝（麝香草酚蓝）（第二变色范围）	8.0~9.0	黄-蓝	0.1g 指示剂溶于 100mL20% 乙醇中
酚酞	8.2~10.0	无色-紫红	0.1g 指示剂溶于 100mL60% 乙醇中
百里酚酞	9.4~10.6	无色-蓝	0.1g 指示剂溶于 100mL90% 乙醇中
茜素红 S（第二变色范围）	10.0~12.0	紫-淡黄	0.001 $g \cdot mL^{-1}$ 水溶液
茜素黄 R（第二变色范围）	10.1~12.1	黄-淡紫	0.001 $g \cdot mL^{-1}$ 水溶液

附录六　配位滴定中常用的金属离子指示剂

指示剂	适宜 pH 范围	颜色变化	直接滴定的离子	指示剂配制	注意事项
铬黑 T(EBT)	8~10	蓝-红	pH = 10 Mg^{2+}、Zn^{2+}、Cd^{2+}、Pb^{2+}、Mn^{2+}	1 : 100 NaCl(固体)	Fe^{3+}、Al^{3+}、Cu^{2+}、Ni^{2+} 等离子封闭 EBT
酸性铬蓝 K	8~13	蓝-红	pH = 10 Mg^{2+}、Zn^{2+}、Mn^{2+} pH = 13 Ca^{2+}	1 : 100 NaCl(固体)	
二甲酚橙(XO)	<6	亮黄-红	pH<1 ZrO^{2+} pH = 1~3.5 Bi^{3+}、Th^{4+} pH = 5~6 Ti^{3+}、Zn^{2+}、Pb^{2+}、Cd^{2+}、Hg^{2+}	0.005 $g \cdot mL^{-1}$ 水溶液	Fe^{3+}、Al^{3+}、Ni^{2+}、Ti^{4+} 等离子封闭 XO
磺基水杨酸(ssal)	1.5~2.5	无色-紫红	pH = 1.5~2.5 Fe^{3+}	0.005 $g \cdot mL^{-1}$ 水溶液	ssal 本身无色，FeY^{-} 呈黄色
钙指示剂(NN)	12~13	蓝-红	pH = 12~13 Ca^{2+}	1 : 100 NaCl（固体）	

续表

指示剂	适宜 pH 范围	颜色变化	直接滴定的离子	指示剂配制	注意事项
PAN	2~12	黄-紫红	pH=2~3 Bi^{3+}、Th^{4+} pH=4~5 Cu^{2+}、Ni^{2+}、Pb^{2+}、Cd^{2+}、Mn^{2+}、Fe^{2+}	0.1% 乙醇溶液	MIn 在水中溶解度小，为防止 PAN 僵化，滴定时续加热

附录七 不同温度下 KCl 溶液的电导率 κ

单位：$10^2 S \cdot m^{-1}$

温度/℃	浓度/($mol \cdot L^{-1}$)			
	1	0.1	0.02	0.01
1	67.13	7.36	1.57	0.80
2	68.86	7.57	1.61	0.82
3	70.61	7.79	1.66	0.85
4	72.37	8.00	1.71	0.87
5	74.14	8.22	1.75	0.90
6	75.93	8.44	1.80	0.92
7	77.73	8.66	1.85	0.95
8	79.54	8.88	1.90	0.97
9	81.36	9.11	1.95	1.00
10	83.19	9.33	1.99	1.02
11	85.64	9.56	2.04	1.05
12	86.87	9.79	2.09	1.07
13	88.76	10.02	2.14	1.09
14	90.63	10.25	2.19	1.12
15	92.52	10.48	2.24	1.15
16	94.41	10.72	2.29	1.17
17	96.31	10.95	2.35	1.20
18	98.22	11.19	2.40	1.23
19	100.14	11.43	2.45	1.25
20	102.07	11.67	2.50	1.28

续表

温度/℃	浓度/(mol·L^{-1})			
	1	0.1	0.02	0.01
21	104.00	11.91	2.55	1.31
22	105.54	12.15	2.61	1.33
23	107.89	12.39	2.66	1.36
24	109.84	12.64	2.71	1.39
25	111.80	12.88	2.77	1.41
26	113.77	13.13	2.82	1.44
27	115.74	13.37	2.87	1.47
28		13.62	2.93	1.50
29		13.87	2.98	1.52
30		14.12	3.04	1.55
31		14.37	3.09	1.58
32		14.62	3.15	1.61
33		14.88	3.20	1.64
34		15.13	3.26	1.67
35		15.39	3.31	

附录八　不同温度下水的饱和蒸气压(0~100℃)

单位:Pa

温度/℃	大气压/atm				
	0.0	0.1	0.2	0.3	0.4
0	611.213	625.669	620.154	624.668	629.210
1	657.088	661.839	666.621	671.433	676.276
2	705.988	700.051	716.146	721.273	726.433
3	758.082	763.474	768.900	774.360	779.854
4	813.549	819.289	825.064	830.872	836.722
5	872.575	878.681	884.824	891.005	897.225
6	935.353	941.845	948.377	954.948	961.560
7	1 002.087	1 008.986	1 015.927	1 022.910	1 029.935

续表

温度/℃	大气压/atm				
	0.0	0.1	0.2	0.3	0.4
8	1 072.988	1 080.315	1 087.687	1 095.103	1 102.564
9	1 148.277	1 156.056	1 163.881	1 171.753	1 179.672
10	1 228.184	1 236.438	1 244.740	1 253.092	1 261.493
11	1 312.949	1 321.702	1 330.507	1 339.363	1 348.271
12	1 402.822	1 412.101	1 421.433	1 430.819	1 440.260
13	1 498.064	1 507.893	1 517.780	1 527.723	1 537.724
14	1 598.944	1 609.353	1 619.821	1 630.350	1 640.938
15	1 705.745	1 716.762	1 727.841	1 738.983	1 750.188
16	1 818.759	1 830.414	1 842.134	1 853.920	1 865.772
17	1 938.291	1 952.615	1 963.007	1 975.468	1 988.000
18	2 064.657	2 077.681	2 090.778	2 103.948	2 117.489
19	2 198.184	2 211.944	2 225.779	2 239.690	2 253.677
20	2 339.215	2 353.744	2 368.352	2 383.039	2 397.807
21	2 488.102	2 503.406	2 518.854	2 534.354	2 549.938
22	2 645.211	2 664.389	2 677.653	2 694.004	2 710.442
23	2 810.924	2 827.983	2 845.133	2 862.374	2 879.705
24	2 985.633	3 003.614	3 021.690	3 039.861	3 058.127
25	3 169.747	3 188.692	3 207.735	3 226.878	3 246.120
26	3 363.687	3 383.639	3 403.693	3 423.851	3 444.113
27	3 567.687	3 588.894	3 610.004	3 631.222	3 652.548
28	3 782.813	3 804.912	3 827.124	3 849.448	3 871.886
29	4 008.917	4 032.161	4 055.522	4 079.001	4 102.598
30	4 246.688	4 271.126	4 295.686	4 320.369	4 345.175
31	4 496.626	4 522.309	4 548.119	4 574.057	4 600.123
32	4 759.247	4 786.227	4 813.340	4 840.586	4 867.965
33	5 035.083	5 063.415	5 091.885	5 120.493	5 149.241
34	5 324.685	5 354.424	5 384.307	5 414.114	5 444.507
35	5 628.620	5 659.824	5 691.178	5 722.683	5 754.383
36	5 947.474	5 980.203	6 013.087	6 046.129	6 079.327
37	6 281.849	6 316.164	6 350.642	6 385.281	6 420.085

续表

温度/℃	大气压/atm				
	0.0	0.1	0.2	0.3	0.4
38	6 632.370	6 668.334	6 704.467	6 740.769	6 777.241
39	6 999.676	7 037.355	7 075.209	7 113.239	7 151.445
40	7 384.427	7 423.888	7 463.581	7 503.356	7 543.365
41	7 787.306	7 828.617	7 870.118	7 911.808	7 953.688
42	8 209.010	8 252.244	8 295.673	8 339.300	8 383.124
43	8 650.261	8 695.490	8 740.922	8 783.558	8 832.400
44	9 111.800	9 159.099	9 206.609	9 254.331	9 302.266
45	9 594.390	9 643.840	9 693.500	9 743.390	9 793.490
46	10 098.81	10 150.48	10 202.39	10 254.51	10 306.87
47	10 625.87	10 679.85	10 734.07	10 788.53	10 843.22
48	11 176.40	11 232.77	11 289.39	11 346.26	11 403.37
49	11 751.24	11 810.10	11 869.20	11 928.56	11 988.18
50	12 351.27	12 412.69	12 474.38	12 536.32	12 598.53
51	12 977.38	13 041.47	13 105.82	13 170.44	13 235.34
52	13 630.50	13 697.33	13 764.45	13 831.84	13 899.52
53	14 311.56	14 381.24	14 451.21	14 521.47	14 592.03
54	15 021.54	15 094.16	15 167.09	15 240.31	15 313.84
55	15 761.41	15 837.08	15 913.07	15 989.36	16 065.96
56	16 532.21	1 611.03	16 690.17	16 769.63	16 849.42
57	17 334.97	17 417.04	17 499.45	17 582.19	17 665.26
58	18 170.75	18 256.19	18 341.97	18 428.09	18 514.56
59	19 040.66	19 129.57	19 218.83	19 308.45	19 398.42
60	19 945.80	20 038.30	20 131.16	20 224.39	20 317.98
61	20 887.33	20 983.53	21 080.10	21 177.05	21 274.39
62	21 866.41	21 966.43	22 066.84	22 167.63	22 268.82
63	22 884.24	22 988.20	23 092.57	23 197.33	23 302.50
64	23 942.05	24 050.08	24 158.52	24 267.38	24 376.65
65	25 041.10	25 153.32	25 265.97	25 379.04	25 492.55
66	26 182.66	26 299.20	26 416.18	26 533.61	26 651.47
67	27 368.04	27 489.03	27 610.49	27 732.39	27 854.76

续表

温度/℃	大气压/atm				
	0.0	0.1	0.2	0.3	0.4
68	28 598.58	28 724.17	28 850.22	28 976.75	29 103.74
69	29 875.64	30 005.93	30 136.76	30 268.05	30 399.81
70	31 200.64	31 335.83	31 471.51	31 607.69	31 744.37
71	32 574.98	32 715.18	32 855.89	32 997.12	33 138.85
72	34 000.12	34 145.48	34 291.37	34 437.79	34 584.73
73	35 477.55	35 628.23	35 779.44	35 931.20	36 083.50
74	37 008.78	37 164.92	37 321.62	37 478.87	37 636.69
75	38 595.36	38 757.13	38 916.46	39 082.36	39 245.84
76	40 238.87	40 406.41	40 574.54	40 743.26	40 912.57
77	41 940.90	42 114.39	42 288.47	42 463.17	42 638.47
78	43 703.10	43 882.70	44 062.91	44 243.75	44 425.20
79	45 527.14	45 713.01	45 899.52	46 086.67	46 274.45
80	47 414.72	47 607.04	47 800.01	47 993.64	48 187.93
81	49 367.57	49 566.51	49 766.13	49 966.41	50 167.38
82	51 387.45	51 593.20	51 799.63	52 006.76	52 214.38
83	53 476.17	53 688.90	53 902.33	54 116.48	54 331.34
84	55 635.55	55 855.45	56 076.07	56 297.42	56 549.50
85	57 867.45	58 094.71	58 322.71	58 551.45	58 780.95
86	60 137.78	60 408.58	60 644.15	60 880.48	61 117.58
87	62 556.46	62 799.00	63 042.32	63 286.44	63 531.34
88	65 017.44	65 267.92	65 519.21	65 771.30	66 024.21
89	67 558.73	67 817.36	68 076.81	68 337.08	68 598.19
90	70 182.36	70 449.33	70 717.15	70 985.81	71 255.33
91	72 890.39	73 165.91	73 442.30	73 719.57	73 997.70
92	75 684.91	75 969.20	76 254.38	76 540.45	76 827.41
93	78 568.06	78 861.33	79 155.51	79 450.61	79 746.62
94	81 542.00	81 844.47	82 147.88	82 452.22	82 757.49
95	84 608.94	84 844.47	85 233.68	85 547.49	85 862.25
96	87 771.10	88 092.64	88 415.16	88 738.66	89 063.14
97	91 030.77	91 362.18	91 694.60	92 028.02	92 362.45
98	94 390.23	94 731.76	95 074.31	95 417.89	95 762.49
99	97 851.85	98 203.72	98 556.63	98 910.60	99 265.62
100	101 417.89				

续表

温度/℃	大气压/atm				
	0.5	0.6	0.7	0.8	0.9
0	633.783	638.384	643.015	647.676	652.367
1	681.149	686.054	690.990	695.958	700.367
2	731.625	736.850	742.108	747.399	752.724
3	785.686	790.948	796.544	802.177	807.846
4	842.605	848.525	854.482	860.473	866.846
5	903.482	909.779	916.114	922.188	928.901
6	968.212	974.905	981.639	988.414	995.229
7	1 037.003	1 044.113	1 051.267	1 058.464	1 065.704
8	1 110.070	1 117.620	1 125.216	1 132.827	1 140.544
9	1 187.638	1 195.652	1 203.713	1 211.822	1 219.979
10	1 269.911	1 278.444	1 286.995	1 295.596	1 304.247
11	1 357.231	1 366.244	1 375.309	1 384.427	1 393.598
12	1 449.755	1 459.306	1 468.912	1 478.573	1 488.290
13	1 547.782	1 557.897	1 568.071	1 578.304	1 588.594
14	1 651.586	1 662.296	1 673.066	1 683.897	1 694.790
15	1 761.457	1 772.789	1 781.185	1 795.646	1 807.169
16	1 877.691	1 889.676	1 901.728	1 913.848	1 926.035
17	2 000.599	2 013.269	2 026.010	2 038.821	2 051.703
18	2 130.504	2 143.892	2 157.354	2 170.890	2 184.500
19	2 267.740	2 281.880	2 296.097	2 310.392	2 324.764
20	2 412.654	2 427.581	2 442.589	2 457.678	2 472.849
21	2 565.605	2 581.357	2 597.193	2 613.113	2 629.120
22	2 726.968	2 743.582	2 760.284	2 777.074	2 793.954
23	2 897.129	2 914.644	2 932.252	2 949.952	2 967.746
24	3 076.488	3 094.946	3 113.500	3 132.152	3 150.900
25	3 265.462	3 284.904	3 304.448	3 324.092	3 343.839
26	3 464.479	3 484.950	3 505.526	3 526.209	3 546.997
27	3 673.984	3 695.529	3 717.184	3 738.949	3 760.825
28	3 894.437	3 917.103	3 939.883	3 962.778	3 985.790
29	4 126.313	4 150.148	4 174.102	4 198.177	4 222.372

续表

温度/℃	大气压/atm				
	0.5	0.6	0.7	0.8	0.9
30	4 370.105	4 395.159	4 420.337	4 445.641	4 471.071
31	4 626.319	4 652.643	4 679.098	4 705.683	4 732.399
32	4 895.479	4 923.128	4 950.912	4 978.833	5 006.890
33	5 178.129	5 207.157	5 236.326	5 265.637	5 295.090
34	5 474.856	5 505.289	5 535.900	5 566.366	5 597.565
35	5 786.145	5 818.104	5 850.216	5 882.481	5 914.900
36	6 112.683	6 146.197	6 179.870	6 213.703	6 247.696
37	6 455.052	6 490.184	6 525.481	6 560.944	6 596.573
38	6 813.884	6 850.697	6 887.682	6 924.840	6 962.171
39	7 189.829	7 228.390	7 267.130	7 306.049	7 345.148
40	7 583.558	7 623.935	7 664.498	7 705.247	7 746.182
41	7 995.760	8 038.024	8 080.480	8 123.129	8 165.972
42	8 427.147	8 471.368	8 515.790	8 560.412	8 605.236
43	8 878.448	8 924.702	8 971.163	9 017.833	9 064.712
44	9 350.415	9 398.778	9 447.356	9 496.150	9 545.161
45	9 843.820	9 894.370	9 945.140	9 996.140	10 047.36
46	10 359.46	10 412.28	10 465.33	10 518.61	10 572.12
47	10 898.15	10 953.32	11 008.73	11 064.38	11 120.27
48	11 460.73	11 518.33	11 576.18	11 634.29	11 692.34
49	12 048.05	12 108.18	12 168.56	12 229.21	12 290.11
50	12 661.01	12 723.75	12 786.76	12 850.03	12 913.57
51	13 300.51	13 365.95	13 431.67	13 497.67	13 563.95
52	13 967.48	14 035.72	14 104.25	14 173.07	14 242.17
53	14 662.87	14 734.01	14 805.45	14 877.18	14 949.21
54	15 387.67	15 461.81	15 536.25	15 611.00	15 686.05
55	16 142.88	16 220.12	16 297.66	16 375.53	16 453.71
56	16 929.53	17 009.96	17 090.72	17 171.81	17 253.22
57	17 748.67	17 832.41	17 916.49	18 000.90	18 085.66
58	18 601.37	18 688.53	18 776.04	18 863.89	18 952.10
59	19 488.75	19 579.44	19 670.49	19 761.90	19 853.67

续表

温度/℃	大气压/atm				
	0.5	0.6	0.7	0.8	0.9
60	20 411.94	20 506.28	20 600.98	20 696.06	20 791.51
61	21 372.10	21 470.19	21 568.67	21 667.53	21 766.78
62	22 370.41	22 472.38	22 574.75	22 677.52	22 780.68
63	23 408.07	23 514.05	23 620.44	23 727.23	23 834.44
64	24 486.34	24 596.45	24 706.98	24 817.93	24 929.30
65	25 606.48	25 720.85	25 835.65	25 950.88	26 066.55
66	26 769.78	26 888.54	27 007.74	27 127.39	27 247.49
67	27 977.58	28 100.85	28 224.59	28 348.79	28 473.45
68	29 231.21	29 359.14	29 487.56	29 616.44	29 745.80
69	30 532.06	30 664.80	30 798.02	30 931.74	31 065.94
70	31 881.55	32 019.23	32 157.41	32 296.09	32 435.28
71	33 281.10	33 423.87	33 567.15	33 710.95	33 855.28
72	34 732.20	34 880.21	35 028.74	35 177.81	35 327.41
73	36 236.34	36 389.73	36 543.67	36 698.16	36 853.19
74	37 795.06	37 953.99	38 113.48	38 273.54	38 434.17
75	39 409.90	39 574.53	39 739.74	39 905.54	40 071.91
76	41 082.47	41 252.96	41 424.05	41 595.73	41 768.02
77	42 814.38	42 990.90	43 168.03	43 345.77	43 524.13
78	44 607.29	44 790.00	44 973.34	45 157.31	45 341.91
79	46 462.88	46 651.95	46 841.67	47 032.04	47 223.05
80	48 382.88	48 578.48	48 774.76	48 971.69	49 169.30
81	50 369.02	50 571.34	50 774.34	50 978.03	51 182.40
82	52 423.09	52 632.31	52 842.22	53 052.83	53 264.15
83	54 546.91	54 763.20	54 980.21	55 197.93	55 416.38
84	56 742.32	56 965.87	57 190.16	57 415.18	57 640.95
85	59 011.20	59 242.20	59 473.95	59 706.47	59 939.74
86	61 355.45	61 594.10	61 833.52	62 073.72	62 314.70
87	63 777.04	64 023.52	64 270.80	64 518.88	64 767.76
88	66 277.92	66 532.45	66 787.79	67 043.95	67 300.93
89	68 860.13	69 122.90	69 386.51	69 650.95	69 916.23

续表

温度/℃	大气压/atm				
	0.5	0.6	0.7	0.8	0.9
90	71 525.69	71 796.92	72 068.99	72 341.93	72 615.73
91	74 276.70	74 556.59	74 837.34	75 118.98	75 401.50
92	77 115.27	77 404.06	77 693.68	77 984.24	78 175.69
93	80 043.54	80 341.39	80 640.16	80 939.84	81 240.46
94	83 063.71	83 370.86	83 678.96	83 988.00	84 298.00
95	86 177.98	86 494.67	86 812.32	87 130.94	87 450.54
96	89 388.60	89 715.06	90 042.49	90 370.92	90 700.35
97	92 697.88	93 034.32	93 371.78	93 710.25	94 049.73
98	96 108.13	96 454.79	96 802.50	97 151.24	97 501.02
99	99 621.70	99 978.83	100 337.02	100 696.270	101 056.59

附录九 常用有机溶剂沸点、密度表

名称	沸点/℃	密度	名称	沸点/℃	密度
甲醇	64.96	0.791 4	苯	80.10	0.878 7
乙醇	78.50	0.789 3	甲苯	110.60	0.866 9
正丁醇	117.25	0.809 8	二甲苯	140.00	
乙醚	34.51	0.713 8	硝基苯	210.80	1.203 7
丙酮	56.20	0.789 9	氯苯	132.00	1.105 8
乙酸	117.90	1.049 2	氯仿	61.70	1.483 2
乙酐	139.55	1.082 0	四氯化碳	76.54	1.594 0
乙酸乙酯	77.06	0.900 3	二硫化碳	46.25	1.263 2
乙酸甲酯	57.00	0.933 0	乙腈	81.60	0.785 4
丙酸甲酯	79.85	0.915 0	二甲亚砜	189.00	1.101 4
丙酸乙酯	99.10	0.891 7	二氯甲烷	40.00	1.326 6
二噁烷	101.10	1.033 7	1,2-二氯甲烷	83.47	1.235 1

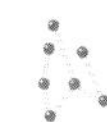

附录十　常见化学物质的性质

名称	沸点/℃	性质
液氨	-33.35	剧毒性、腐蚀性
液态二氧化硫	-10.08	剧毒
甲胺	-6.3	中等毒性,易燃
二甲胺	7.4	强烈刺激性
石油醚		与低级烷相似
乙醚	34.6	麻醉性
戊烷	36.1	低毒性
二氯甲烷	39.75	低毒,麻醉性强
二硫化碳	46.23	麻醉性,强刺激性
溶剂石油脑		较其他石油系溶剂大
丙酮	56.12	低毒,类乙醇,但较大
1,1-二氯乙烷	57.28	低毒,局部刺激性
氯仿	61.15	中等毒性,强麻醉性
甲醇	64.5	中等毒性,麻醉性
四氢呋喃	66	吸入微毒,经口低毒
己烷	68.7	低毒,麻醉性,刺激性
三氟代乙酸	71.78	
1,1,1-三氯乙烷	74	低毒
四氯化碳	76.75	氯代甲烷中,毒性最强
乙酸乙酯	77.11	低毒,麻醉性
乙醇	78.3	微毒类,麻醉性
丁酮	79.64	低毒,毒性强于丙酮
苯	80.1	强烈毒性
环己烷	80.72	低毒,中枢抑制作用
乙腈	81.6	中等毒性,大量吸入会引起急性中毒
异丙醇	82.4	微毒,类似乙醇
2-二氯乙烷	83.48	高毒性,致癌
三氯乙烯	87.19	有机有毒品

续表

名称	沸点/℃	性质
三乙胺	89.6	易爆,皮肤黏膜刺激性强
丙腈	97.35	高毒性,与氢腈酸相似
庚烷	98.4	低毒,刺激性,麻醉性
硝基甲烷	101.2	麻醉性,刺激性
1,4-二氧六环	101.32	微毒,强于乙醚 2~3 倍
甲苯	110.63	低毒类,麻醉作用
硝基乙烷	114	局部刺激性较强
吡啶	115.3	低毒,皮肤黏膜刺激性
4-甲基-2-戊酮	115.9	低毒,局部刺激性较强
乙二胺	117.26	刺激皮肤眼睛
丁醇	117.7	低毒,大于乙醇 3 倍
乙酸	118.1	低毒,浓溶液毒性强
乙二醇一甲醚	124.6	低毒类
辛烷	125.67	低毒性,麻醉性
乙酸丁酯	126.11	一般条件毒性不大
吗啉	128.94	腐蚀皮肤,刺激眼和结膜,蒸气引起肝肾病变
氯苯	131.69	低于苯,损害中枢系统
乙二醇一乙醚	135.6	低毒性,二级易燃液体
对二甲苯	138.35	一级易燃液体
二甲苯	138.5~141.5	一级易燃液体,低毒类
间二甲苯	139.1	一级易燃液体
醋酸酐	140	
邻二甲苯	144.41	一级易燃液体
N,*N*-二甲基甲酰胺	153	低毒
环己酮	155.65	低毒类,有麻醉性,中毒概率比较小
环己醇	161	低毒,无血液毒性,刺激性
N,*N*-二甲基乙酰胺	166.1	微毒类
糠醛	161.8	有毒品,刺激眼睛,催泪
N-甲基甲酰胺	180~185	一级易燃液体
苯酚	181.2	高毒类,对皮肤、黏膜有强烈腐蚀性,可经皮肤吸收中毒
1,2-丙二醇	187.3	低毒,吸湿,不易静注

续表

名称	沸点/℃	性质
二甲亚砜	189	微毒,对眼有刺激性
邻甲酚	190.95	参照甲酚
N,*N*-二甲基苯胺	193	抑制中枢和循环系统,经皮肤吸收中毒
乙二醇	197.85	低毒类,可经皮肤吸收中毒
对甲酚	201.88	参照甲酚
间甲酚	202.7	参照甲酚
苄醇	205.45	低毒,黏膜刺激性
甲酚	210	低毒类,腐蚀性,与苯酚相似
甲酰胺	210.5	皮肤,黏膜刺激性,经皮肤吸收
硝基苯	210.9	剧毒,可经皮肤吸收
乙酰胺	221.15	毒性较低
喹啉	237.1	中等毒性,刺激皮肤和眼
甘油	290	食用对人体无毒

附录十一　常压下常见共沸物沸点及组成

(与水形成的共沸物,常见有机溶剂间的共沸混合物)

共沸混合物	组分的沸点/℃	共沸物的组成(质量比)/%	共沸物的沸点/℃
乙醇-乙酸乙酯	78.3,78.0	30∶70	72.0
乙醇-苯	78.3,80.6	32∶68	68.2
乙醇-氯仿	78.3,61.2	7∶93	59.4
乙醇-四氯化碳	78.3,77.0	16∶84	64.9
乙酸乙酯-四氯化碳	78.0,77.0	43∶57	75.0
甲醇-四氯化碳	64.7,77.0	21∶79	55.7
甲醇-苯	64.7,80.4	39∶61	48.3
氯仿-丙酮	61.2,56.4	80∶20	64.7
甲苯-乙酸	101.5,118.5	72∶28	105.4
乙醇-苯-水	78.3,80.6,100	19∶74∶7	64.9